U0162371

呼延苏 著

FOXTREL
LEGEND

狐狸精的前世今生

Foxtrel: Past and Present

岳麓書社

序

二十多年前，我第一次读《阅微草堂笔记》时，感觉满纸的狐狸精气息扑面而来。粗略统计了一下，与狐相关的故事多达两百余则。联想到《聊斋志异》中娇娜、青凤、婴宁、小翠、封三娘、辛十四娘等摇曳多姿的狐女所占的分量，遂以为若无狐狸精的存在，这两座代表清代文言小说水平的高峰就会轰然倒塌。

中国古代相当长的时间里，很多人在一定程度上相信狐狸精（有时表现为民间信仰中的狐仙）的存在。蒲松龄和纪晓岚也不例外，纪氏还煞有介事地在《阅微草堂笔记》中讨论狐狸精的性质及发展史，如：

> 人物异类，狐则在人物之间；幽明异路，狐则在幽明之间；仙妖异途，狐则在仙妖之间。故遇狐为怪可，遇狐为常亦可。三代以上无可考，《史记》称篝火作狐鸣曰："大楚兴，陈胜王。"必当时已有是怪，是以托之。吴均《西京杂记》称广川王发栾书冢，击伤冢中狐，后梦见老翁报冤。是幻化人形，见于汉代。张鷟《朝野佥载》称唐初以来，百姓多事狐神，当时谚曰："无狐魅，不成村。"是至唐代乃最多。《太平广记》载狐事十二卷，

唐代居十之九，是可以证矣。

中国农村有些地区现在仍祭祀狐神，"狐仙附体"也是神汉巫婆跳大神的惯用伎俩。20世纪90年代，美国学者康笑菲在陕北调查过"狐巫"雷武一的事迹，此人靠降狐仙治病，在当地有广泛影响，受访者评价：病有千百种，而狐仙有千百种治病的方法。（康笑菲《说狐》）

对于现代社会大多数人而言，狐狸精之虚妄无稽乃是不言而喻的。它只是想象的虚构之物，是一种心理真实和文化象征。它根植于传统社会集体无意识的深处，或许可以被理解为一种中国特色的心理原型。

"狐狸精"一词的本义是指狐狸变成的人，而动物能成精变人是具有十足中国特色的观念，即所谓"物老成精"，培育它的土壤是发端于战国且对中国历史产生了深远影响的神仙思想。物老成精是神仙思想类比推理的逻辑结果，是以追求长生不老为终极目标的理念向自然界投射而转化出的观念。因此，人成仙，物成精，有着同一的思想源头。不仅如此，以神仙思想为核心的道教，千百年来一直在装扮狐狸精的面容。唐代牛僧孺所撰《玄怪录》已有狐狸精修仙的记录，明清时期的狐狸精多被称为"狐仙"，是民间宗教的重要祭祀对象。在文人笔下，狐狸精的生命历程则被描述为践行成仙理想的修炼过程。据纪晓岚等人的说法，狐狸精的修仙术还有正邪之分，邪道是所谓"配合雌雄炼成内丹"，此即丹鼎道末流之采补术，这个暧昧的环节又把狐狸精的修仙与妖媚结合在一起。狐狸精的种种超能，如变化、隐形、飞天、摄取等等，都直接来自道教法术。很多故事中的狐道相争，看上去很像道士内部正邪两派的斗法。

此外，佛教思想甚至儒家的正统观念也对狐狸精形象的塑造产生过影响。佛教强调因果报应和六道轮回，狐狸精由兽而人，天然具备前世今生的转化基因。这种题材可以表现人狐之间的友谊，如《聊斋志异·刘亮采》写刘某与一狐友往来如兄弟。刘某无子，经常为此烦忧。狐友宽慰他不用担心，自己死后投胎成了他的儿子。在纪晓岚等人的笔下，狐狸精的轮回转世经常表达报应思想。如《阅微草堂笔记·如是我闻一》写弓手王玉射死拜月黑狐，狐魂到地府告状，方知自己前世是刑官，私收贿赂害死了负冤告状的王玉前身，所以转世为狐被王玉射死也是报应。而被张爱玲诩为中国"最好的写实作品"的清初长篇小说《醒世姻缘传》，其情节安排简直就是"狐狸精两世复仇记"。

狐狸精与传统社会主流思想的关系，仅从纪晓岚身为大儒却高度关注这个话题，就可窥见一斑。他经常借此题材宣扬纲常伦理，如《阅微草堂笔记·滦阳消夏录三》的狐翁教小狐狸们读书，有人问读书为何，狐翁摇头晃脑地答："吾辈皆修仙者也……故先读圣贤之书，明三纲五常之理，心化则形亦化矣。"使用的课本皆"五经"《论语》《孝经》《孟子》之类，但有经文而无注；这伙狐狸精不仅熟读孔孟之书，还特别注重对原文的理解！《如是我闻四》写里人范某与狐友相善，经常畅饮对谈；后来范某与自家兄弟打官司，狐友便避而不见了。一日偶遇，范某问何以见弃，狐友道："亲兄弟尚相残，何况我俩是结拜兄弟呢！"此狐友显然也是儒家核心价值观的坚定维护者。传统社会的主流生活方式也影响着人狐之间的男女关系，袁枚《子不语·狐读时文》写四川临邛县人李生，家贫无依，读书备考。

狐女来了，表示愿为婚姻，但说："我家无白衣女婿，须得功名，我才和你成婚。"李生因此更加努力，狐女则尽心陪读，时时指点。李生文思日进，最终考取举人。据《子不语·狐生员劝人修仙》记载，狐界还有科举考试："群狐蒙泰山娘娘考试，每岁一次，取其文理精通者为生员，劣者为野狐。"

"狐狸精"是个口语词，最早出现于明代话本小说，并沿用至今；文言作品中，则多称为"狐"。在文言语境中，"狐"可以指动物，也可以指狐狸变成的妖精，没有性别指向；而"狐狸精"只是妖精，且一开始就偏指女性。狐狸精的喻义古往今来一以贯之，即风骚善媚的女子。狐狸精的话题包含着丰富的文化内容，其最核心意象则与性有关，而且，从晋唐至明清直到现代，这种色情意象越来越与女性重合，包括"淫""色""媚"三个方面。"淫"是过度的性欲，"色"是基于性的视觉美感，"媚"则是对异性的超常诱惑力。集此三者于一身，狐狸精遂成为男人们又爱又恨的超级尤物。在古人连篇累牍有关狐狸精的文字中，到处可见对她们的责骂、诅咒。白居易曾作《古冢狐》，诗云："古冢狐，妖且老，化为妇人颜色好。头变云发面变妆，大尾曳作长红裳……忽然一笑千万态，见者十人八九迷。假色迷人尤若是，真色迷人应过此。彼真此假俱迷人，人心恶假贵重真。狐假女妖害尤浅，一朝一夕迷人眼。女为狐媚害即深，日长月增溺人心……"《二刻拍案惊奇》则说："天地间之物，唯狐最灵，善能变幻，故名狐魅……又性极好淫，其涎染着人，无不迷惑，故又名狐媚，以比世间淫女。"但这些警告还是止不住登徒子们对狐狸精的迷恋，甚至表现出一种"石榴裙下死，做鬼也风流"的豪迈。在蒲松龄、纪晓岚等人笔下，还有那种性情落拓的书生，怀着"得狐亦佳"的希望，流连于荒圃颓园，夜宿于废屋古寺，寻找与狐狸精的艳遇。

狐狸精的色诱经常发生于婚姻关系之外，因此，她们又被视为妓女式的存在，好言狐事的小说家屡屡妓狐并举，如《九尾狐》曰："狐是物中之妖，妓是人中之妖，并非在下的苛论。试观今之娼妓敲精吸髓，不顾人之死活……虽有几分姿色，打扮得花枝招展，妖艳动人，但据在下看起来，分明是个玉面狐狸。"《壶天录》亦云："人之淫者为妓，物之淫者为狐。"即便是对狐狸精有再造之恩的蒲松龄，也说过"妓皆狐也"。

狐狸精故事的主要载体是文言笔记小说。它的第一个高峰出现在唐代中后期，传奇里此类作品不少，以《任氏传》成就最高，影响最大。第二个高峰在清朝的康乾时期，出现了蒲松龄的《聊斋志异》、纪晓岚的《阅微草堂笔记》和袁枚的《子不语》。白话小说以狐狸精为主角的作品不多，《三言二拍》中有三两篇，其中之一还是唐传奇的改写。长篇为人所知者有《封神演义》《醒世姻缘传》和冯梦龙版《三遂平妖传》。因此，笔记小说无论从体量还是题材上都是母体，这些作品大致分两类：一类是传闻事件的记录，大致相当于现在的"非虚构类"作品；另一类则完全是小说家言，属于"虚构类"作品。在蒲松龄笔下，狐狸精题材大多表现人间男女之情，这个范式为后世长白浩歌子（《萤窗异草》）、和邦额（《夜谭随录》）、解鉴（《益智录》）等人所继承，成为清代"狐说"的主流。纪晓岚文章与蒲氏之流大异其趣，少言风情，多讲道理，以期"不乖于风教""有益于劝惩"。袁枚的风格处于二者之间，有些作品具备某种诡异的另类气质。

狐狸精作为一个文化话题至今很少进入学者的视野，大陆地区的专著仅见李剑国先生的《中国狐文化》。该书极尽搜集之力，几乎将上下两千年的狐文一网打尽，归纳出了一条明晰的狐文化发展史，不仅提出、明确了狐文化范畴中的一些基本概念，也梳理了很多故事类型和主题的来龙去脉，因此，说该书对此专题的研究有奠基之功，殆不为过。李先生曾如此评价：可以说狐与狐精挟带着许多极为重要的传统观念——世俗的和宗教的，伦理的和哲学的，历史的和审美的，因此，它才能在漫长历史岁月中形成一种独特的内涵丰富的文化现象。

葛兆光先生在《中国思想史·导论》中提出"一般的思想史"的概念，以区别于以往我们通常所见的"精英的思想史"。他认为精英的思想与实存世界有很大差距，当我们的学者在大学里宣讲孔子、老子、柏拉图、亚里士多德和佛陀的时候，地铁的书报摊上在热火地销售着各种各样载满了明星逸事的小报……思想与学术，有时是一种精英知识分子操练的场地，它常常是悬浮在社会与生活的上面的；真正的思想，也许说是真正在生活与社会支配人们对于宇宙的解释的那些知识与思想，它并不全在精英和经典中。

狐狸精的故事对于古人的意义，可能要胜于明星八卦对于今人的意义，它在中国延绵了一千多年，现在仍是绵绵不息的思想暗流，那么，它所包含的各种观念不正是"一般思想史"的材料吗？

目　　录

第一章　狐之成精 ………………………………………… 1

一　何谓狐狸精 …………………………………………… 2

二　中国的狐狸能变人 ………………………………… 5

三　狐仙 …………………………………………………… 9

四　狐神 …………………………………………………… 12

五　天狐 …………………………………………………… 16

六　狐丹 …………………………………………………… 22

七　避雷劫 ………………………………………………… 27

八　狐狸的其他文化形态 ……………………………… 33

第二章　狐之变幻 …………………………………… 39

一　变化顺序 ……………………………………………… 40

二　狐变之术 ……………………………………………… 46

三　尾巴的烦恼 …………………………………………… 55

四　狐形 …………………………………………………… 58

五　狐衣 …………………………………………………… 63

六　狐宅 …………………………………………………… 68

七　奇幻空间 ……………………………………………… 72

第三章　媚与魅 ………………………………………… 79

一　涂山氏之谜 ……………………………………… 80

二　从魅到媚 ………………………………………… 85

三　狐狸精的性别 …………………………………… 92

四　媚术与迷局 …………………………………… 102

五　刀口舔血的风流 ……………………………… 111

六　狐惩淫 ………………………………………… 120

第四章　情与色 ……………………………………… 131

一　狐狸精之色 …………………………………… 132

二　最怕木石男 …………………………………… 141

三　奈何遇上薄情郎 ……………………………… 147

四　狐妹妹嫁给人哥哥 …………………………… 155

第五章　雅慧之妖 …………………………………… 165

一　狐狸的智商 …………………………………… 166

二　兽之好学者 …………………………………… 169

三　狐书 …………………………………………… 174

四　媚袖添香 ……………………………………… 180

五　狐祟 …………………………………………… 188

六　狐趣 …………………………………………… 194

第六章　狐鬼之间 …………………………………… 201

一　亦仇亦友 ……………………………………… 202

二　狐死也为鬼 …………………………………… 211

三　前世今生 ……………………………………… 219

四　狐妻鬼妾 ……………………………………… 226

五　谁是狐狸精的领导 ············· 236

第七章　恩与仇 ············· 245

一　妖精也要个说法 ············· 246

二　人狐官司始末 ············· 255

三　报恩 ············· 262

四　复仇 ············· 274

五　狐友 ············· 280

六　狐财神 ············· 289

七　狐居 ············· 297

第八章　斗狐 ············· 303

一　以力胜狐 ············· 304

二　以术胜狐 ············· 308

三　以狐制狐 ············· 313

四　狐精现形 ············· 317

五　僧、道、狐的战斗力比较 ············· 324

第一章

狐之成精

一　何谓狐狸精

狐狸精这个概念的本义是"狐狸变成的人"。

两千多年来，数百个故事讲到：有一个书生在夜晚读书时，一个迷人的美丽少女来到他的房间，与他相爱。她每日朝逝夕来，书生便越来越虚弱。直到后来，一个道士告诉书生，这美女是个狐狸精，她要吸干书生的精气，以变成狐仙。这是美国学者 W. 爱伯哈德在《中国文化象征词典》中关于狐狸精的描述，这段描述非常符合中国人对于狐狸精的一般性理解。动物寓言和童话在世界各地都有流传，以狐狸为主角的动物故事在中世纪欧洲几乎家喻户晓，但狐狸精却是中国特产。可以说，欧洲有关狐狸的童话或寓言是"狐狸的故事"，而中国古代绝大多数与狐狸有关的故事都是"狐狸精的故事"。

按照动物分类学，狐属犬科，狸属猫科，但"狐狸"这个词并非指狐和狸，而是偏指狐。"狐狸"一词在先秦的典籍中就已出现，也是偏指狐类。大多情况下，古人分不清狐与狸，因此古籍中"狐"与"狸"经常互为异文出现，如《搜神记·张茂先》："燃之以照书生，乃一斑狐。"同一个桥段在《太平广记》中则为："燃之以照书生，乃一斑狸。"

上古初民以为自然界的万物都和人一样具有灵魂，其灵魂还可以与本体分离变成别的东西，这些东西在中国古代被称为"物精"。汉魏时期的文字中有各种物精的记录，略举几例：

《异苑》云："孙皓时，临海得毛人，《山海经》曰：山精如人，面有毛。此即山精也。故《抱朴子》曰：山之精，形如小儿而独足，足向后，喜来犯人……"

《录异记》记载帝尧时有五星自天而坠，其精化为圯上老人，以兵书授张良说："读此当为帝王师，功成之后到谷城山下找黄石公，就是我。"张良佐汉功成，到谷城山下找师父，结果找到一块黄石。

《八庙穷经录》写了一个虹精：后魏明帝正光二年，山中晚虹下饮于溪，化为二八少女，被樵夫看见，告诉了文显将军，虹女被捕获。明帝听说此事，召虹女入宫，见其容色姝美，便上前动手动脚。虹女道："我，天女也，暂降人间。"声如钟磬，随即化为虹上天而去。

所谓"成精"，是在万物有灵的观念影响下甲物变成乙物的过程。这个过程中，甲物可以是生命体（动植物），也可以不是生命体（山川星辰），而乙物则必须是生命体。植物成精可以变成动物也可以变成人，动物成精早期可变人也可变其他动物，后来则几乎只变成人。非生命体或植物成精时，原物可以消失也可以不消失，而动物成精时原物必会消失。因此，"精"本指精神或者灵魂，这时却成了一个实体名词，指由甲物变成的乙物。

动物在什么条件下可以成精，古人自有一套理论，其核心观点即所谓"物老成精"。王充《论衡·订鬼》中讲道："鬼者，老物精也。

夫物之老者，其精为人。亦有未老，性能变化，象人之形。人之受气，有与物同精者，则其物与之交。"《搜神记》则举例说："百年之雀，入海为蛤。千岁龟鼋，能与人语。千岁之狐，起为美女。"精的成色与物的寿命长短呈正比，年寿越高，成色越好；老得不够火候就只能"象人之形"，而不充分具备人性。

宋代以前并没有"狐狸精"这个词，甚至连"狐精"也很少出现，那时使用的概念是"狐""野狐""妖狐""妖魅""狐媚""魅"等等；这些概念多数情况下既可以指狐狸，也可以指狐狸精。

"狐精"一词较早出现于北宋人刘斧撰辑的《青琐高议》，后集中一篇《小莲记》，副题为"小莲狐精迷郎中"。南宋人洪迈编写的《夷坚志·宜城客》也有"古墓狐精"的说法。元人辑录的《湖海新闻夷坚志》收录了六则狐狸精故事，其中两则标题为《狐精嫁女》和《狐精媚人》。

随着明代话本小说的流行，"狐精"使用频率增高。这时，也出现了更加口语化的词——"狐狸精"。而且"狐狸精"开始用于比喻放荡善媚的女子。如《金瓶梅》中吴月娘骂潘金莲是"九条尾的狐狸精"。"狐狸精"的使用在明代已经很普遍了，往后发展，其本义用得越来越少，喻义反而用得越来越多。

在口语中，"妖""精""怪"几个字经常连用，有时候还能相互替换。但仔细分析，三词之义略有不同。一般来说，称为"精"的东西大多具备人形人性，而"妖"则是比较怪异的东西，如《聊斋志异·宅妖》写长山李公家里一张肉红色的凳子，被人一摸便四脚移动走进墙壁里。同类情形，袁枚则喜欢称之为"怪"。《子不语·羊骨怪》记杭州人李元珪调面糊粘信封，夜间发现一寸大小的羊偷吃面糊。他跟踪小羊，至门外树下不见踪影，于是挖地三尺，发现一段朽羊骨，面糊还在骨穴里。《太平广记》"妖怪"条所收尽是怪异事件，如《房集》记尚书郎房集家里来了一个拎着布袋的陌生男孩，房集问他是谁，对方不回答；又问布袋里装的什么，男孩说："眼睛！"随即解开布袋，眼睛跑了出来，四处乱爬。一家人正惊慌失措，男孩瞬间消失，一地的眼睛也不见了。

二　中国的狐狸能变人

在世界各地的神话、童话和寓言中，动物人格化是普遍存在的现象。西方文化传统中，动物的人格化主要是以拟人化的方式完成的，动物无须改变形体便能具备人性。在中国，拟人化不是主流，动物人格化是通过人形化而完成的，动物必须先变成人形，才能具备人性。这就是中国式的动物成精，是中国动物故事的突出特色。

以狐狸为主角的拟人化动物故事从希腊时代就广泛地流传于欧洲，在中世纪诞生了著名的《列那狐传奇》。故事主角列那是一只美丽的红毛雄狐，他和妻子（雌狐）及三个孩子（幼狐）生活在一座叫马贝渡的城堡里。这家伙俨然是动物世界的007，神通广大，无所不能，几乎与所有动物为敌，尤其喜欢作弄比他强大的狼和熊。动物们忍无可忍，到狮子国王那里告状。狮王先后派狗熊勃仑、公猫梯培去召他，都被作弄得奄奄一息。最后列那被擒至王宫，他巧舌如簧，说东道西，上绞刑架时表示要向狮王献宝。狮王的贪欲被勾起，派兔子和山羊跟他去取宝藏。结果兔子成了他的盘中餐，兔头被装在一个袋子里，让山羊拿去当作宝藏献给狮王。骗局穿帮后，狮王大怒，带领动物部队攻打马贝渡城堡。相持了几天，狮王一朝君臣居然全被列那捆绑在地。列那还乘机诬陷山羊倍令，说他私吞宝藏，害死了兔子兰姆。不管别人信不信，反正当了俘虏的狮王信了，对列那产生强烈的好感，紧紧地拥抱了他。于是列那作为大臣陪狮王回到了王宫，受到热烈欢迎。这个故事在西欧广泛传播，12 至 13 世纪法国有很多民间诗人以此题材写诗，保留下来的有二十七组诗，共三万多行。德国、英国、佛兰德斯、意大利都有译本或模仿作品，后来，大文学家歌德依此写成叙事诗《列那狐》。

狐狸的形象也经常出现于欧洲著名的童话作品中。如《格林童话》有《狐狸与马》《狐狸和干妈》《狼和狐狸》；《拉·封丹寓言》有《狐狸与山羊》《狐狸、猴子与群兽》；《克雷洛夫寓言》有《狼和狐狸》《狐狸建筑师》《狮子、羚羊和狐狸》。从公元前五六世纪的希腊，到 18 至 19 世纪的欧洲各国，狐狸的形象有着明显的传承关系，拉·封丹和克雷洛夫笔下的一些狐狸形象直接取材于《伊索寓言》，如著名的《狐狸与乌鸦》《狐狸与葡萄》等故事。

拟人化的狐狸故事在中国古代也曾出现，这就是《战国策》中那个狐假虎威的骗子：

　　虎求百兽而食之，得狐。狐曰："子无敢食我也。天帝使我长百兽，今子食我，是逆天帝命也。子以我为不信，吾为子先行，子随我后，观百兽之见我而敢不走乎？"虎以为然，故遂与之行。兽见之，皆走。虎不知兽畏己而走也，以为畏狐也。

但这个狐狸形象在中国丰富多彩的狐文化中显得非常孤单，几乎是前无古人，后无来者。相反，狐狸精却有着比较明确的诞生发展史，我们先讲一段《史记》：

秦二世元年七月，朝廷发九百人戍渔阳，陈胜、吴广都是屯长，队伍到大泽乡遇雨被阻。这些人知道不如期到达按秦法当斩，陈胜与吴广商量：赶去渔阳是死，不去也是死，干脆起义，轰轰烈烈地干一场算了！吴广表示同意，于是找来巫师卜算吉凶。巫师相告：举事肯定成功！但为了使众人信服，还得借助一下鬼神。陈、吴二人便装神弄鬼，在一块帛上写了"陈胜王"，放在鱼腹中。士卒买鱼烹食，发现帛书，大为惊异。吴广又在晚上躲进附近的破庙，燃了一堆篝火，学着狐狸叫："大楚兴，陈胜王。"

这是《陈涉世家》的一段情节，此文因被选入中学课本而广为人知，但对于吴广学狐鸣一事，注意的人可能不多。这段叙事被纪晓岚认为是狐狸精出现的明证，他在《阅微草堂笔记·如是我闻四》说："（狐精）三代以上无可考，《史记·陈涉世家》称篝火作狐鸣曰：'大楚兴，陈胜王。'必当时已有是怪，是以托之。"晚上燃篝火作狐鸣，固然是装神弄鬼，但之所以采取这样的手段慑服人心，说明当时人们相信它的存在。

到了汉代，人形化的狐狸精渐渐以各种形式出现了。刘歆《西京杂记》说广川王好盗墓，一次挖开坟冢，有白狐见人惊走。左右追不上，射伤了白狐左脚。晚上，广川王梦一白眉老人对他说："何故伤我左脚？"举起手杖敲击他的脚。广川王惊醒，发现脚上肿痛生疮，这毛病至死未愈。

《风俗通·怪神》记北部督邮郅伯夷降狐妖：晚上黑灯瞎火独坐

房里，一边诵读《六甲》经文，一边拔剑解带做准备。这时，"有正黑者四五尺"朝他扑来。伯夷与之斗，挥剑击伤其脚；举火一照，是只无毛赤皮老狐。

一个"正黑者四五尺"，模模糊糊，似人非人；一个则出现于广川王的梦里，人形化显然还不完整。到《搜神记》转载"伯夷降狐"故事时，情况就不一样了。正是在这部成书于魏晋时代的志怪集中，最早一批完全成人的狐狸精正式登场：

> 吴中有一书生，皓首，称胡博士，教授诸生。忽复不见。九月初九日，士人相与登山游观，闻讲书声，命仆寻之。见空冢中群狐罗列，见人即走。老狐独不去，乃是皓首书生。（《胡博士》）
>
> 董仲舒下帷讲诵，有客来诣。舒知其非常。客又云："欲雨。"舒戏之曰："巢居知风，穴居知雨。卿非狐狸，则是鼹鼠。"客遂化为老狸。（《老狸》）

此外，《搜神记》中还有《阿紫》《狸婢》《吴兴老狸》《张茂先》诸篇，主角也都是狐狸精。

因此，狐狸精的形成过程，大约肇始于战国后期，发展于秦汉，完成于魏晋。非但狐狸，其他动物成精变人的经历也与此相似。而这个时间段正好与中国古代神仙信仰思潮的产生、发展的轨迹相吻合。神仙思想不仅是狐狸精产生的土壤，还一直是它成长壮大的营养素。

三　狐　仙

　　中国狐狸能成精变人的根本原因，是受到古代盛行的神仙信仰的影响。神仙信仰的核心理念是长生不老，因此，这个思想体系的立足之根本就是必须证明长生不老的可能性。古人在论证这个观点时经常运用类比思维，以彼证此。由于对事物的性质缺乏正确了解，他们经常会在论点和论据之间找到奇怪的关联。如葛洪《抱朴子内篇·论仙》：“谓冬必凋，而松柏茂焉。谓始必终，而天地无穷焉。谓生必死，而龟鹤长存焉。”以龟鹤长寿证明人能长寿多少还有些道理，以松柏常青说明人的长生就非常牵强，而举天地无穷说生命现象则根本是驴唇不对马嘴。这个论证方式在今人看来无疑是逻辑混乱的，但那个时代的人显然可以接受，否则葛大师也不会言之凿凿地记录于书中。动植物经常被用作论据，于是提供各种各样的长寿动物就成为神仙理论家的重要工作。据葛洪的记录，当时的书籍如《玉策记》《昌宇经》等就有大量这方面的内容，涉及的动物多种多样，豺狼虎豹，猴狐鹿兔，甚至蟾蜍老鼠都在此列。如此则带出一个明显的问题：这些寻常动物凭什么表明已有百年千年之寿呢？神仙家于是又说，长寿动物的体形外貌都会发生明显变化，“千岁之鸟，万岁之禽，皆人面而鸟身”。“虎及鹿兔，皆寿千岁，寿满五百岁者，其毛色白。熊寿五百岁者，则能变化。狐狸豺狼，皆寿八百岁；满五百岁，则能变为人形。”于是，动物长寿则能变化（也就是物老成精）就和人的长生不老挂上了钩，两种现象被视为同一个道理的不同表现形式。

在神仙信仰中，长生不老、肉身不死谓之成仙，要到达这个境界则必须经过一系列的身心修炼。葛洪说："学仙之法，欲得恬愉淡泊，涤除嗜欲，内视反听，尸居无心。""若夫仙人，以药物养生，以术数延命，使内疾不生，外患不入，而旧身不改。"落实到操作层面，便产生了种种修仙术。秦汉时代是寻找不死药，魏晋之后则是炼丹，炼了外丹炼内丹，还有胎息、服气、房中等等，不一而足。神仙信仰通过道教的传播，两千多年来一直具有强大的生命力，求仙之徒遍布社会各阶层，从帝王到平民都大有人在，中国文化的很多方面都留下了它的烙印。

成精的动物很多，但古人以为狐狸是最有灵性的动物，与人的性质最为接近，因此，狐狸成精便得到更多关注，衍生出更丰富的故事。对此题材的演绎渐渐也被纳入神仙思想的框架，狐狸精的生命历程遂被描述为通过修炼而成精成仙的过程。

最早的狐狸精修仙故事载于唐代牛僧孺的《玄怪录·华山客》。此文写同州人党超元隐居华山之南。一夜有美女来就，年可十八，容色绝代。超元想入非非，以为一场爽快的艳情就要发生。不料美女笑道："我不是神仙，也不是凡女，我乃南冢之狐。学道多年即将成仙，现有一劫，非君不能救，想请你帮忙。男欢女爱的事，已经很多年没想过了。"原来狐狸精掐准自己五日后必死于猎人之手，请党超元想法讨回尸体送还旧穴，以便尸解成仙。党超元贪欢不成，对美女的求救倒也没有拒绝，于是出手相助，自己也捞了一笔酬劳。

这个故事虽然写了狐狸精的修炼，但并没有说明她修的是哪种仙术。明清之后，民间普遍认为狐狸精都能修仙。袁枚笔下的狐狸精都被称为狐仙，说明在他的意识里此二者是合而为一的。非但如此，他的《子不语》还有一则故事写人向狐狸精学习修仙之术：云南监生俞寿宁是个仙道信徒，习仙家符箓之术，经常仗一古剑替人驱妖。对长生之术却一直不得要领，乃广拜狐仙请教，结识了很多狐男狐女。酒肉饭菜吃喝了半年多，狐仙们也有点不好意思了，吩咐他搞一个雅集，场面隆重些，届时将传授长生秘诀。俞监生正经地摆了酒宴，狐仙们吃呀喝呀，眼见就要传授秘诀了，友人张某经此躲雨，排闼而入。狐仙们受惊，立马消失了。俞某气得捶胸顿足，从此云游于外，不知所终。

纪晓岚《阅微草堂笔记》谈及狐仙之处颇多，而且经常是理论总结，这些内容又都以狐狸精修仙谈体会的方式转述，如《阅微草堂笔记·滦阳消夏录三》：

> 凡狐之求仙有二途：其一采精气，拜星斗，渐至通灵变化，然后积修正果，是为由妖而求仙。然或入邪僻，则干天律，其途捷而危。其一先炼形为人，既得为人，然后讲习内丹，是为由人而求仙。虽吐纳导引，非旦夕之功，而久久坚持，自然圆满，其途纡而安。顾形不自变，随心而变，顾先读圣贤之书，明三纲五常之理，心化则形亦化矣。

纪氏认为狐狸精修仙有两条途径：一者由妖直接成仙，可谓一次成仙，是捷径；方法是媚惑采补、吸精拜月等邪僻之术，效率高，风险也大。一者先成人再成仙，是正途；方法是运神、服气、炼内丹，难度高、时间长却很安全。走正途的狐狸精还得读圣贤之书，明三纲五常之理，这样才"心化则形亦化"。

四　狐　神

在所有与狐狸精有关的文字中，有一段记录意义特殊，这就是《朝野佥载》中作者对"狐神"的描述：

> 唐初以来，百姓多事狐神，房中祭祀以乞恩，食饮与人同之，事者非一主。当时有谚曰：无狐魅，不成村。

这段文字包含如下信息：第一，"狐神"概念首次出现；第二，唐初以来，民间祭祀狐神很普遍；第三，祭祀目的为"乞恩"，即得到实际好处；第四，民谚表明"狐神""狐魅"的对应关系，被祭祀的狐神显然也属邪神；第五，百姓祭祀狐神的方式是在室内供奉饮食，至于狐神以何种面目示人则未讲明，很可能只是牌位之类的符号物。

从以上情形判断，祭祀狐神是典型的淫祀。古代中国是一个泛神论流行的国度，天神地祇、人鬼物精都会作为神灵享受祭祀。有些祭祀是统治者提倡且积极实行的，是为"正祀"，如祭天、祭祖以及佛道等正统宗教的主神，而民间各种五花八门的祭祀则被视为淫祀。淫祀对于民众而言，大多不是一种精神性的追求，而是出于实用的目的，如求财、求子、求雨、求长寿、求功名、求避祸、求免灾等等。求福禄与求免灾祸实际是一个愿望的两个方面，而不管大神小神、正神邪神，都有赐福降灾的能力，因此正神得拜，邪神也得拜。

在淫祀的对象中，动物神灵占有一定的比例，据日本学者龙泽俊亮于20世纪40年代对中国华北、东北地区的考察，民间祭祀的神祇除佛教的诸佛外，还有223种之多，其中直接以动物为神祇的就有10种，而狐、蛇、猬、鼠和黄鼠狼统称"五大家"或"五仙"，地位较高。狐、蛇、鼠、猬之属，对人的威慑不及虎豹豺狼，与人的亲近不及牛羊猪狗，为什么却能列为五大家受人供奉？这个现象值得分析。

五大家中没有一种猛兽，因为虎豹之类虽能食人，但居于深山老林，一般情况下和人类井水不犯河水，即便是人烟稀少的古代，虎豹出入市井村落的事也很少发生，所以猛兽袭人的概率并不大。五大家中也没有一种是已经驯化的动物，因为驯化的动物已完全受控于人，牛马再大，除了贡献劳力皮肉，并不能为福为祸。而狐、鼠、蛇等五类动物虽是小兽，却行动自主，不受人的摆布；虽是野兽，却与人杂处，经常活动于人的生活圈子里。鼠的情况自不必说，狐与人共处能力虽不及鼠，但在古代也是活动于人类的周围，"无狐魅，不成村"所透露的信息，就说明当时狐狸和人的联系是何等紧密。《阅微草堂笔记》的许多记录告诉我们，很多狐狸甚至就生活在人们的深宅大院里。鼠要啮衣坏物，狐要偷吃家禽，对于农耕之家，都是不胜烦扰之事。人们对付它们的办法，首先当然是驱赶，但这样的办法不能彻底解决问题，就只好将其供奉起来，哄它们高兴，请它们高抬贵手。这种动机加之古代的生活条件，是五种小动物成为"五大家"的最主要的原因。

由此可知，民间对这几种神祇的祭祀完全是功利性的。小动物们虽然上了神坛，却没有像正神那样得到人们的顶礼膜拜。人们一方面供奉它们，另一方面又灭鼠杀狐，完全是一套胡萝卜加大棒的政策。

唐代的祭狐之风，宋金时期继续流行于民间。当时多种著述都记录了邠州令王嗣宗毁狐神庙之事，如《宋史》卷二八七：

> 城东有灵应公庙，傍有山穴，群狐处焉。妖巫挟之为人祸福，民甚信之，水旱疾疫悉祷之，民语为之讳"狐"音。此前长吏，皆先谒庙然后视事。嗣宗毁其庙，熏其穴，得数十狐，尽杀之，淫祀遂息。（《王嗣宗》）

这段关于狐神祭祀的文字所包含的信息较《朝野佥载》更为丰富：第一，祭狐习俗呈扩大深化之势，不仅家中奉食祭祀，还在城外建庙专祀；第二，不仅民间祭拜，地方官也很当回事，上任前先得谒奠，再办公务；第三，祭拜目的仍为求福避祸，巫婆等民间神职人员乘机利用其装神弄鬼；第四，祭狐神已被明确定性为淫祀，"嗣宗毁其庙"得到统治阶层的充分肯定而载入了正史；第五，整个祭祀活动只与狐有关，没有出现与狐狸精相关的内容，说明此时的祭狐是对动物神灵的祭拜，还没有受到狐狸精或狐仙观念的太多影响。

在汉语言中，"神仙"这个词的意思不是"神+仙"，而是偏指"仙"，就像"狐狸"偏指"狐"一样。而神与仙是两个不同的概念。神指人格化的神灵，主要有自然神（包括动植物神）和祖先神两大类，源于初民对自然力的敬畏和对祖先的敬重；神是精神性的存在，是崇拜的对象。对神的崇拜是全世界普遍存在的现象，祭神一般带有非偶像崇拜性质。空空如也的神龛就是土地神之所在，一个简单的牌位则可以代表祖宗，此所谓"祭如在，祭神如神在"。唐宋时期的祭狐大约也是这种性质。仙则是中国神仙思想的产物，指长生不死的仙人，是不死灵魂和不老肉体的结合体；从原理上讲，仙本不是崇拜的对象，而是求仙之人追求的目标。到后来这个目标被道教徒越推越高，也渐渐获得了与神差不多的地位，成为崇拜的对象。

有学者认为中国古代的民间神灵有一条独特的演化规律，就是不断被仙化，这在狐神崇拜中表现得很充分。明清之世，祭狐仍是北方地区流行的民间宗教活动，但"狐仙"之称全面取代了"狐神"。各地不仅有专门的狐仙庙，狐仙的牌位还被供奉在百姓家中或官署内，对此很多作品都有记载。如《清稗类钞》："陕西宜君县署故有狐，设木主以祀之，新令尹至，必参谒如礼。"

《子不语·狐仙知科举》里的狐仙，既无声亦无形，也无须通过灵媒与人沟通，行为方式别具一格：吴某家素奉狐仙，一日宴宾，客人到齐却未见酒肴上桌。一会儿吴某匆匆出来，面有愧色地告诉大家，酒肴刚备好，却被狐仙摄去了，真是对不起。众人不以为然，觉得他舍不得花钱又死要面子，拿这话糊弄大伙。一位蔡姓朋友说，不妨到厨房看看，如果做过饭菜，定有些迹象。众人拥进厨房，果见余火未熄，盘碗葱姜之物尚在，的确是刚做过饭菜的样子。宾朋扫兴欲散，蔡某却突然对空喊道："狐仙听告，我有一言奉问：我等今年都将参加科考，如有一人高中，请狐仙还我们这桌酒菜；如无一人中者，酒菜你尽管全部享用，我们也没有心情在这里饮酒聚餐。"言罢，饭菜酒饮全部回到桌上，于是众客欢饮而散。考后放榜，果然一人高中。

狐神成了狐仙，虽未显声露脸，但免不了有浓厚的人间烟火气，和人们打成了一片。狐仙本来就是狐狸精的升格品种，文人们的笔墨稍加点染，此二者就几乎没有区别了。

《耳谈类增·东岳行宫夫人》就讲述了一个狐狸精升格为狐仙，从而走上神坛受人祭拜的故事。此狐狸精名叫毛三姑，长期在河南固始奇丝村捣乱，弄得村民苦不堪言。一天，毛三姑忽然告诉村民，自己做了东岳行宫夫人，如果大伙儿修个庙祭祀，她将改邪归正，为大家消灾降福。村民试着照办，毛三姑果然不再捣乱，还为村民解疑答难，庙里因此香火很旺。久而久之，人们只知进庙拜的是东岳行宫夫人，几乎忘了里面供着的是一只狐狸精。

神灵往下堕落，妖精往上提升，狐神、狐狸精就在狐仙这个环节结合在了一起。狐仙的枢纽作用，体现为神仙思想使神灵肉体化同时也使肉体神灵化的双向改造。

五 天 狐

"天狐"概念出自《玄中记》："狐五十岁能变化为妇人，百岁为美女，为神巫。或为丈夫与女人交接，能知千里外事。善蛊魅，使人迷惑失智。千岁即与天通，为天狐。"这段文字显然是物老成精观念的引申，而所谓天狐，无非是年寿特别高的极品狐狸精。但"千岁即与天通"则暗示该级别狐狸精可能与上天有某种特殊关系，这就为后人演绎故事留下了很大的想象空间。

第一个出来混的天狐是《搜神后记》里的伯裘。酒泉郡太守是个凶险的官位，任此职者多暴毙横死。渤海人陈斐得授此任，忧闷不乐，找算命先生打了一卦，解曰："远诸侯，放伯裘。"陈斐到任，发现几个衙役分别叫张侯、王侯、史侯和董侯，就处处提防这几个

"侯"。某晚，陈斐抓住一只狐狸，这就是名叫伯裘的千年狐狸精。伯裘说："若能释我，大人有急难之事，只要喊我的名字便来解救。"陈斐靠伯裘的帮助，不仅彻底制服了几个谋反的衙役，还把酒泉郡治理得井井有条。月余，伯裘来辞："今后当上天，不复与府君相往来也。"

"伯裘报恩"开启了天狐故事的一种模式，情节设计包含以下步骤：一是天狐在原形状态下被捉或被夺走随身宝物；二是有条件地获释或将宝物退回；三是天狐兑现承诺。

天狐的超能主要表现为"能知千里外事"或未卜先知，即所谓"预言休咎"。《太平广记》收录的《李自良》《袁嘉祚》《郑宏之》等故事都属于此类。

伯裘之类的天狐信守诺言，与人为善，可视为狐友；还有一类天狐却是令人头疼的捣蛋鬼，《广异记·长孙无忌》就记录了一起太宗李世民亲自出面处理的天狐迷奸人妻案。

长孙无忌是唐朝开国功臣，又是李世民的大舅子。李世民曾赏赐美人一名，颇得无忌宠爱。不料，美人被自称"王八"的狐狸精迷惑，一天到晚想着他，见到无忌就喊打喊杀。请来的几个术士也制不住，后听说相州的崔参军擅长治狐，李世民便发诏书要他速来长安。王八得知崔参军将至，果然连夜逃走。第二天，崔参军到无忌家施法，唐太宗也跟着去看热闹。参军摆案书符，家里的门神、厕神、灶神、井神等都被召来。参军发话："尔等为贵官家神，责任不小，怎么让个狐狸精混进来捣乱？"这帮倒霉的家神连忙申辩说不是自己的责任，这是只天狐，实在打不过他。崔参军不跟他们啰唆，吩咐赶紧去追王八。庸神们出去没多久便回来了，满身箭伤刀伤，呜呼哀哉地告饶："与王八苦战一番，都已挂彩负伤，还是捉他不住。"崔参军只得祭出狠招，又飞一道符上天。不一会儿，有五位天神下凡，列队致敬，崔参军屈膝还礼，还让太宗与长孙无忌出面接见。崔参军说相公家有一只媚狐，烦请各位大神抓捕。天神应诺，各自散去，空中传来兵马之声，随即一只被捆住的狐狸坠落阶前。无忌怒从心头起，拔剑欲砍，被崔参军止住："这畜生已经手眼通天，你杀不了它，弄不好还会惹麻烦。"接着判狐狸精的罪："淫人妻女，神道所忌，罚五大板。"长孙无忌不干了，说："它霸占我小老婆，咋就打几板屁股了事呢？"崔参军解释："天刑五板，相当于人间五百大板，是很重的刑罚了。它是天狐，我只能代天行刑，杀它不得。但它受此刑罚，以后再不敢来了。"言罢拿出桃树枝抽打五下，果然打得王八血流满地。过一会儿，受伤的狐狸爬起身飞走了。

天狐与天界的联系在《太平广记》中也有交代，如《传记·姚坤》里的天狐说自己"蹑虚驾云，登天汉，见仙官而礼之"；《河东记·李自良》里的天狐道士为了证明自己的身份，"超然奋身，上腾空中，俄有仙人绛节，玉童白鹤，徘徊空际，以迎接之"。

从上述材料分析，所谓"天狐"是指修炼到了很高级别、能"与天通"的狐狸精，而非本来就生活在天上的狐狸精。但到了明清时期，一部分天狐也逐渐被理解为来自天界。冯梦龙版《三遂平妖传》里的圣姑姑是个雌狐精，其经历是一典型的天狐炼成记。最初，那老狐也不知岁月，颇能变化，自称一个美号，叫作圣姑姑，在这雁门山下一个大土洞中做个住窟；后来，这老狐精曾与天狐往来，果然能辨识天书；再往后，圣姑姑多年修炼，已到了天狐地位。最终圣姑姑因为犯事被玄女娘娘收服，叫猿公解上天庭。这时，出现了一个宏大的场面：

> 猿公进了天门，刚跪在凌霄殿下启奏其事，早有天官十万八千听差的天狐，齐来殿下叩头，都替圣姑姑认罪求饶。圣姑姑闻得众天狐声息，才敢开眼，见了玉帝，喘做一团，哀求不已。玉帝降旨，许他不死。

这里面一个明确的信息就是天宫有十万八千听差的天狐，其中像圣姑姑这样由凡间上来的老狐可能不少，但大多数天狐也许本来就是天官天吏。至于天宫为什么存在如此多的原生天狐，清人李汝珍"武则天是心月狐下凡"的说法为我们提供了一个思路：

> 原来这位帝王并非须眉男子，系由太后而登大宝。乃唐中宗之母，姓武，名曌，自号则天。按天星心月狐临凡……适有心月狐思凡获谴，即请敕令投胎为唐家天子，错乱阴阳，消此罪案。心月狐得了此信，欢喜非常，日盼下凡吉期。（《镜花缘》）

其实，古人很早就用动物代表四方：青龙代表东方，白虎代表西方，朱雀代表南方，玄武（龟蛇）代表北方，这就是所谓的"四象说"。每一方下辖七个星座，加起来便是"二十八宿"；每个星座也用动物代表，如青龙七宿中角（星座名）是木蛟、亢是金龙（应该是四象中青龙的兄弟）、氐是土貉、房是日兔、心是月狐、尾是火虎、箕是水豹——狐居然本来就是天上的星宿！这应该就是心月狐的来历吧。这种以动物代表四象、二十八宿的观念在神话传说和文学作品中很容易被形象化，譬如在《西游记》中，二十八宿就是动物形象的神灵，它们如果私自下凡就会成为动物妖精，如碗子山波月洞的黄袍怪就是二十八宿中的奎木狼。

明人钱希言对天狐谪居人间的话题尤感兴趣，其小说集《狯园》有数则天狐故事都涉及这一题材。其中一个下凡天狐，其形象和行为方式都十分怪异：

武将沈三官看见一团黑影钻进门前大树茂密的枝叶里，他叫人搭梯子上去找却找不着，把庭院找了个遍也不见踪影。沈三官心里烦躁，吩咐营卒把树砍了。当晚，熄灯将寝，忽见这团东西从屋脊飞下，在床前旋转，越转越小，最后只有樟脑丸那么大，顺着他的手指爬到了身上。沈三官从此浑身燥痛，莫能医治。几天后，他听见有东西在自己肚子里说话："我是天狐，犯了点小错谪居凡间。本来只想住在树上，你却无端将树砍了，我现在只好寄居你的肚子里。你也别大惊小怪，日子一到我自当离开，不会伤你。"沈三官很气愤，又不能剖腹驱妖，就写了一篇讼文祷告神灵。晚上他又听见腹内出声："多大点事儿，还往天庭告状！上帝派了天神来讨伐，明天我当应战，你能帮我吗？"沈三官想：老子请来天神降妖，你居然要我帮你，有病吧！第二天中午，风雷暴至，阴云中一场恶战，眼见得空中飘下团团黑毛，鲜血淋漓。看热闹的士兵一阵高呼："妖精被杀了！"晚上，沈三官心情轻松，上床安歇。不料肚子里的天狐又说话了："天神杀死的只是我的皮囊，灭不掉咱本来面目。我跟你说了，只是借居你腹中反省思过，不出一年就离开，不会为难你。"沈三官请了天神也没搞定这只神出鬼没的天狐，只好听之任之。大约一年之后，果然有东西从拇指尖宛转而出，沈三官的燥热病也不治而愈了。

明代小说中的天狐形象，给人感觉是在发生着由邪而正的转变。这种思路继续延伸，到清人笔记小说《醉茶志怪》的狐降妖，就成正经的天界公务员了。

《醉茶志怪》写无业游民王某闲逛时发现了一只狐狸醉卧石窟，便捆住带回家。狐狸苏醒后对他说："我是天狐，今日贪杯为你所擒。赶快放了我，不然，对你我都无好处。咱俩结为兄弟，以后有急事呼叫我，保证立马赶来为你解难。"王某问用什么办法通知，天狐说自己贪杯，只要备上一壶酒，再燃香祷告，他就能知道。次日，王某想试试狐狸精的诚信度，就设酒焚香，叽里咕噜念了几句。果然一白髯老翁自天而降，问何事见召。王某说没什么，就想试试灵不灵。老头很生气："我奉天职，公务繁忙。你倒好，大老远叫我来闹着玩儿！下次再这样，我就不来啦！"言罢拂袖而去。

后来，王某表兄家闹妖精，眼看性命不保，王某自告奋勇请来天狐降妖。老翁问明情况，说妖不难治，但须众人回避，只留他和病人在屋里。王某想看热闹，说多大个事儿，还不让人看看！老翁解释："并非不让看，是担心你看了害怕。想看也没关系，躲着别出声儿就行。"老翁于是手持利剑作起法来。不一会儿，屋梁上出现一条巨蟒，头顶赤红如丹砂，遍身鳞甲黑亮如漆，盘旋而下几乎堆满了一间房。老翁腾空而起，跳到屋顶。巨蟒也从窗户探出头去，往屋顶张望，貌似惶恐。老翁喝道："尔数百年功力，奈何忽起尘念，害人误己？我念你修炼不易，姑且饶你一命，速回山洞服气炼形，以求正果。如若再出来为害人间，定取你性命！"巨蟒垂泪点头，御风而去。老翁从屋顶下来，嘱咐病人几句，留下些药丸离开了。

从酒泉郡的伯裘到《醉茶志怪》的降妖狐，一条天狐形象的发展线索似乎隐约可见，天狐数量最多、形象最丰满的时代出现于唐传奇，此后逐渐式微。在清代几位喜欢狐狸精题材的大家中，蒲松龄和袁枚几乎没提过天狐，纪晓岚的《阅微草堂笔记》与狐有关的故事两百余则，提及天狐的只有寥寥几处，而且都是一笔带过。究其原因，大约是狐仙观念广为流传，"天狐"遂被弃而不用吧。

六　狐　丹

在道教丹鼎派理论中，金丹是最重要的长生之药。葛洪说：

> 余考览养性之书，鸠集久视之方，曾所披涉篇卷以千计矣，莫不以还丹、金液为大要焉。然则此二事，盖仙道之极也。服此不仙，则古无仙矣。（《抱朴子》）

从魏晋到明清，道士的炼丹史是一个由外丹到内丹的过程。所谓金丹，是"金液还丹"的简称，这种神秘的东西到底是什么呢？用现在的化学原理解读其实很简单，就是烧炼红色的朱砂矿（硫化汞），析出白色的水银（汞），再烧炼水银又变成红色的氧化汞；硫化汞、氧化汞都呈红色，故曰"丹"。在烧炼的过程中红色硫化汞先变成白色水银再变回红色氧化汞，故称"还丹"，而液态的水银就是"金液"。

这种现象对古人而言肯定很神奇，也很有趣，但道士们将"金液还丹"当作灵丹妙药就实在莫名其妙了。因水银是剧毒物，自从这种"神药"横空出世，食之成仙者肯定没有，服后发癫作狂一命呜呼者却比比皆是。即便如此，道士们仍然众口一词地说它就是长生不老的主药，一些想成仙又怕死的人便只好敷衍，北齐文宣帝就是这样的主儿。《北史·艺术传》记载，道士张远游炼成了一粒九转还丹献给文宣帝，他不敢吃，放在一个精美的玉盒中，说："我贪爱人间作乐，不能飞上天，待临死时服取。"从秦汉开始，最想长生不老的人就是权势无边、享乐不尽的帝王们，这个群体是炼丹道士的主要客户，其中虽不乏文宣帝这样的叶公好龙者，但更多的还是忠实信徒。中唐时期的皇帝几乎个个为汞毒所害：宪宗"日加躁渴"，"躁甚，数暴怒，恚责左右"；武宗"药躁，喜怒失常。疾既笃，旬日不能言"；宣宗"饵长年药，病渴且中躁"。他们不仅没能长生不老，反而都因金丹而短命横死。

于是，道士们另辟蹊径，提出了以自己的身体为炉子、用血气为材料、以精神为火力的"内丹法"，而之前的金丹术也就相应地被称为"外丹术"。道士们的理论投射到狐狸精身上似乎总有些时间滞后，狐狸精没赶上外丹时代，一上来就是炼的内丹。这一点我们可从明人的著作中找到证据：

《五杂组》：狐千岁始与天通，不为魅矣。其魅人者，多取人精气以成内丹。

《二刻拍案惊奇》：好教郎君得知，我在此山中修道，将有千年，专一与人配合雌雄，炼成内丹。

《蕉帕记》：（狐狸精）修真炼形，已经三千余岁，但属阴类，终缺真阳，必得交媾男精，那时九九丹成，方登正果。

狐狸精炼成的内丹称"狐丹",通常呈现为红色或金色的药丸,有时也可以是火苗一样的东西,隐藏于狐狸精体内,必要时可以吐出来。狐狸精修仙本有正邪二途,但笔记小说中炼内丹的狐狸精大多走邪门歪道。明代《狐媚丛谈·狐丹》记载:

赵氏兄弟居于城外偏僻之地。哥哥赵才之一日夜归,见妖娆女子口中含灯而行,觉得奇怪,正想搭讪几句,忽然感觉一阵迷眩。女子吐出小灯放在路边,宽衣解带与之野合,事毕又穿衣含着灯离开。虽然迷糊被奸,但爽快的感觉令赵才之回味无穷。第二天他又原地等待,含灯女子果然来了,同样剧情再次上演,此后一发不可收拾。弟弟赵令之见老兄每夜行为诡异,便尾随盯梢,终于发现了哥哥的小秘密。不料含灯女子来者不拒,此后,兄弟俩便轮番被迷奸,乐不思归。朋友听说此事后提醒道:"你俩糊涂啊,哪有灯火可以含嘴里的!下次把那盏灯吞了,看她咋办!"令之有所醒悟,当晚事毕,便拿过灯要吞。女子急忙抢夺,结果灯掉水里灭了。女子痛不欲生:"奈何!奈何!我乃千年修行老牝狐,仙道将成,只差些男人精血,与你俩再交合几回就能立地成仙了。那灯火就是内丹,今天被你给抢没了,真是天绝我也!"言毕僵死于地,果然变成了一只狐狸。

《耳食录·胡夫人墓》故事情节和上述差不多,只细节有所不同,但人物刻画显得更生动,格调也高雅许多。这个故事中的狐狸精不是与人在外野合,而是去书生住处,婉转衾席之时,拿一粒明珠放在书生口中,吩咐不可吞下,清晨离开时取走。后来,教书先生察觉了此事,警示书生该女子很可能是妖孽,要他伺机吞下明珠。书生当晚就吞了那粒珠子。女子抱头痛哭道:"为这粒珠子我已经修炼了五百年!死于此珠者已九十九人,都是聪明富贵之人。若达百人,我便修成正果。谁料败于君手！邪道求仙，终究是靠不住，我也不怨你。但我俩缠绵多日，望你念枕席之情，为我收尸，清明寒食也来我坟上浇两杯薄酒，则我感恩不尽。"次日，书生葬了狐尸，还写了一篇祭文，晚上梦见狐狸精来谢。书生自从吞了那粒狐丹，五体轻安，精神焕发，后来不仅当了大官，还高寿而终。

以上两个以邪道求仙炼内丹的狐狸精都功败垂成，一命呜呼，可见，狐丹对于狐狸精而言，不仅关系到能否成仙，还关乎生死存亡。两个故事都可谓苦口婆心，既告诫各位书生提高警惕，不要和妖精搞情色交易，也提醒狐狸精修仙须走正道，以免竹篮打水一场空。

不论正道邪道，炼出的狐丹总归都是宝物。它藏在体内是成仙的保证，吐出来还可以治病救人。《聊斋志异·娇娜》中，书生孔雪笠胸口长一碗大肿块，痛苦不已。狐女娇娜前来疗疾，用刀割掉脓包，口吐红丸如弹大，着肉上按令旋转。转一圈，觉热火蒸腾；又一圈，习习作痒；第三圈，遍体清凉，沁入骨髓，偌大的伤口竟痊愈了。后来，孔雪笠被雷击昏，娇娜再次吐狐丹施救，以舌送红丸入孔生之口，又接吻吹气，红丸随气入喉，格格作响。不一会儿，孔生豁然苏醒。蒲公笔下的娇娜，一身悬壶济世之慈，毫无伤身害命之邪。

一般而言，狐丹的形状就是指头大小的弹丸，功能是强身健体、延年益寿。但袁枚《子不语》中的狐丹形状和功能都非常另类。书中写了常州武进县的一个男狐，经常为人打卦算命。外出时若有人问卦，只须将所问之事写在一张纸上焚烧，把纸灰放在坛子里。他回家后吐出一个小镜子似的宝物，往纸灰上一照，便能准确无误地将所焚之语朗诵出来，然后作批答，再派人传给问卦者。

狐丹作为超级能量包，有多种神奇功效。凡夫吞食狐丹，除了

"精神智慧尽倍于前"，"登上寿"，还会发生什么情况呢？《小豆棚·金丹》就讲述了这样一个故事：

刘哥好饮，某日喝得烂醉如泥，躺在孔庙庑廊里酣眠。夜半酒醒，见院子里有十几个小孩玩弄金光闪闪的小球，刘哥撒了一阵酒疯，小家伙四散而逃。其中一粒金球不及收走，在地面上下跳动，刘哥一把捞住送嘴里吞了，体内酒气立马从脑门呼呼冒出，浑身上下有种说不出的清爽。他脑子一清醒，意识到自己可能吞了狐丹。接着，更神奇的事情发生了。他想回家，刚动这个念头，人就在家里了。老婆见门窗未启，便问他是如何进来的。刘哥得意地说："我学了隐形五遁法！"老婆催他睡觉，他想，慢着，这玩意儿太神奇了！何不乘着夜色穿墙入户，把城里的美女看个遍呢？邪念一生，他想哪个美女就到了哪家，一直风流到天亮才回。老婆得知实情后问："这会儿你成仙了，我咋办呢？"刘哥倒也不是喜新厌旧之人，答道："这好办，那帮小狐狸精还有这东西，今晚我再去抢一个。"当晚刘哥再去孔庙埋伏，不见小狐狸精出来，只听有人对话，一个说昨晚马二水的狐丹被人拾去，另一个说此人就是从走廊里冲出来的，不妨搜搜。刘哥越听越不对劲，刚想溜，一伙狐狸精已经冲了进来，揪住他要他退还狐丹。刘哥说已经吞了，没法退还。狐狸精便将他倒吊在屋梁上，拿一把秸秆从他嘴里捅进去，直到肠胃，狐丹顺着一股子鲜血被吐了出来。狐狸精拾起狐丹散去，刘某还被吊着，口中滴血不止，也喊不出声。第二天他才被人发现抬回家，后大病三月，从此经年咳血，成了废人。

狐丹，狐之至宝也，其实乃是人类对于超能力的幻想。

七 避雷劫

妖精们都想修炼成仙，但仙界不可能每个都发签证，这就需要使用一些淘汰手段。走正道的耗时费力，能炼成的本来就不多，因此，淘汰制主要是针对那些走邪道的狐狸精。这些淘汰手段中，最严厉、最有威慑的是天打雷劈，专业术语称"雷劫"。

在古人道德意识中，雷鸣电闪绝不只是一种单纯的自然现象，而被赋予了惩恶扬善的意义。雷神在道教的神谱中具有很高的地位，北宋末兴起的神霄、清微诸派还专以施行雷法为事，声称总管雷政之主神为"九天应元雷声普化天尊"，雷师、雷公是其下属。《九天应元雷声普化天尊玉枢宝经》即假托普化天尊之口，向雷师皓翁讲经说法，要求对不孝父母，不敬师长，不友兄弟，不诚夫妇，不义朋友，不畏天地，不惧神明，不礼三光，不重五谷，身三口四，大秤小斗等恶行劣迹，"即付五雷斩勘之司，先斩其神，后勘其形，斩神诛魂，使之颠倒……以至勘形震尸，使之崩裂"。

古籍中有很多雷劈凶顽的记载。如《子不语·雷诛王三》记无赖王三奸污弟媳，致其自缢身亡。他又掘墓奸尸，盗取随葬的珠翠首饰，正准备上路，忽闻空中霹雳一声，被震击身亡。此书另一则故事则记录了雷神对蛤蟆妖的定点清除：乾隆年间，遂安一县民家被雷击，天晴后查看，一无所损，只觉得屋子里有股焦臭味。十几天后，天花板有血水滴下，启开一看，是只三尺大的蛤蟆，头戴鬃缨帽，脚蹬乌缎靴，身穿玄纱衣，显然已经成精了。

妖精想成仙是追求进步，没有什么不对。如果他们都遵纪守法、循序渐进地修炼，也就没雷神什么事了。实际情形却是成仙的诱惑太大，认真修炼的方式又太苦，因此老老实实走正道的妖精并不多，大多想成仙的妖精都选择歪门邪道。狐狸精到处媚人采补，正说明这个问题有多么严重。不仅狐狸精如此，其他妖精也一样，一些大仙老祖开办的成仙培训班也就投其所好，教妖精徒弟走捷径。孙悟空的真正师父斜月三星洞的菩提祖师就是这样的角色，而神功盖世的孙悟空貌似也是从这条道上走出来的。

据孙悟空早年简历，他离开花果山求道凡二十年，而找到菩提老祖就花了十几年，那么在三星洞学道的时间总共也不过七八年，比起狐狸精动辄百年千年的修炼，完全就是速成班毕业。这么短的时间里却学得了长生不老，外加七十二变化和十万八千里的筋斗云，不走捷径如何能得？

猴子入门之时，老祖就明确交代："道字门中有三百六十傍门，傍门皆有正果。"意思很明白：我这儿都是旁门左道，但包你学会。然后列了很多培训套餐供选，其中的"动门之道"就是采阴补阳，攀弓踏弩，摩脐过气，用方炮制，烧茅打鼎，进红铅，炼秋石，并服妇乳之类——乖乖，幸好石猴子没选这个套餐，否则，后来的齐天大圣就得是采花大圣了。孙悟空都没看上这些学习套餐，老祖便偷偷摸摸教了一套神秘的口诀，如："月藏玉兔日藏乌，自有龟蛇相盘结；相盘结，性命坚，却能火里种金莲。"孙悟空依诀炼了几年，就炼成了。出师之时，老祖仍不忘把丑话说在前头："此乃非常之道，夺天地之造化，浸日月之玄机；丹成之后，鬼神难容。虽驻颜益寿，但到了五百年之后，天降雷灾打你，须要见性明心，预先躲避。躲得过，寿与天齐；躲不过，就此绝命。"后来，孙悟空离开三星洞回花果山，师父还说了这么一番话："你这去，定生不良。凭你怎么惹祸行凶，却不许说是我的徒弟。你说出半个字来，我就知之，把你这猢狲剥皮锉骨，将神魂贬在九幽之处，教你万劫不得翻身！"何其绝情，实则用心良苦：教出这么一大能耐的徒弟，搞的都是歪门邪道，万一天庭追究下来，真不好意思说！

齐天大圣的学习经历尚且如此上不得台面，狐狸精修仙搞点歪门邪道又有什么不可以呢！而且，菩提祖师的训导和孙悟空的成功经历充分说明：出身不由己，道路可选择。搞歪门邪道和雷劫之间并没有必然的联系，"躲得过，寿与天齐；躲不过，就此绝命"。可见，遭劫或不遭劫只是概率问题，这实在是为妖精开了方便之门。

据前面的几则记载，雷神应该是明察秋毫、罚无遗漏的。但据菩提老祖泄露的天机，雷劫这种威严的天刑居然还可以躲过，因此，我们还得考查一下雷神的执法问题。

在道教神灵中，雷神是个很大的谱系，最高领导普化天尊当然是极威严、极有范儿的，他手下管理着一大批雷师、雷公、电光婆婆之类的小神。如果雷劫都由天尊亲自执行，自然会丝毫不爽。但妖界的邪门歪道太多，天尊根本忙不过来，因此大部分雷刑都要交雷师、雷公们执行；而这些低级别雷神的能力有很大差别，执行不到位甚至导致冤假错案的情况时有出现。不仅如此，作为基层执法天神，雷公的形象非常猥琐，长得跟鬼怪差不多。很多文学作品中雷公的标准形象是：身形如猴，袒胸露腹，背插双翅，额生三目，足如鹰爪，左手执锤，身上背一串鼓。

不仅其貌不尊，一些雷公的品德还大有问题。据《子不语·雷部三爷》记，一天雷雨后，杭州人施某正要在树下小便，忽然发现地上蹲着一个鸡爪猴腮的怪物，他大惊而逃，当晚暴病，口里不断狂呼："得罪雷公！得罪雷公！"家人到树下给怪物磕头求它宽恕。怪物道："你们拿酒让我喝，杀羊给我吃，我就饶他性命。"家人乖乖照办。三天后，施某果然痊愈。不久，有个道士来杭州，施某便以此事请教。道士听后说，那怪物名叫阿三，是雷神中的临时工，没执法资格，经常干些诈人酒食的勾当，正式编制的雷神哪能这样呢？

事实上，无执法资格的阿三们是经常跑出去执法的。《搜神记·霹雳被格》讲晋朝扶风县有个叫杨道和的农民，某个夏日在田里劳作时突遇大雨，便到桑树下躲雨。不知为何雷神闪击他，他是个硬茬儿，举起锄头就迎战。没几个回合，雷神居然被打断了腿，坠落于地，不能起飞。这雷神长得"唇如丹，目如镜，毛角长三寸余，状似六畜，头似猕猴"，显然是阿三之类的角色，不仅业务能力低下，执法的合理性也很成问题。

不仅如此，雷神执法时还公然接受贿赂。据《子不语·雷公被绐》记，明代某地治安不好，泼皮无赖横行乡里，乡民敢怒不敢言。有赵姓义士挺身而出到县里告状，上面派人整治，断了无赖的财路。这些人怨恨赵某，但慑于他武功高强，不敢上门找事儿，于是想出一损招：在阴雨天备下酒肉，集体跪拜雷神，高呼："雷神啊，求你劈杀恶人赵某某！"雷神吃了几斤冷猪头肉，果真就去找赵某的麻烦。赵某正在院子里种花，看见雷公轰隆隆杀将过来。他心想我没做亏心事，雷公为何跟我过不去？于是手提尿壶朝雷神扔过去，骂道："我年过半百，从没见你击毙吃人的老虎，只见你击毙耕田的黄牛，欺善怕恶，何至于此！我若做过亏心事，你只管劈死我；我若没做亏心事，你又能把我怎样?!"雷神本来就师出无名，被赵某一顿斥责，也有些惭愧，停在空中眨巴眼睛。不一会儿，便栽落田中，号叫了三天方才脱险。

雷公们这种执法水平，无疑为搞歪门邪道的狐狸精开了方便之门。但他们对于雷神既不能理直气壮，更不能暴力抗法，只能智取。雷神们不是惩恶扬善吗？他们就找善人家里住着。雷神满世界找邪人恶人劈，根本没想到善人家还住着狐狸精。而且，雷劫是有时效性的，过了追诉期就不能秋后算账。再说了，时间一长，狐狸精炼成了狐仙，洗清了原罪，和雷公们平起平坐了，雷公怎能奈何他们？

还是讲个狐狸精躲雷劫的故事吧，它载于《阅微草堂笔记·槐西杂志一》，说的是山东有户农家住着个狐狸精，不见其形，也不闻其声，但一旦主家发现火烛盗贼，他会打门敲窗发出警示；房屋漏损需要维修，他会在桌上留下银钱；逢年过节他也会在窗外摆些小礼物。忽一日，农户听到屋檐间传出声音："君虽农家，但子孝弟友，婆媳和睦，因此上天能佑。我在你家借住多年，是为了躲避雷劫，现雷劫已过，我也要告辞了。"这个狐狸精的成仙之路看来已是一马平川。

纪晓岚对雷公这种不严肃的执法方式颇不以为然："夫狐无罪欤，雷霆克期而击之，是淫刑也，天道不如是也；狐有罪欤，何时不可以诛，而必限于某日某刻，使先知早避？即一时暂免，又何时不可以诛，乃过此一时，竟不复追理！是佚罚也，天道亦不如是也。"看来，这个纪公愣没弄清楚雷公诛狐凭据什么法律原则。这个狐狸精既然担心遭雷劫，肯定不是走的正路，但看他对待主家的态度，似乎并不是什么恶狐，到底是该劈呢还是不该劈呢？

更有甚者，狐狸精躲雷劫还并不一定找正人君子，随便找个官挡在前面，雷公也没法子下手。《益智录·琼仙》是一个俗套的人狐恋故事，男人钱禧正想着地久天长地过幸福日子，狐妻琼仙忽然对他说："原本以为可以和你白头偕老，昨天掐指一算，才知不过千日。"说着哭了起来，钱禧忙问有什么法子解救，琼仙告诉他某太史能救，但未必肯救，因为曾和自己有过节。钱禧知道太史贪财，尤爱明珠，若将琼仙随身佩戴的一串宝珠相送，想必他会出手相救。于是，夫妻俩连夜腾云驾雾赶了一千多里拜见太史，献上宝珠。太史见宝大喜，但也知道他俩无事不登三宝殿。钱禧如实相告："太太有劫，唯太史能救，方法很简单：待会儿雷电大作，大人您只抱住官印端坐不动就行。"话音刚落，雷声自远方滚滚而来，继而大雨如注，雷电在堂前盘旋。太史收了钱财得替人消灾，虽然做了亏心事怕被雷劈，但还是死死抱住官印不动。雷公绕场一周例行公事，但真不敢把这贪官怎么样。雷雨骤停，琼仙自太史身后走出，敛衽拜谢，道声"后会有期"，便带着老公扬长而去了。没想到雷公不仅怕官，而且怕贪官，连贪官庇护的狐狸精也不敢劈，这样的雷公真使人"三观"尽毁。

雷劫对于狐狸精是生死关头，蒲松龄信手拈来，在《聊斋志异·娇娜》中用雷劫考验人狐恋情。孔雪笠迷恋狐狸精娇娜，但娇娜年龄太小，其兄皇甫公子便把表姊松娘推荐给他，于是松娘成为孔夫人，娇娜成为他的红颜知己。忽一日，皇甫公子忧心忡忡地告诉他，自己和娇娜、松娘都是狐狸精，雷劫将至，无从躲避，请他出手相救，仗剑挡门，无论雷霆如何轰击都不要动。不一会儿阴云密布，昼如黄昏，庭院楼阁变成高冢巨穴。突然一声霹雳，地动山摇，乌云里冒出一利喙长爪怪物，从墓穴中抓出一人，随黑云直上。孔生根据衣衫判断这是知己娇娜，于是奋不顾身挥剑砍向雷公。谁知这雷公乃万伏高压电，孔生顿时触电身亡。但孔生的英勇抵抗打乱了雷公阵脚，狐家得以保全。之后，孔生借娇娜的狐丹起死回生。可巧的是，这场雷劫没劈着娇娜、松娘，却正好将娇娜的老公劈死了，娇娜兄妹从此和孔雪笠生活在一起。

八　狐狸的其他文化形态

狐神、狐仙、狐狸精乃至狐假虎威的狐骗子，都是人格化的狐狸，他们是中国狐文化的主体。但在中国文化中，也存在着几类非人格化的狐狸。

首先，是作为动物的狐狸，《诗经》中多处出现它们的身影，这是中国文字对狐狸的最早记载。例如：

一之日于貉，取彼狐狸，为公子裘。（《豳风·七月》）

终南何有？有条有梅。君子至止，锦衣狐裘。颜如渥丹，其君也哉！（《秦风·终南》）

有狐绥绥，在彼淇梁。心之忧矣，之子无裳。（《卫风·有狐》）

南山崔崔，雄狐绥绥。鲁道有荡，齐子由归。既曰归止，曷又怀止？（《齐风·南山》）

这些记录传递出以下信息：第一，在那个时代，狐狸皮已成为冬衣的原材料。从"为公子裘""锦衣狐裘"这些句子看，狐皮衣裘显然是珍贵的东西。第二，狐狸在人们的生活中较为常见，因此也经常用于诗歌的起兴。如"有狐绥绥，在彼淇梁"一句。"绥绥"是形容狐狸行走的样子，表现了古人对这种动物的细致观察。

《诗经》中的狐狸都只是动物而已，没有神仙气，也没有妖精气。《诗》三百，真可谓是"思无邪"！

其他先秦典籍中也有些关于狐狸的片言只语，如《左传·僖公五年》："狐裘龙茸，一国三公，吾谁适从。"《礼记·玉藻》："狐裘，黄衣以裼之。锦衣狐裘，诸侯之服也。"《晏子春秋·外篇》："景公赐晏子狐之白裘，其资千金，使梁丘据致之，晏子辞而不受。"这些文字对狐狸描述也和《诗经》差不多。

狐狸的某些习性，还曾被赋予一定的道德意义，如《礼记·檀弓上》云："狐死正丘首，仁也。"屈原的《九章·哀郢》中也有"鸟飞反故乡兮，狐死必首丘"这样的句子。"丘"指狐狸的窟穴，"首丘"是说狐狸不管死在什么地方，头一定是朝着自己窟穴的方向。古人认为这种行为是仁义之举，《白虎通·衣裳》甚至说："狐死首丘，明君子不忘本也。"唐代大诗人白居易的弟弟白行简还写过一篇《狐死正邱首赋》，对此大唱赞歌："狐者微物，死乃可珍。想彼邱而结恋，正兹首以归仁。生也有涯，且不忘其本；死而无二，亦不丧其真。可比德于先哲，实闻言于古人。""异哉！首邱之仁也，非众类之等夷。"然而，狐死首丘至今也无生物学的证明，古人作此说很可能只是源于对某些偶然事件的观察。这种臆造的动物"义举"应该和"羊羔跪乳"一样，都是古人的"兽道设教"。

其次，是作为怪物的狐狸，如《山海经》中的形象：

青丘国在其（朝阳之谷）北，其狐四足九尾。（《海外东经》）

又南三百里，曰耿山。无草木，多水碧，多大蛇。有兽焉，其状如狐而有鱼翼，其名曰朱獳，其鸣自訆，见则其国有恐。（《东经二经》）

又南五百里，曰凫丽之山。其上多金玉，其下多箴石。有兽焉，其状如狐，而九尾、九首、虎爪，名曰蠪姪，其音如婴儿，是食人。（《东次二经》）

又东四百里，曰蛇山。其上多黄金，其下多垩。其木多枸，多豫章。其草多嘉荣、少辛。有兽焉，其状如狐，而白尾长耳，名曰㺊狼，见则国内有兵。（《中次九经》）

白民之国，在龙鱼北，白身披发。有乘黄，其状如狐，其背上有角，乘之寿二千岁。（《海外西经》）

这批"类狐"怪物的特点，就是以狐为原型，再嵌合鸟、鱼的特点，组合出一个个变形金刚式的怪物。《山海经》中大量的异形动物，很可能反映了原始人的思维特点。

法国人类学家列维·布留尔把原始人的思维称为"前逻辑思维"，其突出的特点就是"互渗律"。在原始人的思维的集体表象中，客体、存在物、现象能够以我们不可思议的方式同时是它们自身，又是其他什么东西。特鲁玛伊人说他们是水生动物，波罗罗人自夸是金刚鹦鹉，这根本不是说他们死后会变成金刚鹦鹉，或者金刚鹦鹉会变成波罗罗人，而是他们认为自己已经是真正的金刚鹦鹉了，就像蝴蝶的毛虫声称自己是蝴蝶一样。他们既可以是人，同时又是长着鲜红羽毛的鸟，对于受"互渗律"支配的思维来说，在这一点上是没有任何困难的。如果特鲁玛伊人用岩画表现这种思维，就会出现人与鹦鹉的组合体。中国仰韶文化的彩陶图案大量出现人面鱼身纹，很可能也是这种思维关照下的产物。

可见，《山海经》成书的时间虽不是很早，但其保存的一些内容却很古老。

最后，是作为瑞符的狐狸。

瑞符是天人感应思想中的一个概念。《吕氏春秋·应云》说："凡帝王者之将兴也，天必先见祥乎下民。"意思是，圣人将出或盛世将至，上天便会展示一些非常的现象让下民看到，就像播放预告片，片中那些异象因为能预示重大利好而被称为"瑞符"。什么样的事物才是瑞符呢？《白虎通义》中列举了白虎、白鸟、白鹿、凤凰、鸾鸟等，其中就有九尾狐；《尚书大传》则提到了白狐。

多尾和白色何以受到推崇？《白虎通义》说："必九尾者何？九妃得其所，子孙繁息也。"原来九尾代表多子多福、人丁兴旺；而白色则象征长寿，且白色的动物本来也比较少见。

九尾狐、白狐成为瑞符，是天人感应思想的产物。两汉之后这种思想式微，它们也完成了历史使命。天人感应和物老成精是两个完全不同的思想源，因此，狐的瑞符化与狐狸精的出现虽然有时间上的相续性，却没有内在的逻辑联系，几乎是两条不相交的平行线，但九尾狐和狐狸精偶尔也会搭上一点关系。元代成书的话本《武王伐纣平话》与之后出现的《封神演义》，都说祸国殃民的妲己是九尾金毛狐所变，但这个搭配几乎是狐狸精故事的孤例。即便如此，九尾狐变成妖精的过程也和其他狐狸成精大不相同，试看下段的描述：

只有一只九尾金毛狐子，遂入大驿中。见佳人浓睡，去女子鼻中吸了三魂七魄和气，一身骨髓尽皆吸了。只有女子空形，皮肌大瘦，吹气一口入，却去女子躯壳之中，遂换了女子之灵魂，变为妖媚之形。（《武王伐纣平话》）

　　不是九尾狐变成了妲己，而是它的灵魂进入了美女身体。作为瑞符的九尾狐和白狐始终只是形象比较奇特的狐狸，没有人格化，更不会变成人。《武王伐纣平话》的作者拉来一个九尾狐作为妖精原体，也保留了这个特点——自己不能直接变成美女，得借一张美女的皮。

第二章

狐之变幻

一　变化顺序

美丽的公主在水井边玩金球，一不留神，金球掉进井里。水很深，公主急哭了。这时，水里浮出一只青蛙，说自己可以把金球找回来，但要公主答应嫁给它。公主太爱那个金球，就答应了。青蛙潜入水中，把金球衔了上来。公主并不想真的嫁给一只难看的青蛙，她拿着金球跑回皇宫，并将此事告诉了父亲。国王很生气，说既然答应了就要守信，便将青蛙请进了皇宫。青蛙吃饱喝足后，要求在公主的漂亮小床上共寝。公主忍无可忍，抓住青蛙往墙上摔去，这只可怜的青蛙落地时竟变成了英俊的王子。原来，王子被巫婆施了魔法，必须借公主之力才能恢复人形。后来呢，公主和王子就过着幸福的生活了。这就是德国格林童话的名篇《青蛙王子》的故事。

中国古代也有青蛙变人的故事。李庆辰在《醉茶志怪·青蛙精》中有记载：寡母刘氏雨天等儿子放学回家，一个穿着鲜亮绿衣的小女孩跑进来躲雨，说雨停就走。刘氏见她长得可爱，就同意了，还和她拉家常。小女孩甚是聪慧，应对如流。忽然，天空闪出一个霹雳，女孩大惊失色，投入刘氏怀抱。一顿饭的工夫，云开雨霁。小女孩才敢抬起头来，谢刘氏救命之恩后离开。刘氏儿子正好放学归来，见女孩从门里跑出，变成一只巨大的青蛙，跳跃而去。

这样的故事，我们通常叫作"志怪"。其实，从文学体裁上分类，它和西方童话差不多，李庆辰和格林兄弟也基本属同时代人。比他们生活年代稍早的蒲松龄也写过类似的故事，只不过是成人版的。故事讲述商人木某有个漂亮女儿，一天，一位美男子从天而降，自称五通神，要娶其女儿，走时丢下了订金。五通是著名的淫神，女儿嫁给此物如何得了！木家于是请来降妖高人万师傅。五通要来的那天，万师傅威风凛凛端坐堂中，这架势可能镇住了妖怪，直到太阳偏西，五通仍未现身。众人松了一口气，以为躲过了祸事。突然，屋檐间坠下一只小动物，落地就变成了盛装少年，一见有法师坐堂，转身变成黑气飞逃。万师傅追出，向空挥刀一砍，砍下一只人手大小的爪子。怪物大嚎，大家顺着血迹寻找，血迹最后没入江中。

这些故事情节各异，相同的是动物都变成了人。然而，认真分析就会发现，东西方的动物变人故事差别其实很大。单从上述三例看，青蛙王子的变化程序是人→动物→人，而青蛙精和五通的变化程序则是动物→人→动物。也就是说，以青蛙王子为代表的西方童话，讲的是人变成了动物；而以青蛙神和五通为代表的东方志怪，讲的是动物变成了人。这不是一个偶然的区别，从《搜神记》到唐宋传奇再到大量的明清笔记，动物变人的故事比比皆是。而从古罗马的《变形记》到19世纪德国的《格林童话》，却几乎找不出这样的例子，有的只是神变成动物或者人被变成动物，很少出现过动物变成人，尤其是主动变成人的情况。

《格林童话》的旨趣与《聊斋志异》大有不同，但两书的创作方式很相似。蒲松龄在《聊斋志异》序言中说得很清楚，此书是在收集民间传说的基础上加工创作而成的。《格林童话》的主要素材也是德国北方地区流传的民间故事，早期印行的版本里，每个故事下面都标注了讲述人的姓名和地点。而且，格林兄弟对这些故事所作的加工，很可能比蒲松龄还少。两本书的作家在提炼民间故事时所采取的不同原则，反映出了东西方流传于民间的基本文化观念的差异。在西方，关于人类的由来，神创论的影响源远流长。希腊神话中有普罗米修斯造人之说，基督教也认为上帝是万物之源。西方神创论的观念有两个要点：其一，人和动物是绝对的被创造者、被规定者；其二，人是神按照自己的形象创造出来管理万物的，所以人的本质具有某种神性，而动物则没有。因此，在希腊—基督教的文化系统中，神、人、物之间的变形方向是：高格位的神可以变成低格位的人或动物，人可以有条件地变成动物或植物，极少情况下也可以由于神的恩宠而成为神；处于最低格位的动物则不可变成人，更不可变成神。

神的变化是自由自在的。宙斯可以变成牛，变成天鹅，甚至变成金雨、云彩去追逐他热爱的女郎；海神普罗透斯有时变成狮子，有时变成野猪，有时变成一棵树、一块石头，甚至变成水，变成火。而人变成动物则是有条件的，是不自主的。情况之一是神力使之变，如：宙斯爱上了伊俄，到山谷里和伊俄幽会，谁知赫拉察觉了，赶来捉奸，宙斯情急之下把伊俄变成白牛，还顺手送给赫拉做礼物；狄安娜入浴被卡德摩斯的外孙偷窥，一怒之下把他变成了麋鹿，并让猎犬咬死他；普洛赛庇娜因一个孩子告密，便把这孩子变成一只凶鸟。希腊神话中，类似的故事非常之多，而且，把人变成动物通常是神惩罚人类的一种手段。另一种情况是人死后变为异物，如：那耳喀索斯自恋致死，变成了水仙花；密耳拉因为乱伦而心生悔恨，寻死变成了树。人必须通过一个有决定作用的外因方可变成动物，这是西方神话和童话里一个普遍适用的原则。这个外因最早是神力，后来普及为魔力、巫婆的药水，甚至普通人的咒语。《格林童话》中的青蛙王子便是被巫婆施了魔法，《金鸟》中的狐狸和《金山王》中的蛇也都是被施了魔法的王子。而《七只乌鸦》中的兄弟七人，仅仅因为妹妹的一句"我要男孩子变成乌鸦"的气话，就真的变成了乌鸦。

在西方历史上，一些学者还曾煞有介事地讨论过人能否变成动物的问题。《女巫之锤》的作者亨利·克拉马的回答是"不可能"。他认为是某种邪恶的巫术引起人们的错觉，导致这个人在自己眼中，或者他人眼中变成了狼。这种法术或者视觉上的错觉有时被称为"视觉转移"。圣奥古斯丁也认为魔鬼不能制造任何东西，但他们有能力造成人的视觉错误，令其产生虚假的感觉。被施了法的人身体就被转移到了其他地方，虽然活着，却陷入一种比睡眠更深沉的昏迷状态。这种错觉也会扩展到其他感觉上，导致此人在自己眼中变成了某种他经常在梦里见到的样子。

青蛙王子的故事就这样被解构成了一场视觉的欺骗。而这种解释实际上是在千方百计地维护神创论的权威：上帝是万物的创造者和规则的制定者，上帝之外的一切生物既不能创造自己，也不能创造他物，还不能改变上帝的规定。

至于动物变成人呢？那更是少见。《变形记》中找不出这样的故事，翻遍《格林童话》，也仅见《三根羽毛》和《海兔》两个故事。《海兔》中能变成人的动物居然还是一只狐狸！人是神按照自己的样子创造出来的，因而具备一定的神性。动物不由神的恩准就变成人，便是渎神。而神是不会恩准这种僭越的，连邪神也很注意坚持原则。

人因神力、魔力而变成动物，有时也具备化物的能力。《渔夫和他的妻子》中的比目鱼也是一个被施了魔法的王子，他几乎无所不能。为报答渔夫的不杀之恩，比目鱼将草棚变成了宫殿，让渔夫当上了皇帝、教皇，为他变来了人世间的一切荣华富贵。但渔夫的妻子欲壑难填，想直接成为上帝，比目鱼只好又让他们回到了草棚。比目鱼这些手眼通天的本领，只比上帝差一个档次了，他却不能破解魔法使自己变回人形。

中国古代关于人类诞生的神话也有些神创论的影子，比如《三五历记》对盘古开天地的描述：

> 天地混沌如鸡子，盘古生其中。万八千岁，天地开辟，阳清为天，阴浊为地。盘古在其中，一日九变，神于天，圣于地。

这样的描述显然和《圣经》的《创世记》完全不同。天地是一团混沌的气体，它是先于盘古的存在，盘古的作用大约是将这团气体分开来。而分开后的天地为阳清和阴浊，仍旧是气体的性质。可见，中国人更愿意用"气"这样物质化的概念来解释人以及万物的出现。这种观点几乎贯穿古人所有的关于宇宙发生的论述。东汉的王充就说过"天地合气，万物自生"，那个时期的原始道教经典《太平经》也有同样的主张："两气者常交用事，合于中央，乃共生万物，万物悉受此二气以成形。"在道教集大成的理论著作《抱朴子内篇》中，葛洪对气生万物的思想做了进一步发挥："夫人在气中，气在人中。自天地至于万物，无不须气以生者也。"

与神创论比较，气化论有几个显著的特点。其一，神创论强调人的被创造性和被规定性，气化论注重人的自生性与自主性。其二，神创论主张人是按照神的样子创造出来的，因而处于比神低但比物高的地位，且若非神力的作用，被规定者的地位和身份是无法改变的；气化论认为万物同源，神也好，人也好，动植物也好，都是气的表现形式，其本质是没有区别的。其三，气化论特别强调气的交感作用，认为气的变化造就了丰富多彩的世界。

两千年来，基督教思想一直是西方占统治地位的思想，其神造论的观念深刻地影响着社会的方方面面，上至学术殿堂，下到民间传说，无不打上它的烙印。在《格林童话》这部民间故事总集里，到处都可看见上帝的影子，最后一部分故事，标题甚至就叫"儿童的宗教传说"。作为中国本土最重要的宗教，道教对人们思想观念的影响也十分深远，其气化论的哲学主张也被广泛运用于对各种现象的解释。

中国最早的狐狸精故事出于《搜神记》，书中搜集了大量的民间传说。但作者干宝似乎并不满足于讲述故事，他还想成为一个理论家，努力对自己笔下的怪异之事给出合理解释。他和王充、葛洪等人一样，认为世界万物无非气的变化。

> 天有五气，万物化成。木清则仁，火清则礼，金清则义，水清则智，土清则思，五气尽纯，圣德备也。木浊则弱，火浊则淫，金浊则暴，水浊则贪，土浊则顽，五气尽浊，民之下也。中土多圣人，和气所交也；绝域多怪物，异气所产也。苟禀此气，必有此形；苟有此形，必生此性。故食谷者智慧而文，食草者多

力而愚，食桑者有丝而蛾，食肉者勇**敢**而悍，食土者无心而不息，食气者神明而长寿，不食者不死而神。（《搜神记·卷十二》）

圣人也好，妖精也罢，都是气的表现形态，不同的只是和气与异气而已。既然万物的本质都是气，那么神仙变人变动物当然是可以的，人变动物也是可以的，而动物变成人甚至变成神仙，也没有什么逻辑上的障碍——同样也是可以的。

二　狐变之术

狐狸必须变成人形才能称之为狐狸精，至于如何变人，大多狐说家并不计较，估计都以为狐狸老到了火候，自然而然就变人了，并不需要什么特别的技术。但有些作品也探究过狐狸精在变人过程中使用过的技巧和手段。

狐变之术首先涉及的道具是骷髅，晚唐段成式的《酉阳杂俎》如是说：

旧说野狐名紫狐，夜击尾火出。将为怪，必戴髑髅拜北斗。髑髅不坠，则化为人矣。

既然是"旧说"，可知这个观念由来已久，非始于晚唐。之后，则野狐戴骷髅之事不绝于书。明人冯梦龙更认为这是狐狸精的独门绝技，如《三遂平妖传》第三回：

> 你道什么法儿变化？他天生有个道数：假如牝狐要变妇人，便用着死妇人的髑髅顶盖，牡狐要变男子，也用着死男子的髑髅顶盖，取来戴在自家头上，对月而拜。若是不该变化的时候，这片顶骨碌碌滚下来了；若还牢牢的在头上，拜足七七四十九拜，立地变作男女之形。

唐宋时期的作品即有狐狸精玩骷髅戏的记录。《集异记》写晋州僧人晏通荒山苦修，月夜睡在一堆骷髅旁，看见一只狐狸踉跄而至，拾个骷髅戴在头上使劲摇。骷髅落地，狐狸便再找一个戴上摇，先后摇落了四五个才戴稳。之后狐狸又找些木叶草花披在身上，盼顾之间变成了美女，风姿绰约地站在路边等人上钩。马蹄声近，狐狸精恸哭起来。骑者果然驻马探问，狐狸精道："我是歌姬，随夫在外卖唱。今晚丈夫被强盗杀害，钱财也被抢劫一空。现在孤苦伶仃，有家不能回。大人若能收留，一定为你做牛做马！"骑马的爷们儿是个军人，平日里女人见得少，就下马端详。这一看不打紧，把个军爷惹得口水直流，想也没想这荒郊野外何以突然出现个绝色美女，就要搀狐狸精上马。晏通实在看不下去了，冲出来喊："这位兄弟，她是个狐狸精，你怎么这样随随便便就带她走咧！"说罢举起锡杖往狐狸精头上磕，骷髅应手而落，狐狸精即刻原形毕露，落荒而逃。

对于狐狸精变人为何要戴骷髅，宋人方勺在《泊宅编》中解释："云狐能变美妇以媚人，然必假冢间多年髑髅，以戴于首而拜北斗，但髑髅不落，则化为冠……人死骨朽，唯髑髅尚有灵。"按方勺的意思，是认为存于骷髅的一点灵气起到了触发变化的作用。

段成式、方勺等人说到狐戴骷髅，似乎是在谈论一个技术问题，写故事的人却醉翁之意不在酒。从晏通和尚表现出的威猛正义范儿看，作者当属佛门中人无疑。事实上，这种美女和白骨的组合意象的确来自佛教。为了对治人类难以自控的淫欲，佛教徒想出了很多招数，不仅制定种种清规戒律，还从灵魂深处闹革命，做所谓"白骨观"——观想人就是一堆白骨："白骨观者，除身皮血筋肉都尽。骨骨相拄白如珂雪，光亦如是……既见骨人，当观骨人之中，其心生灭相续如綖穿珠。"（《思惟略要法》）

佛教人士还编出一些人民群众喜闻乐见的故事宣扬这种观念，狐狸精戴骷髅变人正是这样的产物。狐狸、骷髅和美女的组合制造了虚幻、恐怖的气氛，关键时刻出场的僧人则代表了揭秘破执的智慧和驱邪降妖的正义力量。这个主题在诗文小说中延续，"粉骷髅"遂成为一种对美女红颜爱恨交加的蔑称，如元杂剧《李亚仙花酒曲江池》第一折："央及杀粉骷髅，也吐不出野狐涎。"《喻世明言·月明和尚度翠柳》："老僧禅杖无情，打破你这粉骷髅。"清小说《济公全传》用语更狠："芙蓉白面，尽是带肉骷髅；美丽红妆，皆是杀人利刃。"最著名的红粉骷髅，当属《西游记》中的白骨精，此物本相就是一堆骷髅，变成的美女却是："冰肌藏玉骨，衫领露酥胸；柳眉积翠黛，杏眼闪银星；月样容仪俏，天然性格清；体似燕藏柳，声如莺啭林；半放海棠笼晓日，才开芍药弄春晴。"

红粉骷髅狐狸精本只是唐宋时期的佛门人士为宣扬教义放出的幺蛾子，而在冯梦龙等明代文人眼中，狐狸精成妖作怪，事迹多端，是不受待见的物类，因此他们也很乐意在创作时加些白骨骷髅的元素，以增强恐怖的效果。《三遂平妖传》《三刻拍案惊奇》《剪灯新话》《狯园》都有这个题材的故事，显示出该时代的作家对狐狸精的态度普遍比较恶劣。之后，蒲松龄、袁枚、长白浩歌子等人大写狐事，却几乎不用这种方式拉黑狐女。直到清末光绪时期成书的《醉茶志怪》，才再次出现这种把戏：杜生是个富家子，两个狐狸精觉得他身体强壮，前往采补，到了门口将骷髅戴上，揭开帘子进屋，霎时就变成绝色女子。这场杜生与狐女的床笫之欢，仆人所见则骷髅横陈榻上，狐以口含生下体，不觉毛发俱悚。最后，杜生羸瘦而亡。作者的几句评论算是概括了这一系列红粉骷髅戏的中心思想："色之陷人，溺其情者，死而不悔。所难堪者，冷眼旁观之人耳。苟能打破尘关，则搓酥傅粉之流，安在非头戴髑髅之怪哉。"

段成式说狐狸精变人时"必戴髑髅拜北斗"，显然以为此二者缺一不可。但拜北斗与戴骷髅并列进入狐狸精叙事的例子很少，在早期故事中也只有戴骷髅而无拜北斗的情节。从明代开始，倒是戴骷髅和拜月成了比较固定的搭配。冯梦龙《三遂平妖传》有一段情节写猎户赵壹九月初八夜行，在树林里看见一只野狐，头顶死人天灵盖对着明月不停磕头，拜了多时，之后变成了一个秀才。《剪灯余话·胡媚娘传》写河南新郑驿站守卒黄兴，夜归途中在树林里休息，看见野狐拾骷髅戴上，然后对月而拜，不多久就变成二八少女，姿色绝美。

清人小说也有对狐狸精拜月的描述，但具体情形有所不同。如《聊斋志异·王兰》写狐狸精练功，拜月时仰首望空际，气一呼，红丸自口中出，直上入月中；又一吸，红丸又从月中飞回口里，如此反复不已。《阅微草堂笔记·如是我闻一》写张家仆人王玉携弓夜行，见黑狐人立对月而拜，于是引满一发将其射杀，当晚听见此狐哭诉：

"我自拜月炼形，何害于汝？汝无故见杀，必相报恨！"《醉茶志怪·浙生》记某书生乡试后返家，投宿僧院，夜晚听见一个狐狸精在天花板上喋喋不休，说自己拜月炼形、吐纳采补数百年，眼看就要修炼成人了，心中高兴；但又担心躲不过雷劫，前功尽弃，归于灰烬，怎么办呢？怎么办呢？书生被他吵得气不过，呵斥了几句，结果一人一狐在僧屋里对骂整宿。从这些故事情节看，拜月已经成为狐狸精的常用修炼术，得长期坚持，而不是明代小说中狐狸精变人时的应用技术了。

强调拜月、拜北斗在狐狸精变人过程中的作用，往远处讲是源于古人对日月星辰的敬畏和崇拜，往近处讲则是受道教文化和民间习俗的熏染。

北斗七星由于在天空中的定位作用，自古就在敬畏天象的先民心中有着崇高的地位。《尚书纬》说："七星在人为七瑞。北斗居天之中，当昆仑之上，运转所指，随二十四气，正十二辰，建十二月，又州国分野、年命，莫不政之，故为七政。"而道教承袭此说，除继续论述北斗七星对自然界和社会的影响外，着重强调其对个人生命的决定作用。道教的重要典籍《太上玄灵北斗本命长生妙经》（简称《北斗经》）云："北斗司生司杀，养物济人之都会也。凡诸有情之人，既禀天地之气，阴阳之令，为男为女，可寿可夭，皆出其北斗之政命也。"据称，《北斗经》由太上老君于汉桓帝时传授于张道陵，让世人念诵，以求罪消孽减，增福延寿。故而，拜北斗是道教的重要科仪；道士们在祷神仪礼中常用的"禹步"，也与北斗有关，其步法依北斗七星排列位置而转折，故又称"步罡踏斗"。狐狸精幻形变人，等于再生一次，拜拜北斗，请得司命主神的恩准，理固宜然。

中国人对月亮的崇拜也由来已久，在凡事论阴阳的古代，月亮是阴性的最好代表物。而且，嫦娥奔月的传说在汉代就已出现，《淮南子·览冥训》有："譬若羿请不死之药于西王母，姮娥窃以奔月，怅然有丧，无以续之。何则？不知不死之药所由生也。"人们相信这个美丽的女子是偷吃了丈夫的不死药飞上月亮，成为月仙的。因此，古代的拜月多与女性相关，故民谚有"女不祭灶，男不拜月"之说。从唐代开始，民间便有女性拜新月的习俗，佳人少妇、小姐老妪普遍热衷。王昌龄《甘泉歌》记录："乘舆执玉已登坛，细草沾衣春殿寒。昨夜云生拜初月，万年甘露水晶盘。"著名元杂剧《拜月亭》第三十二出也有此场景的描写："天色已晚，只见半弯新月，斜挂柳梢，几队花阴，平铺锦砌，不免安排香案，对月祷告一番。"明代狐狸精的性别比例是阴盛阳衰，女多于男，因而拜月之狐也越来越多了。

狐变除了戴骷髅拜北斗，还有些别的奇特招数。《湖海新闻夷坚续志·后集》载：成都万景楼是士大夫游玩聚会之所，但传说其中的画楼闹鬼，过夜的人经常离奇死去。一天，几个小伙子打赌，谁敢在楼里睡一晚，大家就请他喝酒。一个平日里食不果腹的愣小子出来应标，晚上住进画楼。他也害怕真的有鬼，就爬上屋梁躲起来。二更时，一阵阴风吹来，门窗自开，穷小子吓得直哆嗦，以为鬼要来了。然而，进来的不是鬼，而是只大狐狸。它在椅子上坐下，左手拔一根毛，变出一个丫鬟、一盏灯；右手拔一根毛，又变出一个丫鬟、一盏灯；再从尾巴上拔下一根毛，自己就变成了美妇人；又脱下自己的皮变成衣服，铺在座位上，就带着丫鬟下楼去了。小伙子估计她们走远了，下去收了狐狸皮，再爬上屋梁躲好，准备看狐狸精还玩什么把戏。四更时，狐狸精回来了，不见了自己的皮，惊慌失措地到处找，找着找着就哭了起来，越哭越伤心。不久，报晓的钟声响起，狐狸精长叹一声："天败我也！"坠楼而亡。第二天，大家伙儿都来了，在楼下发现一只剥皮死狐。

从原文看，狐狸精是已经变成了美女，再脱下皮变成衣服，而且还把这要命的东西放在了座椅上。对于这种不合逻辑的叙述，我们只能理解为作者有些交代不清。但这个故事揭示了狐狸精一项奇异的招数——变形与脱皮有关。

这种招数在明代王同轨的《耳谈类增》中再次出现：一个云南农民，夜归时看见狐狸脱下毛皮藏在灌木丛中，然后拜月变成美女。这哥们儿色胆包天，装模作样上去和狐狸精搭讪，美女便跟他回家，做了小妾。该农民属胆大心细之徒，抽空溜回树林里取了狐皮藏起来。狐狸精当初跟这汉子回家，或许有些不可告人的目的，事后发现狐皮失踪，遂不能变化，只好继续当妾，几年间还生了两儿子。时间长了，农民放松了警惕，一天见她面有愁容，就逗她开心："想你那张皮了吧?"狐狸精眼睛一亮，撒娇发嗲要老公告诉皮在哪里。农民取出皮给她，她披上皮就变成狐狸撒腿逃了。

这里把脱皮与变人的次序交代得很清楚，是先脱狐狸皮，再拜月变人，脱掉兽皮是变人的先决条件。

清末李庆辰的《醉茶志怪·狐革》也是向先辈致敬之作，而且努力将脱皮这个做法说得更加合乎情理：赵公读书别墅，每到明月之夜，就有一兽首人身的怪物在院子里徘徊，天快亮时，入空室而没。赵公好奇，趁怪物不在潜入空室想探个究竟。他见地上放了张折叠得整整齐齐的狐皮，便将它藏了起来。夜半，怪物至赵公床前，跪地哀求："我等如果修炼成功，就不需要这东西了。现在道力不够，头部还未脱形，天一亮就会原形毕露。您如果不将皮毛还给我，天亮后我就没命了。"赵公装聋作哑，不理它。天刚放亮，怪物果真扑地而亡，原来是只狐狸，脖子以下没有皮毛，是血淋淋的肉身。

《狐革》的最大改进，就是细化了变化过程，把脱皮变成了修炼术的一部分。这只狐狸已经修炼到可以脱去身上皮变成人体，只剩头部火候未到，因此是"兽首人身"。再继续修炼也就差不多完全变人了，没想到被赵公这个扫把星无端收走了狐皮，功败垂成。

上述几个故事前后呼应，有明显的继承关系，但在成百上千的狐狸精故事中，这样的情节仍然十分另类，冯梦龙、蒲松龄、纪晓岚等大家都未提及脱皮变人之事。狐狸精须脱皮方能变人这种观念，显然未被普遍接受。因此，我们有理由认为，脱皮情节是偶然而生硬的嵌入，与狐狸精能随机变幻的基本理念不相符合。

事实上，狐狸精脱皮变人的故事模式是一次拿来主义的尝试，原型是唐代就开始流传的《虎皮井》：开元年间，崔生应试经过襄阳，投宿卧佛寺，晚上看见老虎入寺，脱皮变成美妇，走进崔生的房间，愿侍枕席。崔生虽知其来由，却也未以为意，与之同床共寝。下半夜，崔生蹑手蹑脚地出去，发现虎皮摆在井边，就顺手把它扔进了井里。风流一夜的老虎精早晨醒来不见了虎皮，变不回老虎了，就只好做了崔生的妻子，随他进京赶考。崔生考中，当了县尉，后来又升县尹，还和虎精老婆生了儿子。六年后，回家经过襄阳卧佛寺，他以为虎妇已跟随自己多年，且已生儿育女，当年的事儿说说也无妨，便将秘密告诉了她。妻子很高兴，叫人把虎皮打捞上来，拿在手上左看右看，果然还是一张上好的虎皮。这时，意想不到的事情发生了，她忽然将虎皮披到身上，立即变成了一只斑斓大虎，对着崔生吼叫，又回头望了几眼儿子，便出寺门而去。

这个故事载于《襄阳府志》，同时也见于唐代传奇《集异记》。而据《隆庆州海志》记载，明代在徐州、连云港等地也流传过这样的故事，就连德国人艾伯华著的《中国民间故事类型》也有收录，而且作者认为，这是一个在中国各地都有流传的民间故事母题，有三部曲式的情节设计：雌虎遭遇孤独男，脱掉虎皮变其妻；虎皮被藏匿，虎妻隐忍持家，生儿育女；虎妻终得其皮，变回原形逃遁。

在唐传奇中，《原化记·天宝选人》《河东记·申屠澄》《广异记·费忠》等篇也有类似《虎皮井》的情节，这充分说明，从民间故事到文人创作，虎精必须脱皮才能变人的观念是被广泛接受的。在这些故事里，皮是老虎变化的必要条件，脱皮便成人，蒙皮又成了虎；失去虎皮，虎精就没有了变化之功。

另外一些故事，则从人形到虎形的逆向变化中，体现出虎皮的能动作用。如《传奇·王居贞》讲述书生王居贞在外游学，与一道士同住。道士白天从不吃东西，王觉得奇怪，晚上就假寐偷窥，见道士从布袋里取出一张皮披上，匆匆出去，五更后才回。后来，王居贞才知道布袋里是张虎皮，披着可夜行五百里，到处找东西吃。他离家多时，想回去看看，就向道士借皮，披上后很快回到了百里之外的家乡。因为夜深，他就没去打扰家人，只在屋外转转。这时，突然发现门外有头猪，王居贞觉腹中饥饿，便扑住吃了，然后回到住处，将虎皮还给道士。不久，王居贞回家，才知儿子被老虎吃了。他掐指一算，儿子遇难之时正是自己披着虎皮回家那日。王居贞披上虎皮，实际上已变成一只虎，他自己却不甚了了，以致吃掉了儿子。

狐狸脱皮变人的主要情节显然是借鉴了虎精变人的故事，甚至

《狐革》中"兽首人身"形象的出现，也是沿用《广异记·笛师》的"虎头人形"。此招数未能在狐狸精的世界盛行，也许原因有二：一是由于动物原型不同，各类精怪形象有相对独立的发展源流，这个手段作为虎精的变化特点由来已久，且比较固定，移植到狐狸精身上会产生排异反应。二是狐狸精观念受道教文化影响颇深，玩的是精气神的修炼层级，脱了皮才能变人的手段过于生硬，善变的狐狸精不屑如此。

三　尾巴的烦恼

"狐狸的尾巴——藏不住"是现在还使用的歇后语。因为狐尾粗长蓬松，不好藏匿，容易暴露身份。

在清代乾隆时期，发生过一起砍尾事件。事件的主角——年过半百的老男人吴清是个狐狸精，他迷惑良家妇女李氏，一胎生下四子，皆聪明伶俐，下地即能行走，老吴经常带着他们郊游。但与众不同的是，四个孩子都长着尾巴。一天，老吴忽然一把鼻涕一把泪地告诉李氏："缘分尽矣！因我玩弄妇女太多，触犯天条，被泰山娘娘罚去砌修进香御道，永世不得出境。这四个孩子都长着尾巴，如果不砍掉，就终不能修成人身。咱家就你一个是人，请为他们去尾。"言罢，递过一把小斧。李氏依言砍掉了儿子们的尾巴。这是《子不语》中《斧断狐尾》的故事。

人怕变兽，得砍掉尾巴；妖欲成人，也要砍掉尾巴。尾巴在人、兽、妖转换中的意义非同小可。但尾巴这个劳什子，又是妖变人时最难处理的问题。

狐狸尾巴修长过体，粗圆蓬松，一些地方曾把它作为贡品。古人认为，狐狸对于自己的尾巴甚为珍惜，《风俗通义》就有"狐欲渡河，无奈尾何"的俚语，意思是说狐狸涉水也会小心翼翼护好尾巴，不让沾湿。但在狐狸成精变人的过程中，粗大的尾巴却是一个麻烦，变形时偶尔暴露，一场精心设计的诱局就会穿帮。

荒野日暮，农夫驾车夜归，一位衣袂飘飘的陌生女子立于路旁，轻声细语地说："妾今日从都城过来，实在走不动了，能不能搭搭你的便车？"农夫不能拒绝这温柔的请求，让女子上车。车子摇摇晃晃行了三五里，忽然瞥见车辕下吊着一条狐尾，农夫一刀砍去，将狐尾斩断。美女化为无尾白狐鸣嗥而去。以此情节为主体的故事，在唐宋时代曾多次演绎，而且越来越生动。

《夷坚志·双港富民子》讲述的故事发生于鄱阳近郊的多陂湖畔：冬日向暮，冻雨潇潇，富家子独自守舍，拥火而坐。一个服饰华丽、遍体沾湿的狐狸精来了，楚楚可怜地要求借宿。富家子胆小人正经，说地儿窄不便留人，而且孤男寡女相处，爹娘定会责怪。女子软磨许久未能得逞，只好说道："既然不让我留宿，我在这里烘烘衣服总可以吧？"富家子让了步，挪出地方让她坐下。狐狸精于是"半卸红裙，露其腕，白如酥"。可能是天气太冷，影响了临场发挥，她挽起身后罗裙时，露出了一截尾巴。富家子从一开始就不太相信这天上掉下的艳福，保持着高度警惕，见状抽出擀面杖猛击，女子顿时化狐而逃。华美的衣服脱落于地，还原成了枯枝败叶。

尾巴的问题，在《聊斋志异》中也有出现。

《贾儿》讲了个暴露狐尾引来杀身之祸的故事：有个十岁男孩，

父亲在外行商，母亲为狐所魅，疯癫痴狂。他自知能力有限，不好与狐狸精正面交锋，便在晚上潜入他们经常出没的荒园蹲点。某夜，他见两男子在饮酒，其中一个长髯仆人顺手脱衣卧石上，四肢皆如人，但尾垂后部。男孩于是有了主意。几天后，他在集市见到长髯仆人，主动上前套近乎，为亮明身份，故意稍稍撩开衣襟，露出事先扎好的一截狐尾，叹道："我辈混迹人中，此物在身，实在麻烦。"狐狸精果然上当，带着他送的一壶毒酒回去孝敬主子。第二天，两狐毙于亭上，一狐死于草间。

因此，古人对人身上出现尾巴有极高的警惕性，《广古今五行记》讲述唐代并州有个二愣子拿这事儿开玩笑，结果酿成大祸。这哥们姓纥干，无厘头没有底线，弄了条狐尾藏在身上，又在老婆面前故意暴露。他老婆警惕性极高且行动果敢，当即认定爷们就是狐狸精，操起斧子便砍。纥干兄躲过几招，才发现死婆娘是玩真的，连忙说："老婆，我逗着玩呢，你咋就真砍呀！"但老婆一心除妖，根本不听他解释。纥干兄跑到邻居家避难，老婆一边追一边喊："他是狐狸精！"邻居立马也拿起刀叉棍棒迎击。纥干兄的结局如何，文章没有交代。

然而，尾巴对于狐狸精也并非一无是处，有时它可以成为有用的道具。《搜神记》载：一农夫在田里耕种，每天见美妇带着婢女从垄上款款走过。该农夫完全不解风情，斗争意识却超强，观察了几天后，问她从哪里来。妇人亭亭玉立，笑而不答。岂知妇人越是如此，农夫越认定她就是妖精，摸出预备在身上的镰刀猛砍。结果妇人化为狐狸逃窜，婢女阵亡，变成一段狐尾。

四　狐　形

在绝大多数情况下，狐狸精的人形有相对的固定性，不会今天是男明天是女，上午是老人下午又成了孩童，这也是大部分狐狸精故事能够展开的基础。只有修炼到一定等级的狐狸精才极其善变，如果自己愿意，或者为了达到某种目的，可以千变万化，人形无定。

《阅微草堂笔记》中有不少善变的例证。如《滦阳续录六》写某狐狸精经常与人饮酒高会，谈文论道，但他从来都是隐形参加，不露真容。一日宴饮，有人提出想看看他到底什么样子。狐狸精说："如果你们想见我的真身，则真身是不可以让各位看见的；如果是想见我的幻形，幻形本来就是假的，见与不见，有什么区别？"众人不依，非要看看。狐狸精于是说："各位觉得我应该是什么样子呢？"有人说："应该是白眉皓首！"话音未落，面前忽然出现了一个老人。又有人说："应该是仙风道骨。"老人就应声变成了道士。随后，狐狸精应众人之意，先后变为仙官、婴儿和美女。一人说："变来变去，都是幻象，还是现出真身让我们瞧瞧吧。"狐狸精道："天下之大，有谁会以真形示人，却偏偏要我现出真形！"说罢大笑而去。此狐狸精可谓颇知人情世故。

其实，如果人真遇到狐狸精以不同的形象测试自己，会是件很尴尬的事。《聊斋志异》写永平人张鸿渐替人诉讼得罪豪族，被迫离乡背井，在外漂泊时遇见狐女施舜华，两人做起了露水夫妻。张鸿渐是喜新不厌旧之人，三年过去，越来越思念家里的妻子，提出想回家看望。舜华御风行云送他到家门口。张鸿渐进屋，见妻子方氏对烛而坐，儿子躺在床上。夫妻相见，恍如梦中。两人亲热之际，方氏流着泪说："相公在外面有了相好的，就不念我孤苦伶仃了！"鸿渐说："不想念你，我怎么回来了？我与她虽说有些感情，但她是异类，终究隔着一层。你对我有恩，我心里如何能忘！"方氏忽然问："你以为我是谁呢？"鸿渐仔细一看，怀中的女人竟是施舜华，而身边的儿子是把竹扫帚。

狐狸变成人肯定是个很复杂的过程，除了形体、容貌的差别，大小也是个问题。狐狸形体较小，因此变化过程也是放大过程。而这个关键的招数，并不是每个狐狸精都掌握得很好，有些狐狸精变成的人就是跟原形体量差不多的袖珍小人儿。比如《聊斋志异·小髻》记载，一伙农民晚上到村北灭狐，在古冢边埋伏，一更后，见尺许小人鱼贯而出，多不胜数。大伙一顿打杀，狐小人四散而逃。

狐小人的能耐没有正常的狐狸精大，但他们似乎更喜欢作弄人。《萤窗异草·狐妪》写乾隆时一个旗人曾随皇帝南巡，回銮途中宿于民家。邻居是大户，宅第轩敞却无人居住。问其缘由，主人说里面有狐狸精。旗官胆大，不太相信，遂邀三两同僚破门而入，在厅堂里饮酒取乐。夜半酒醒，发现床正在慢慢上升，他慌忙朝下面一看，只见四个青衣小人儿各托一个床脚往上举。床越升越高，几乎顶住天花板了。小人儿一边托床还一边讨论如何惩治他。旗人心急如焚，又不敢往下跳，正没奈何之际，屋梁上方寸小间豁然洞开，里面出现一个高髻白发的老太太。她对旗官微笑示意，接着便呵斥搞恶作剧的小人儿。青衣小人这才住手，把床慢慢放回地面。旗官连衣服都来不及找，穿着一条短裤，赤脚狂奔而出。

狐狸精的形体既然可以放大，当然也可以缩小，这种缩变能助其应对一些特殊情况。譬如说，某狐狸精爱上了一个书生，于是别出心裁地设计两人世界，送给书生一只小葫芦，嘱他佩于腰间，自己躲在葫芦里。书生想见她，只要拔掉塞子，她便千娇百媚地出现在眼前了。一天书生在街上闲逛，腰间葫芦被妙手空空偷去，艳遇也就此结束。此事载《阅微草堂笔记·槐西杂志四》。

缩小的狐狸精还可以藏在人的肚子里。《阅微草堂笔记·如是我闻三》讲述云南一名叫李依山的编修，平日喜欢扶乩，常常招来狐姊妹吟诗作对。两狐女不愿被人看见，就躲进他的肚子里说话。对于此事，纪晓岚自言"余所闻见"，可能是听说，也可能是亲见。但无论听说还是亲见，纪大学士这次很可能是被忽悠了。这种与狐女唱和，旁人看见的情形无非是李依山在自言自语，张嘴闭嘴都能说话，而江湖上的所谓"腹语术"玩的就是这种名堂。指不定李依山明里是一编修，暗里就是个江湖术士。

如此分析，便觉得这样的"志异"很无趣了，狐狸精的表演成了掩人耳目的魔术！但在古代小说家的文字中，我们还是可以找到更加生动的故事，例如《萤窗异草·银针》中演绎的这一段：

明天启年间，桐城书生孙大廉科考不第，心情郁结，带上童仆租船出游散心。临行有老翁求搭便船，孙大廉觉得多一人相伴也好，便答应了。老翁自言姓胡，北方人，想去金陵玩些小把戏赚钱。问什么把戏，老翁笑而不答。途中，老胡变了些小魔术，逗大家乐。晚上，孙大廉备了酒菜请胡翁，趁机要他教自己变魔术。胡翁说："不是我不教你，你前途无量，不宜学这些江湖戏耍。你让我免费乘船，我会报答你，过几天送你一件大礼！"孙大廉不再坚持，两人欢饮而散。

第五天夜晚，船到南京。胡翁说："明天就要分手，前几天答应你的事今晚兑现。"大廉见他两手空空，什么都没带，便问礼物在哪儿。胡翁说："在我肚子里面。"孙以为胡翁开玩笑："披肝沥胆只是文人们说着玩儿的，难不成你真要把肚子里的东西送给我做礼物？"胡翁笑而不答，解开衣服露出肚皮，说："你试着喊一声，我肚子里就有人答应。"孙大廉益发认为他在开玩笑，就是不喊。胡翁没辙，只好自己摸着肚子喊："银针儿快出来吧，不然孙相公以为我骗他哩！"孙大廉见他如此装模作样，更加觉得好笑。不料，胡翁肚子里真的传出一个女子娇嫩的声音："你知道我不喜欢见生人，为什么要逼我呢？"孙大吃一惊，胡翁又对着自己的肚子说："我已将你许配孙君，所以不是外人，你不必害羞。"胡翁催促了好一阵，才听得里面之人很不耐烦地说："行了行了，真是烦人，看来你也老糊涂了。开门，我出来就是！"胡翁往肚子上一拍，肚皮便裂开个不流血的小口子。忽然异香阵阵，声如裂帛，一名彩袂飘飘的美人立于眼前，胡翁却不知去向。

　　孙大廉哪见过这种场面，早已惊得目瞪口呆，但还有些正人君子的范儿，结结巴巴地说："什么妖魔鬼怪，不要乱来！我不为色动，你快快退去，不然，别怪我不留情面。"美人毫无惧色，说出一段原委。这对父女是狐狸精，胡翁受鬼神派遣，去长陵为高皇帝守墓，担心女儿银针孤单，便带着她一同前往。谁知过江时被水神看见，水神要非礼银针。胡翁不敢得罪水神，又不愿牺牲女儿，于是把银针藏在肚子里，搭上孙大廉的船，这才躲过一劫。一路上胡翁见孙大廉人品不错，决定将银针许他，使其有个依靠。

　　相对于变形和缩形，隐形是狐狸精使用频率更高的变幻术。崇人也好，媚人也罢，来去无影无踪是降低风险、提高成功率的有效手段。狐狸精的隐形术可以让所有人看不见自己，也可以让一部分人看见，另一部分人看不见。如果只是作祟干坏事，就选择全隐，谁都看不见自己，这样最安全；如果是媚惑，就会选择被媚者能见而其他人不能见，这样最方便。

唐宋传奇中已有不少狐狸精隐形的故事。《会昌解颐录·张立本》记草场官张立本有个女儿，被狐狸精媚惑。但除了张氏女，其他人都看不见那个狐狸精。女儿在闺房中有说有笑，家人就知道狐狸精来了；她开始号啕大哭，估计就是狐狸精要离开了。但这段文字与其说是在讲述故事，不如说是份精神病理观察记录。能听能见者唯有张氏女，家人只能根据她的情绪变化判断狐狸精的存在。

《广异记·李氏》则讲了一个更有趣的故事。李氏是个十二岁的小姑娘，父母早逝，跟着舅舅过日子。狐狸精来勾引她，虽然也是隐形而至，却可以与人说话，对答应酬甚为得体。对于这个来去无踪的妖物，舅家根本没有办法对付。好在他出入数月，一直斯斯文文，也没闹出什么暴力事件，因此家人也就把他当成常客。一天，那说话的声音忽然变了，家人问："你是另外一只狐狸精吧？"果然对方笑着回答："你们听出来了？以前来的是十四兄，我是他弟。"原来这对狐狸精兄弟有些过节，弟弟曾想勾引一个韦姓女子，准备了一匹红绸，却被十四兄偷了送给李氏家人。弟弟因此怀恨在心，伺机报复，瞅准今天这个机会来冒名顶替勾搭李氏。不料其兄在这里混得太久，声音早被李家人熟悉，狐弟一开口便被识破了。

狐狸精的隐形术既可以隐住自己，还可以隐住别人。《益智录·狐夫人》讲述山西太原一个狐狸精变成杨太史之女勾引少年冯范，邀他进杨府幽会。冯范见府内人多，心生怯意。狐狸精说："你只要跟在我身边，就不会被人看见。"冯范于是跟着狐狸精进去，穿廊过榭，身边人来人往，果然都看不见他。次日离开时，狐狸精递给冯范一方红巾，他戴着出去，谁都没发现。此后半年，冯范就这样天天出入杨府。后来，冯家上门提亲，才知杨太史根本就没有这么个女儿。可见狐狸精在杨府的一切活动也都是隐形的，只冯范能见。此狐女不仅能使自己和他人选择性隐形，还能将隐形术的法力施于一方红巾，凡人戴上即能隐身，其招式集合了隐形术中所有高难度的技术，殊为了得！

五 狐 衣

狐狸精从兽形到人形的转换顷刻之间便能完成，眨眼工夫，苍毛修尾的动物就成了衣着光鲜、容貌俊丽的靓男美女。《聊斋志异》和《萤窗异草》的不少故事都展示过这个情节。如《聊斋志异·酒友》写车生夜饮醉卧，醒来时发现身边趴着一只狐狸，也在酒醉酣睡。他不忍惊醒它，就拿件衣服轻轻给它盖上。半夜听到狐狸打哈欠，车生揭开衣服，所见"儒冠之俊人也"。《萤窗异草·阿玉》的男主角薛端救了只受伤的小狐狸回家，喂了些药放在床上。将近夜半，他有些发困，"乃甫一交睫，狐忽化为丽人，素面嫣然，衣裳楚楚"。

人靠衣装马靠鞍，对靓男美女来说，衣冠楚楚、裙袂飘飘这都是必备的。如果狐狸精变成美女时没穿衣服，情形就非常尴尬，但这事儿还真发生过。

《阅微草堂笔记·槐西杂志二》写一帮混混听说野外荒冢有狐能化形魅人，便夜间带了工具去捕得两只雌狐，为防其变幻逃脱，以锥刺其髀后绑在一起。他们晃着刀子威胁："快变成美女陪我们喝酒，否则马上杀掉！"两只狐狸乱蹦乱跳，貌似听不懂人话。混混大怒，手起刀落劈死一只。剩下那只忽然开口了："我没衣服，变成了人，赤身裸体像什么样子呢？"混混一听更加兴奋，把刀抵在狐狸脖子上大喊："变！变！变！"小雌狐怕真被砍了，急忙变成少女，果真一丝不挂。混混们大喜过望，上去动手动脚。狐狸精娇滴滴地说："我陪你们玩儿，这绳子绑着怎么尽兴呀？"这帮混混于是解开绳子。谁知绳子一解，狐狸精倏然而逝。由此看来，狐狸精在没有准备的情况下仓促变人，确实无衣可穿。

狐狸精的衣裳从何来有两种解释：

一种认为他们用纸或者枯枝败叶等乱七八糟的东西变成衣服，如《广异记·冯玠》中的小伙子冯玠迷恋狐狸精，其父不容，找来术士降妖。狐狸精自知斗不过，准备逃走，临别送了一件衣裳作纪念。冯玠怕家人知晓，将这宝贝藏在一包书中。后来冯玠及第而归，想着曾经和自己恩爱的狐女，便在书卷中找那件华美衣裳，结果发现不过是一张旧纸而已。狐狸精在荒郊野外，用木叶花草变衣裳的情况更多些。前文讲述僧人晏通遇见的狐狸精，也就是捡骷髅戴在头上，采摘树叶花草披在身上，"随其顾盼，即成衣服；须臾化作妇人，绰约而去"。

用什么东西变衣裳，似乎与狐狸精的品位有关。《扶风传信录》描述狐狸精胡淑贞，一副仙女做派，被人叹为神仙。但她比较低调，对仰慕者说："神仙不敢当，我也巴望做神仙呢！再修五百年吧。"

谁知对方又问了一个敏感问题："我听说神仙不食人间烟火,不穿绫罗绸缎,你却衣饰华美,该不会是来路不正吧。"胡淑贞解释:"这些衣服都是百花所变,红衣是石榴花变的,白衣是玉兰花变的。我们狐狸精就会念咒干这个。"而《夷坚志·双港富民子》里的狐女却行似流娼,原形毕露后,衣裳如蜕,皆污泥败叶。

狐狸精把枯枝败叶变成美丽衣裳很好玩儿,也颇能掩人耳目,但穿着这些东西行走人间也有风险。他们虽能施术变物,但那都是暂时性变化,而不是从根本上改变事物的性质,因此,这些衣裳必须时时刻刻处于自己的控制之下,一不留神衣衫失控还原,狐男狐女就会在大街上裸奔。所以,多数情况下,狐狸精更愿意从人间摄取衣物为己所用。《萤窗异草·于成璧》里有个狐狸精就说:"凡狐之供具,皆以术摄取于人间,故丰俭因乎其地。"

另一种即所谓"以术摄取",就是使用魔术般的手段从别处取得。这招数缘自道家,在《抱朴子内篇》以及《神仙传》等著作中通常被称作"行厨"。名为"行厨",主要指从别处获取食物;食物可摄,其他东西自然不在话下。《抱朴子内篇·金丹》中对"行厨"有这样的记录:"欲致行厨,取黑丹和水以涂左手,其所求如口所道皆自至,可至天下万物也。"几句简单的描述,基本上交代了行厨法的三个特点:一是施术前有技术准备(黑丹是道教中金丹的一种,不是一般的东西);二是获取速度快,几乎是秒取;三是能量非凡,任何东西都可到手。据葛洪记载,当时还有专门的《行厨经》。

由于摄取的速度极快,此术经常被称为"坐致行厨"。据说,三国时期的著名道士左慈就擅长此术,《三国演义》第六十八回就有一场他的精彩表演。是日,诸官至曹操府邸大宴,左慈足穿木屐立于筵前，问在座百官想要什么，曹操故意为难他，说要龙肝开汤。左慈在墙上画了一条龙，袖袍一拂，龙腹自开，果真取出一副血淋淋的肝儿。时值隆冬，又有人要牡丹花，左慈叫人取个空盆放在堂前，喷一口水，盆中发出牡丹一枝，还开了两朵花。接着有人说想吃松江鲈鱼，左大师要人取出钓竿，立马在堂前池子里钓出十几尾松江鲈鱼。

此类"坐致行厨"如果发生在现实中，无非魔术表演而已。但神秘主义者会将其解释为"意念搬运"，相信其有可能是各类巫觋文化中普遍存在的心理状态。《不列颠百科全书》称之为"摄调"，具体阐释为：神秘学名词，指用法术使物件突然神秘地来到。通常摄调一物件需要通过另一物件转移。摄调物件多半在降神会上表演，受摄调之物既可能是生物也可能是非生物。摄调活人有时称为转送。据招魂论解释，摄调是先抽去物件的形质然后重新赋予形体。摄调之事多有所闻，但不少证明为伪造。

狐狸精是有术之妖，一般情况下的摄取当然是"意念搬运"，施个法、念个咒什么的，东西就到了，不须自己劳神费力。但他们的摄取有时也完全像普通人一样，是从别人那里偷盗，如《广异记·贺兰进明》中的狐狸精就是翻墙走壁从邻家偷镜。

幻化而成的狐衣最后都会还原现形，而从人间摄取的衣服是真物，即便狐狸精自己出了问题，衣服也不会发生变化。《广异记·李元恭》中的老狐被打死后，身上仍然穿着一件绿衫，这显然就是取自人间的衣服。

狐衣的作用无非是让狐狸精像个人样混迹于人间，因此，除了满足基本的生活需要，也得符合身份；村姑则布衫素裙，贵妇则绫罗锦绣，丽人则鲜衣红裳，少女则绿绮翠纱。一般情况下这些衣服也不过是衣服而已，没有什么特别之处。但狐狸精也有些特殊的衣服，具备某种神奇的功能。

《聊斋志异·金陵乙》载，金陵某酒贩逮住一只醉酒狐狸，正准备剥皮，狐狸醒了，哀求说只要饶命，任何要求都答应。酒贩眼睛骨碌一转，大不正经地说要去别人家偷窥美女。狐狸精给了酒贩一件短衣，说穿上此衣就可以来去自由。酒贩不太相信，穿着短衣回家试验，家人果然看不见他。他大喜过望，要狐狸精带着去找美女。不料美女家的墙上画着一道降狐龙符，狐狸精惊慌失措，撂下酒贩跑了。墙上的龙突然腾空而起，扑向酒贩，吓得他抱头鼠窜。原来这家人被狐狸精骚扰多时，最近请了一位高僧降妖，在墙上画了符，准备第二天再来作法。次日高僧作法，狐狸精没敢来，酒贩却把隐形短衣穿在里面，带着老婆挤在人群里看热闹。高僧刚念几句咒，酒贩就身不由己往外跑，出门即变成了一只狐狸，身上还穿着那件短衣。

狐衣不仅能隐形，还能当减肥塑身的美容服。《萤窗异草·柳青卿》就记载了狐衣的此项功能。进士戴敬宸学问很好，相貌却长得比较"着急"，腰大如桶，浓髭满面，人称"毛胖"。狐狸精柳青卿审美情趣独特，喜欢胖哥。但自己喜欢是一回事，带出去参加闺密聚会则是另一回事。柳青卿给胖哥速效整容，拿出一件素绢织成的紧身服要他穿上。戴敬宸光着身子往里套，肚子太大套不进。柳青卿摸着他肚子说："杜甫杜甫，无骨有肉。消瘦些儿，送汝归蜀。"戴被挠痒痒，不禁大笑，哗啦一下套进去了，毛胖顿时变成了玉树临风的美丈夫。柳青卿美滋滋地带着假帅哥赴约，让参加聚会的四五位艳女羡慕不已。戴敬宸喝高了有些胡言乱语，柳青卿的闺密就给他下套："听柳青卿说你相貌长得不怎么的，今日见了，才知道是一帅哥耶！"

柳青卿急忙使眼色，但毛胖没有察觉，说："要美就美，要丑就丑，有什么好奇怪的？"女友们听出了破绽，使劲灌他酒，乘机剥他的伪装，才剥到颈部，他的庐山真面目就暴露无遗。闺密们尖声大笑，柳青卿觉得很没有面子，不耐烦地扶他回家。戴敬宸一觉醒来，美容服不见了，柳青卿也不见了。

陕西邠县人罗子浮也有一段颇为神奇的经历。这哥们生性堕落，在窑子里长期包嫖，结果家财散尽，流落街头，夜宿山寺却撞了桃花运。一个叫翩翩的美女将他带进洞府，为其沐浴梳洗，还用芭蕉叶缝成衣裳让他穿上。罗心里犯嘀咕："这树叶做的衣服能穿吗？"不料刚拿到手上，树叶就变成了光滑的绸缎。一日，翩翩的女友花城娘子来访，三人欢饮。花城娘子风骚迷人，罗子浮心猿意马，假装拾地上的果子，趁机捻她的脚。这一捻不打紧，他忽然觉得袍裤无温，一身绸缎变成了芭蕉叶。罗大惊，立刻正襟危坐，芭蕉叶才慢慢变回衣服。喝着喝着，罗子浮有了些醉意，又偷偷搔弄花城娘子的纤手。说时迟那时快，他身上的衣服又成了树叶。罗子浮这才知道，芭蕉衣乃是翩翩姑娘下的套儿，像唐僧给孙猴子的金箍，于是再不敢有非分之想了。故事出自《聊斋志异·翩翩》。

六　狐　宅

在古人的认识中，狐狸精喜欢以墓冢为家。《搜神记》的美狐阿紫肯定是生活在墓穴里，因为被她魅惑的王灵孝最后是被人在空冢中找到的；到张茂先家谈论学问的狐书生，其真实身份乃是燕昭王墓前的一只斑狐；吴中教授胡博士忽然失踪，后来也被发现在墓穴中给一群小狐狸上课。《西京杂记》则载广川王带人挖掘栾书墓时发现了一只白狐，见人惊走。

对于狐狸精而言，墓穴的作用几乎等同于山洞石窟，无非栖身之所。然而，墓冢作为生与死、灵与肉转换关系中的特殊存在物，首先在鬼魂故事中发生一些吊诡的变化，下面是《搜神记·驸马都尉》的主要情节：

郊外日暮，独行的书生腹中饥饿，这时发现树林里有座院落，于是叩门求食。年轻的女主人设宴款待，饭后实言相告，自己是秦闵王之女，出嫁曹国，不幸夭亡，已死二十三年，今天遇到个男人，愿委身为妻。书生这才明白自己遇见了传说中的鬼，但他泰然处之，和她做了三天夫妻。秦女说："你是生人，我是鬼。不可久居，再住下去就会有祸。"便送了一个金枕作信物，要他离去。书生出门数步，楼宇忽然消失，唯有一座坟冢。他这才有些后怕，慌忙离开。

另一则故事《崔少府墓》也有相同内容。范阳人卢充冬日狩猎，射中一獐；猎物负伤而逃，卢充追至一处，见"高门瓦屋，四周有如府舍"，这便是崔少府宅第。卢充入见少府，两人饮酒甚欢。少府拿出一封书信，说是卢父所写，求少府将女儿嫁给卢充。卢父已死多年，但信的确是父亲手迹，卢充于是信以为真，当晚与少府女儿成亲。也是三天之后，少府催他回去，且说女儿已经怀孕，如果生男，当送至卢家；如果生女，则自己抚养。卢充回家后叙述这几天的经历，家人分析，卢充去的地方正是崔少府墓地。卢充这才恍然大悟——自己竟然经历了一场鬼婚。

两个故事都是讲述人鬼婚，而墓穴作为活动场所被变成了高门府舍，这个要素的出现开启了一种故事模式，很快被复制到狐狸精题材中，荒郊幻宅中的艳遇遂成为狐媚故事中的常见套路。

到了唐代，一部分狐狸精直接在墓冢中过起了人间的日子。《太平广记·张简栖》中的狐狸精在墓穴里读书，旁边有一群老鼠端茶送水。《广异记·刘甲》中，老狐的古冢生活排场甚为讲究，从人间劫掠了十几个美女组成剧团，天天吹拉弹唱、表演歌舞。而墓鬼的变幻术也为狐狸精所掌握，书生遇秦女式的故事越来越多，下面这个故事见于《三水小牍·张直方》。

唐咸通年间冬天，儒生王知古随卢龙节度使张直方出猎。有狐狸突起马前，他策马追赶，没追上狐狸，自己却迷路离队。此时暮色四合，山川黯然，苍松古柏中出现一座大院，"朱门中开，皓壁横亘，真北阙之甲第也"。知古不敢贸然打搅，准备在门洞下休息。守门人知道了，向主人禀报情况后，带着一名老妈子出来接他。原来，这是南海副史崔中丞的府第，主人和儿子都外出未归，只有夫人在家。听说王知古迷路，夫人同意留他一宿，自己不便出面，便派女佣出来招呼。女佣和儒生一问三答，话题就扯到了婚姻上。王知古未娶，夫人有女待嫁。热心的女佣往返几趟通报双方意见，这姻缘竟然就谈成了。

穷酸的王知古转眼就能成官府家女婿，自然喜出望外。女佣已视其为未来姑爷，更加热情，伺候他更衣休息。王知古脱下短麻衣，露出里面的皂袍。女佣觉得他穿着古怪，就问衣从何来。王说早晨随张直方出来打猎，衣着单薄难御风寒，张便拿了这件麻衣给他。女佣听罢面如死灰，一边跌跌撞撞跑出门去，一边高叫："不得了夫人，这人和张直方是一伙的！"紧接着夫人大喊："快快赶了出去，简直是引狼入室!"仆人丫鬟们操着家伙一拥而上,对王知古又打又骂。王不知到底发生了什么,一边躲闪,一边赔罪,手忙脚乱跑出门,骑上马落荒而逃。

次日王知古找到了张直方一行,讲述了夜间奇遇。张直方说:"没料到这些妖魔鬼怪也知道人间有张直方啊!"于是又喊来几个猎人,让王知古带路,循着雪地里的马蹄印到了松柏林中。只见十几座荒坟,洞窟星罗,兽迹纵横,哪有什么深宅大院?他们又挖又熏,一番砍杀,歼灭了百十只狐狸。

此外,《宣室志·计真》《奇事记·昝规》里也有类似的故事情节,说明狐式幻宅在这个时期已进入量产阶段。传奇名篇《任氏传》中表现的场景变幻是这样的:夜晚是土墙车门里室宇堂皇,酣饮尽欢;白天则是蓁荒废圃,空寂无人。变化要素略有不同,墓冢成了荒园,鬼的气息渐少,人的氛围渐浓了。

古冢与豪宅的切换,还能为故事情节的发展营造一种神秘诡异的气氛。《聊斋志异·娇娜》和《辛十四娘》的情节设计虽不出《张直方》窠臼,描摹技法却更加出彩。

> 果见阴云昼暝,昏黑如磐。回视旧居,无复闬闳,惟见高冢肖然,巨穴无底。方错愕间,霹雳一声,摆簸山岳,急雨狂风,老树为拔。(《娇娜》)

> 听远鸡已唱,遣人持驴送生出。数步外,欸一回首,则村舍已失,但见松楸浓黑,蓬颗蔽冢而已。定想移时,乃悟其处为薛尚书墓。(《辛十四娘》)

狐狸精的变化术有两个向度，一是自身的变形易貌，可谓"内变"；一是让甲物变成乙物，如把枯枝败叶变成美丽衣裳，可谓"外变"。但把墓冢变成村落或深宅大院，实在是过于巨大的工程，以至有些讲故事的人面对这个问题时不禁会产生疑虑：到底是狐狸精让事物发生了变化，还是让经历其境的人产生了幻觉？纪晓岚在《阅微草堂笔记·滦阳消夏录五》就表达过这份纠结："狐居墟墓，而幻化室庐；人视之如真，但不知狐自视如何耳。狐具毛革，而幻化粉黛；人视之如真，不知狐自观又如何。不知此狐所幻化，彼狐视之更当如何。此真无从而推究也。"

　　蒲松龄则在《聊斋志异·犬灯》里直接描绘了一幅如梦似幻的画面：秋日乡间，高粱正茂。游子他乡归来，远远望见旧日的女友坐在路边。临近，女子举袖掩面。游子下马，伤心地问："何故如此？"女子答道："我以为你已经忘了旧好！既然还记得，我很高兴。今设小宴，请共一饮。"于是，拉着游子的手走进青纱帐。里面竟然有个大院落，厅堂中已摆好酒肴。男女对饮，畅叙旧情。丫鬟们来来往往，不断添酒加菜。天色将暮，两人依依惜别。游子走出高粱地，回头一望，只剩田垄一片，高粱青黄。

七　奇幻空间

　　除了变化、幻化，狐狸精还有一手更神奇的空间戏法，《聊斋志异·河间生》的故事中有如此情节：

　　河间某生屋前大堆麦秆，经常被取来烧火做饭，不久麦秆堆便被掏出一个洞，入住了一只老狐。主人与狐翁经常见面，相处融洽。一日，狐翁邀请河间生到家里饮酒，河间生大惑不解——难不成要我从这个灶口大小的洞门钻进去？结果真是这样，狐翁将他拽了进去。谁知里面别有洞天，庭院修整，廊舍华美，饭桌上茶香酒浓。河间生喝到日色苍黄方才告辞，从草洞中醉醺醺地钻出来，回头一看，眼前除了秸秆堆什么也没有。

乍看上去，河间生的故事跟归乡游子的故事差不多，都是讲空间的变化，但实则是有根本区别的。后者的变幻发生在无限开阔的空间环境中，比如一望无垠的麦地，或广阔无边的稻田；而在《河间生》里，这种变幻却是在极其有限的空间里实现的：一个被人掏空了的麦秆堆里，一个仅供狐狸藏身的小洞内，竟呈现出了气势恢宏的深宅庭院。

这种反常的"空—物"关系并非蒲松龄首创，它的传承有清楚的来龙去脉，《河间生》的情节明显借鉴葛洪的《神仙传·壶公》。葛洪写汝南壶公行医卖药，白天在街市摆摊，夜晚跳进一只葫芦大小的空壶里安歇。这个秘密被市吏费长房发现，费由此推知壶公不是常人，便对他格外关照。时间长了，壶公终于被感动，说："你傍晚过来，不要让别人看见。"晚上，费长房如约而至，壶公带着他一块儿跳进壶里去。刹那间壶已不见，眼前是五彩楼观，重门回廊，壶公身边还有十几个恭恭敬敬的侍者。

对于这种小空间大容积的反常关系，我们可以做合乎逻辑的理解，譬如说是狐翁、壶公实施了幻术或缩形术。但作者的原意是要告诉大家，这既不是幻术，也不是缩形，而是活生生小空间装得下大物体。《夜谭随录》的作者特别能领会这种观念的内涵，他通过《香云》《阿稚》两则故事，把这种不合逻辑的空间关系交代得十分清楚。

《香云》讲述零陵少年乔哥进山伐竹迷路，被狐婆搭救带回家，认识了她的女儿香云。狐女之家是一个靠山面水的小山洞，辟为三间，中间是客堂，西间卧室，东间厨房。乔哥少年俊朗，性情温和，颇得母女俩喜欢，没几天就被招为女婿。成亲之日张筵设宴，大会亲戚，小山洞摆了十几桌。乔哥惊异地发现，"列筵十数，屋不加宽，益不觉隘"。

《阿稚》也是叙述少年郎娶了狐狸精，岳家送亲上门，跟来了几十位亲朋，还带了数不清的嫁妆。这可愁坏了公婆——住处就一间小草堂，如何设宴待客，又如何摆得下堆积如山的嫁妆？谁知新娘子随便吩咐，立即就出现十几桌丰盛饭菜。吃喝完毕，嫁妆悉入洞房，"房不加广，而位置罗列，饶有隙地"。

这两则故事对问题的表述更加清晰，都特别强调了空间没有变大，而人与物也没有变小。上溯数百年，则有南朝《续齐谐记·阳羡书生》表现过这种反常的空间观：

东晋阳羡人许彦背着鹅笼赶路，遇见书生躺在路边，说脚痛不能行走，求许彦带上一程。许彦问："你这么一大小伙子，我如何带得动？"书生说："很简单，我蹲鹅笼里就行。"许彦以为他开玩笑，小小鹅笼哪容得下这么个大活人？谁知书生蹲进去，"笼亦不更广，书生亦不更小，宛然与双鹅并坐，鹅亦不惊；彦负笼而去，都不觉重"。

笼亦不更广，书生亦不更小，鹅笼亦不加重，三维空间的物理原则在这里彻底失效了。

鲁迅先生在《中国小说史略》中说"此类思想，盖非中国所固有"，而是出于佛典。且引《观佛三昧海经》为证："毛内有百亿光，其光微妙，不可具宣。于其光中，现化菩萨，皆修苦行，如此不异。菩萨不小，毛亦不大。"

我们讲"变化"时，指的是事物的状态，对象是客观世界；讲"幻化"时，指的是精神的过程，对象是主观世界。而四大海水入一毛孔，彼大海本相如故，则是刻意消弭主客观的区别。变就是幻，幻就是变；大就是小，小就是大。对于这种思维方式，有学者认为是古印度人逻辑思维的同一律不严格的表现，如王青《中国神话研究》就提到：从所有广延性物体具有不可入性和质碍性可以推知，这些物体在位置上是互相排斥的。同时，我们不能设想，一个具有较大广延的物体存在于一个较小的物体之内。然而印度人能够毫无困难地接受这样的矛盾观念。

这种空间观到狐狸精手里简直就成了戏法，既能玩洞中乾坤这样的大场面，也会耍弄一些小把戏，纪晓岚的朋友宋蒙泉讲过一个故事：家仆之妻为狐狸精所媚，经常半夜三更在走廊里赤身裸体耍流氓。家仆羞怒异常，弄了一支鸟铳藏在家中。入夜，狐狸精又来了。仆人准备动手，忽然发现鸟铳已不知去向，第二天才在钱柜中找到。不可思议的是，钱柜只有一尺见方，而鸟铳近五尺长，不知如何放进去的。此事载于《阅微草堂笔记·滦阳消夏录五》。

不仅小容大、长入短变得毫无困难，甚至有无之间的区别也不复存在。《清稗类钞·迷信类》记某人睡觉时经常被狐狸精骚扰，很是烦躁。一夕藏短棍于衣内，夜半果然觉得有动物沿脚而上，他举棍欲击，一只狐狸落地便逃。此人追出大门，狐狸已不知去向。他转身回屋，才发现门是关着的，只得在外面喊家人开门。此人百思不解：大门紧闭，他和狐狸精刚才为何毫无阻隔就冲出来了？

狐狸精如果组合使用这些变幻术，他们几乎就成了古代的超能英雄。古人舟车不便，千里之旅，费时逾月，辛苦劳顿自不用说，路上有个三长两短，便会命丧黄泉，成为孤魂野鬼。因此，他们的很多想象，都表现了征服空间、距离的愿望。最常见的方式就是羽化升天，身体如鸟儿一般在空中飞行，想去哪就去哪。像孙悟空的筋斗云，一腾空就是十万八千里。另一个法子就是把寻常物件变成飞行器，骑着它在天空飞来飞去。狐狸精便精通此法，《集异记·徐安》写狐狸精带徐安之妻到山中行乐，就是让她骑上一个竹笼飞行而至；《聊斋志异·张鸿渐》中的狐狸精送人回家，是两人共骑竹扫帚飞行。骑扫帚飞行之术，似乎是西方巫婆的标志性技术，蒲松龄写狐狸精也行此术，不知是巧合，还是谁影响了谁。

然而，最高效的手段还是空间戏法。《居易录·许生》的小狐狸精接许生往山中赴约，要他闭上眼睛，顷刻已到山中。不需要腾空升天，也不需要借助飞行器，只是让距离瞬间消失。

空间戏法既然可以让距离成为无间，也可以让很短的距离变得无限遥远。《聊斋志异·凤仙》写狐狸精搬家，赶着小驴车出村。两个盗贼游荡猎艳，看见美女心生邪念，尾随至荒郊野外，策马追车。车慢马快，近在咫尺可就是追不上。好不容易到一处崖边，道路变窄，似乎要突然追上了。盗贼挥刀吆喝，驱散仆从，揭开帘子一看，哪有什么美人，里面只坐着一个老太太。盗贼正疑惑，猜想这是不是美人她妈，右臂就挨了一刀，接着被打翻在地。盗贼擦了擦眼睛，山崖不是山崖了，变成了县城的城门。车中的老太太乃是李进士之母，正从乡下返城。明明是郊野追美女，突然成了闹市劫官母！盗贼丈二金刚摸不着头脑,被门丁押进了监狱。两个莽夫本想劫财色,不期遭遇狐狸精这套组合变幻术,身陷囹圄还不明就里。

再玩得炫一点,空间戏法就可以创造出所谓"时空隧道"的奇迹了:

《萤窗异草》中徐之璧是福建商人,在湘湖一代贩药,遇张献忠之乱,流窜荆南山中,没想到被一个叫懵懂公的老翁招为女婿,过上了衣食无忧的生活。忽一日,老头子要他带女儿回老家。徐之璧觉得此间甚乐,不愿回去;且家乡在千里之外,兵荒马乱的,如何能回?懵懂公拿出一个巨大的酒杯放在地上,要女儿先进去。女儿与父母依依惜别,随即掩泪跃入杯中,倏忽不见。徐之璧大惊,又被岳父催促,不得已也爬进酒杯。恍惚中像掉进了深渊,他正要大声惊呼,却发现已站在了大路上,美丽的妻子迎面而立。他左右瞧瞧,竟是千里之外的故乡漳州。徐之璧准备带妻子回家,妻子却说:"这里战乱未已,还不宜回去。"于是带着他东行数十里,到一处风光优美的山野。打量片刻,她拔下鬓间小钗对空一划,美丽家园顿时出现在眼前。只不过文章自始至终没点明懵懂公一家的身份,我们就权当他们是一伙狐狸精吧。

第三章

媚与魅

一 涂山氏之谜

在狐狸精诸多属性中，"媚"无疑是最核心的属性。但"媚"的基础是人与狐狸精的性关系，因此，首先得捋捋这种关系的来龙去脉。

蒲松龄的名篇《青凤》有一个意味深长的情节：狂生耿去病夜入废园，发现里面住着一户人家。主人姓胡，和去病高谈阔论，相与甚欢。胡翁问："你家先祖编撰过一本《涂山外传》，知道吗？我乃涂山氏之苗裔。"他以这种方式巧妙地亮明了自己的身份：他们是狐狸精。

狐狸精为何自称是涂山氏的后代呢？说来话长。

传说大禹忙于治水，没时间考虑个人问题，三十岁了也没结婚。他老娘挺急，经常催促他娶个媳妇儿回家。一天，大禹行至涂山，看见一只九尾白狐，觉得这是天现吉兆要他结婚，于是便娶了涂山氏为妻。这个故事载于《吴越春秋》：

> 禹三十未娶，行到涂山，恐时之暮，失其度制。乃辞云：

"吾娶也，必有应矣。"乃有白狐九尾造于禹。禹曰："白者，吾之服也；其九尾者，王之证也。涂山之歌曰：'绥绥白狐，九尾 厖厖。我家嘉夷，来宾为王。成家成室，我造彼昌。天人之际，于兹则行。'明矣哉！"禹因娶涂山，谓之女娇。

关于"因娶涂山"到底是什么意思，有两种不同的解释。

其一，认为大禹在涂山遇见九尾白狐而受启示，于是娶涂山氏为妻。这里的"涂山"既是地名，也是部落名，而涂山氏就是涂山的一位女子，名叫女娇。那么，大禹三过家门而不入，在家守望的人当然就是涂山氏女娇啦——这是现实主义的解释。

其二，认为涂山氏是九尾白狐变成的狐狸精，大禹"娶涂山"其实就是和狐狸精结了婚，这也就是胡翁的解释。狐狸精自己这么说，当然有攀高枝的嫌疑，但这个观点在狐界有一定代表性，并不是此间胡翁的突发奇想。如《萤窗异草·艳梅》的狐婆："予本涂山氏之裔。"百一居士《壶天录》卷下的狐女："妾涂山氏之苗裔也。"王韬《淞滨琐话》卷四的狐女："妾故涂山氏之苗裔也。"管世灏《影谈·洛神》的狐女："我涂山曾祖姑，嫁得神禹。"俞蛟《梦厂杂著》的狐郎："余系出涂山。"

如果第二种说法成立，狐狸精的身世可就高贵无比——他们居然是大禹的嫡系子孙！但若顺着狐狸精的思路分析，可就有点麻烦了。前文已经分析说明了中国狐狸成精的时间当在汉末魏晋之世，纪晓岚谈狐史，也说"三代以上无可考"。因此，狐狸精们主张大禹跟狐狸精成亲，要么是伪造历史，要么只能说大禹娶了一只还没成精的狐狸！但这下问题可就大了，难不成我们尊敬的始祖、治水英雄大禹还和动物结过婚？

其实这很正常，在人类原始文明中，普遍存在过人兽婚姻或人兽性关系的传说。法国人类学家列维·斯特劳斯在《野性的思维》一书中转述过一段北美印第安人的话：我们知道动物做些什么，海狸、熊、鲑和其他动物需要什么，因为很久以前人已经和它们结了婚，并从动物妻子那里获得了这种知识。……白人到这个国家时间很短，对动物了解很少。我们在这儿住了几千年，而且很久以前就受到动物的亲自开导。白人把什么事情都记在本子上，这样就不会忘记；但我们的祖先和动物结了婚，学习了它们的习俗，并一代一代把知识传了下来。

这种关系在希腊神话中也有提及。克里特国王米诺斯之妻帕西菲爱上了一头公牛，千方百计与它做爱，生下了牛头人身的怪物米诺陶洛斯。河神阿刻罗俄斯向美女得伊阿尼拉求爱，一会儿变成公牛，一会儿变成金龙，一会儿又变成米诺陶洛斯般的牛头怪物。

在中国古代神话和民间传说中，这种闹心的事儿也不少，最著名的当属"盘瓠传说"。故事讲述高辛氏时代，王宫一个妇人患耳疾，医生从耳朵里挑出个小虫子。后来，这虫子变成了一只犬，身上五彩斑斓，起名叫"盘瓠"。其时，强盛的戎吴部落多次侵犯边境，大王发兵征讨，不能取胜，于是诏示天下：谁能取戎吴将军首级，赏金千斤，封万户侯，并将自己小女儿许配给他。不久，盘瓠衔着戎吴将军的人头跑进了王宫。大王犯愁了，盘瓠是只犬啊！群臣都说盘瓠是畜生，虽然杀敌有功，但大王总不至于真的把女儿嫁给它吧！小女却说："您承诺把我许配给取得敌将首级的人，现在盘瓠衔来首级，为民除了害。一只犬能办成此事，是天意。为王者应该取信于民，不可以因为我一个小女子而负约于天下。否则，国将有祸。"大王便把她嫁给了盘瓠。盘瓠带着公主进山，三年之后有了儿女，儿女又自相婚配，子孙繁衍。他们的语言行为和常人不同，喜欢山野，不爱都市，其后代被称为"蛮夷"。

这个故事不仅《搜神记》有录，还见于郭璞的《山海经》注文和范晔的《后汉书·南蛮西南夷传》，情节大同小异。据钟敬文先生考查，盘瓠传说是我国南方少数民族祖先起源的神话，是氏族时期产生的关于自己图腾祖先的一种解释。

《魏书·高车传》也有公主嫁野狼的记载：匈奴单于生二女，姿容甚美，国人皆以为神，单于认为女儿既然如此美丽，岂可许配凡人，应该配天。于是筑高台，置二女于其上，"请天自迎之"。结果天没娶走二女，却招来一匹老狼昼夜守台嗥呼。小女说："老爸让我在这里等天娶我，今却狼来，岂非天意！"于是做了狼妻，子女繁衍成国，都喜欢引声长歌，声似狼嗥。

即便到了汉代，说某人的母亲和野兽有点儿暧昧关系，也不一定是件丢人的事。《史记》介绍刘邦身世时，就说他是女人与蛟龙交合的产物："其先刘媪尝息大泽之陂，梦与神遇。是时雷电晦冥，太公往视，则见蛟龙于其上。已而有身，遂产高祖。"这样的传说出现于官方正史，汉代皇族不以为耻，反而觉得这证明自家贵为真龙天子。然而，不管怎么说，蛟龙不也是兽吗？

这样看来，如果禹娶涂山的传说的确源于三代之初，那涂山氏就很可能是只狐狸。至于这种观念产生的缘由，列维-布留尔在《原始思维》中的一段表述可供参考："不发达民族中间的一个十分普遍的信仰，即相信人和动物之间，或者更准确地说，一定集团的人们和某些特定的动物之间存在着密切的亲族关系。这些信仰常常在神话中表现出来。"

既然人可以直接跟动物成亲，那么动物成了精，与人的性关系就更加普遍，各种笔记小说常有涉及。

《潇湘录·王真妻》记载的是蛇精：华阴县令王真妻赵氏一直随他各地赴任。后来，有少年上门勾引赵氏。一日，王真上班时间突然回家，见少年与赵氏同席而坐，饮酌欢笑，气得要命。赵氏一惊，扑地晕倒，少年则变成大蛇冲出门去。王真要丫鬟将赵氏扶起，没想到赵氏也突然变大蛇出门而去，钻进山里不见了。

《搜神记·吴郡士人》记载的是猪精：晋朝王生家住吴郡。傍晚王生乘船外出，见河堤上有个美丽少女，便呼之留宿。次日清晨，王哥解下自己的金铃系在女孩臂上，还安排人送她回家。但女孩忽然失踪。送的人急坏了，到处寻找，最后在猪栏中看见一头小母猪，脚上系着王生的金铃。

《续搜神记·钱塘士人》记载的是鸟精：一个姓杜的钱塘人乘船出门，暮遇大雪，有素衣女子来。杜生说："何不入船？"女子欣然相就，杜生便将此女留在船上。不久，女子忽然变成白鹭飞走了。杜生风流倜傥，没想到居然和一只水鸟恩爱了数日，实在郁闷，没多久便气死了。

《搜神记·张福》记载的是鳄精：鄱阳人张福乘大船，野水边见一美貌女子划小舟。张福调戏："小女子叫啥名？一个人乘小舟不害怕吗？快下雨了，到哥哥大船上避避雨如何？"女子遂上大船，把小舟系在张福的船边。三更许，雨停月出，哥们一看床上美人，居然是条扬子鳄！张福不像钱塘士人那么脆弱，动手就要擒拿，鳄鱼"扑通"一声跳入水中逃了。再看系在船边的小舟，原来是截烂木头。

如此多的动物妖精和人类发生过性关系，狐狸精何以能脱颖而出且成为"媚兽"，乃至成为"先古之淫妇"呢？这个问题很难考证，只能揣测，大约在古人的认知中，有些野兽天生就具备某种属性，也许狐狸就有天生的媚态。《玉堂闲话》一则故事似乎就想证明这点。故事讲述美丽村妇独自往来林中，总会有只狐狸摇尾相随，款步于身边，或前或后，赶也赶不走，妇人于是习以为常。但只要她老公相伴，狐狸就会逃得远远的。一天，她与小姑子入山采蔬，狐狸又来了，摇尾上前与妇人亲昵。没承想妇人动了杀心，用裙裾裹住它，喊小姑子上来动手，将狐狸打晕，带回家后，邻里都跑来看热闹，只见狐狸眯着双眼，一副羞答答的样子。村人完全没有保护动物的意识，竟将这只可爱的狐狸就地打死。作者最后评论："此虽有魅人之异，而未能变。任氏之说，岂虚也哉？"

即便是现代人，也有从狐狸本身找原因的。日本人吉野裕子在《神秘的狐狸》一书中认为：狐在多数动物中显得特别美丽。狐狸具有曲线优美的身姿，尾巴丰实漂亮，虽然其长度占了胴体的四分之三以上，但是不会破坏全身的和谐。它的眼睛大而清澈，鼻子细而笔挺，显得非常聪颖；如果是人，就使我们想起秀丽的美女。这样的面孔和身姿，明显使人感觉到一种高雅。

二 从魅到媚

"媚"是狐狸精故事中最常见的主题，然而在早期故事中，"狐媚"这个概念出现得并不多，比较常见的是"狐魅"。从人狐之间两性关系的发展趋势看，是一个脱魅入媚的过程。

许慎《说文解字》："媚，说（悦）也。""魅，老精物也。"前者是动词，有喜爱、取悦等意思。后者是名词，指物老而变成的精怪。在一些故事中，狐狸精就被称为"魅""狐魅"。"魅"字动词化使用时，比如"魅惑"，则指妖怪利用邪魔之力作祟。从字形上分析，二者区别也很大，"魅"从"鬼"，"媚"从"女"，因此，"狐魅"有妖鬼之气，"狐媚"却是男女之事。

《搜神记》中师太级狐狸精阿紫，出场时形象可谓魅气十足：后汉建安时期，西海都尉陈羡的亲兵王灵孝突然诡异地失踪了，陈羡认定其为妖魅所拐，便带领步骑数十，牵上猎犬去城外寻找，果然发现王灵孝坐在一处空坟里。人犬逼近时，他身边有个人影倏然而逝。王被扶回家后，整天意识模糊，哭哭啼啼，口里不断叫着"阿紫"，模样也变得很像狐狸。十几天后他才稍稍清醒，自述那些天常见一个自称阿紫的漂亮女人在屋角鸡笼边招呼他，不知不觉就跟去了，后来两人过起了夫妻生活，感觉快乐无比，谁知会是这么个结局。作者最后明确交代："狐者，先古之淫妇也，其名曰'阿紫'，化而为狐。故其怪多自称阿紫。"

这个故事符合狐狸精勾引男子的套路，但全无男女风情，且狐狸精阿紫并没有直接出场，谁也没见过，只存在于王灵孝的转述中。王有遭遇狐狸精魅惑后的典型症状，不仅样子变得像狐狸，而且出现了严重的认知障碍，不能与人交流，身心受到双重伤害。在狐狸精魅祟案中，受害一方往往如此。

类似的魅祟故事，《太平广记》多有记载，下面再举两个典型案例。

《广异记》写唐天宝年间，王黯随岳父往沔州赴任，到江夏时，为狐所魅，不肯渡江，哭着喊着要投水自杀。家人惶惧，把他绑在木桩上。船至江中，这哥们忽然哈哈大笑，到岸时喜气洋洋地对空喊话："哈哈哈！本以为你们这些美女不愿陪我过江，原来都在这里等我，那我还有什么担心的！"岳父见这小子犯花痴，气得发晕，到任后立即延请术士修理他。射狐高人将王黯安置在室内，自己躺在外面持弓矢守候。三更时一声弓响，他进屋对大家说："刚才狐狸精已中箭，明儿到外面收尸吧。"次日，果见窗户上有血迹，外面的草堆下一雌狐中箭而亡。

《稽神录》写术士张谨夜宿山村，听见女子啼呼，状若发狂，便问主人何事，主人答："小女近得狂疾，每日天黑便梳妆打扮，说是等胡郎来。请了很多人都没治好，现在我也不知该怎么办！"张谨于是书符一道放在屋檐下。晚上，听见屋檐上面又哭又骂，张谨也站在屋里对骂。过了良久，狐狸精大叹："搞不赢你，我认栽！"于是安静下来。张谨又画了几道符，女子的病就痊愈了。

这些唐代狐狸精魅疾和阿紫的故事一样，有两个十分显著的特点：一是患者精神失常，有程度不一的妄想症；二是狐狸精不出场，旁人只能通过患者的言行举止推断其存在。如果用现在的医学观念分析，这些案例很可能是某种精神疾病的发作，古人对于病因不能做出合理的解释，遂以为是被狐狸精附体。

认为疾病（特别是精神类疾病）与妖精鬼怪之间有因果关系，是世界各地普遍存在的古老巫觋观念。上面几个案例中，很可能是精神疾病里的"钟情妄想症（Delusions of love）"，俗称"花痴"；患者坚信某人爱上了自己，严重者会出现幻听。古人既然对此现象无法做出合理解释，狐狸精作祟便成为顺手拈来的病因。

即便到了蒲松龄的《聊斋志异》，虽都是青凤、娇娜、婴宁等可爱、善良的狐狸精，但狐魅之事仍会发生。《贾儿》写湖北一商人妇独居，夜里与人交媾，感觉亦真亦幻。妇人自知是狐狸精上门，便要保姆和儿子晚上睡在自己的房间。但保姆、儿子睡熟后，妇人仍然喃喃梦语。接着她变得神情恍惚，甚至赤身裸体地睡在外面，人去扶她，她也不知羞。从此发狂，白天又唱又骂，晚上不肯与人同住，只与狐狸精鬼混。最后，儿子挺身而出，机智勇敢地打入狐狸精内部，下药毒死了狐狸精，其母才恢复正常。

狐魅的腔调格局基本如此，但并不是所有的故事都如此无趣，袁枚的《子不语·吴二姑娘》就如一出轻喜剧：

进士金棕亭曾经带着孙子寓扬州读书，祖孙隔房而寝。半夜里孙子梦魇，他过去查看，见这小子坐在床上高举双手，喊："请屈一指！"自己便弯曲一个指头，又喊"请屈五指！"又弯曲五个指头。接着他又叉手又拱手，不停表演。棕亭呵斥，孩子突然大哭起来，说要回家见母亲。回到家里，孙子自己换上一套新衣，请祖父母上座，拜别道："孩儿要做神仙去了！"全家人听了这话心惊肉跳，不知他要干啥。到了中午，孩子似乎清醒许多，悄悄告诉祖父："我没什么病，是一个小狐狸精在捣乱！"言毕，又发起狂来，一会儿说"吴二姑娘与我前世有缘！"一会儿又说"妹子吴三姑娘也来了，姐妹二人要同时嫁我！"随即满口污言秽语，听得老头子老太婆面红耳赤。孩子癫狂月余，有林道士来访，说拜星斗可治愈此疾。金家于是设坛斋醮，诵经七日，孙子的神志才慢慢清醒。金家抓紧时间给他找了门亲，入赘岳家，狐狸精才销声匿迹。

人狐之间的两性关系如果一直是这种模式，便永远不会具备基本的审美情趣。事实上，在传奇集《广异记》出现的唐前期，狐媚主题就已经升华，减少了妖气，增添了人情，成为男欢女爱的咏叹调；而魅祟害人的内容，也在狐媚的叙事模式下发展为采补的另一条线路。

狐媚的情形与狐魅明显不同。

《广异记·王璇》写宋州刺史王璇，年轻时仪貌甚美，"为牝狐所媚"。家里很多人都见过这个狐狸精，她风姿端丽，不管遇到谁都彬彬有礼，自称新妇，待人接物很有分寸，每至端午或其他佳节，还送礼品给大家，并一一道谢："请多关照!"众人见一个狐狸精如此礼貌，甚觉有趣，都很喜欢她，对礼物也照收不误。后来王璇官当大了，狐狸精就不来了。

《广异记·贺兰进明》也有狐狸精送礼物的情节，只是起初收到狐狸精送的东西大家以为不祥，多焚其物。狐狸精悲泣："此是真物，奈何焚之?"于是人们接受了她的礼物，不再焚毁。这个狐狸精后来居然被人活活打死了。

这两则故事虽没有具体展示狐狸精的媚术，但明确了狐与人之间存在着完全正常的两性关系。狐狸精不仅与男人相安无事，而且极力讨好其家人仆隶，时常施点小恩小惠。狐狸精也不再隐形，而是正式登台亮相，长得仪貌娇美，风姿端丽，敛容致敬，应答有礼，一副温良娴静的气派。尽管如此，人们对狐狸精的担忧还是很难完全消除。王璇任高官后，狐狸精便离开了，作者以为"盖其禄重，不能为怪"，意思是说狐狸精也怕大官，王璇的官当得大了，她就不敢来捣乱了；言下之意，这个狐狸精尽管模样漂亮，做事得体，但终究还是要"为怪"的，不会那么清白无辜。贺兰进明家的人先是把狐狸精送的礼物视为不祥之物烧掉，狐狸精被别人打死后，他们也不见悲悼，更没有人去为其讨说法，只有一句无情无义的结语："自尔怪绝焉！"

所以，在人性化的媚局中，狐狸精需要改变行为方式，不能总是弄得男人女人鬼哭狼嚎；人类也需要调整态度，不能总是对狐狸精随意打杀。如此这般，才会有情色交织的动人故事出现。唐人沈既济的《任氏传》一扫魅之妖气，弘扬媚之人性，在"狐媚"叙事的发展史上有着开天辟地的意义。这篇长达三千多字的小说，开篇场面就很香艳：

长安穷帅哥郑六与落拓公子韦崟去新昌里饮酒，韦骑白马，郑六骑驴。两人分手后，郑往南行，看见三个女人，其中一白衣女子长得非常漂亮。郑六有贼心少贼胆，赶着驴忽前忽后地打量。谁知白衣美人也不是淑女，媚眼一个接着一个抛。郑六受到鼓励，大胆搭讪："妹妹如此漂亮，为何徒步行走？"女子道："你有乘骑不让给我，我只好步行咯！"郑六说："冤枉啊，我是觉得这驴档次太低，不配给妹妹代步。既然妹妹不嫌弃，只管拿去，我来当驴夫！"男女几人哈哈大笑。

白衣美人便是任氏。当晚，郑六受邀入住任宅，任氏姐妹举酒款待，酣饮极欢，夜深而眠。郑六真是乐不可支，觉得任氏之妍姿美质、歌笑仪态，均非人世所有。

天未放亮，任氏催促他离开，说兄长在南衙当班，白天回家，不宜见陌生男人。郑六依依不舍，约好再见日期，匆匆离开任家。到了街口，见巷门未开，他便走进旁边一家小店吃早点，顺便问店主人："东边那大宅子里住的谁家呀？"店主答："东边是荒地，没住人。"郑六刚从任氏的热被窝里出来，根本不信店主的话，还和他争执起来。突然，店主醒悟："我明白了！那里有只狐狸精，常常出去诱惑男人留宿，我还见过三次呢！你肯定是遇到狐狸精了！"

第二天，郑六返回去查看究竟，只见土墙车门依旧，里面却是蓁荒废园，哪里还有前夜的温柔之乡！他这才相信，真的遇到了狐狸精。

但任氏太美丽动人了，郑六怎么也忘不掉她的容颜，只想再见一面，因此天天在市场里转悠。真是苍天不负有心人，十几天后，他终于在西街衣市给找着了！任氏自知身份败露，以扇障面，羞于见他。反而是郑六指天发誓，"词旨益切"，非要再续情缘。任氏道："既然你如此情真意切，那我就实话告诉你吧，我是狐狸精没错，但我不会害人。你若不弃，我愿终身陪伴！"郑六于是租房置家具，将任氏金屋藏娇。韦崟等酒肉朋友贪恋任氏之美，经常上门打扰。任氏和光同尘，无所不至，唯不及乱性。后来郑六在外地谋得一职，欲携任氏同往。任氏明知此去大凶，但经不住郑六和韦崟的恳请，随郑而行，结果途遇狩猎，被一苍犬追毙，香消玉殒。

长安新昌里的郑、任初会，是一出典型的狐狸精媚局。任氏有惊人之貌，对郑六欲擒故纵，最后诱入幻化的深宅，共度良宵；但之后的情节完全成了一个动人的爱情故事。这篇传奇表现了全新的人狐两性关系：在郑六一方，对妖精的惧怕与厌恶已消失得无影无踪；在任氏一方，对于郑六也是一往情深，因确认自己不会伤人，才对郑"以奉巾栉"。后来郑六欲携任氏赴官，她情知必死，还是随郑前往，结果毙于犬口。

任氏是一系列新狐狸精形象的滥觞，后来《青琐高议》中的小莲，《聊斋志异》中娇娜、青凤、莲香等，都是基于任氏模式发展出来的。其共同的特点就是美丽善良，忠于感情，贤于持家，既无害人之心，也无害人之实。任氏是历史上最美丽动人的狐狸精之一。按沈既济的交代，这是个听来的故事，但作者显然进行了大量创作，任氏身上保留的妖性已经很少。任氏的身份对于郑六，处于妓、妾之间，两人的悲欢离合似乎也反映了那个时代的某种男女关系。这说明在狐狸精的"媚化"过程中，文学审美意识起到了至关重要的作用。从"狐魅"到"狐媚"的过程，是狐狸精故事由民间传说向文人创作的提升过程，也是人狐之间的性关系主题由妖性化向人性化升华的过程。

三　狐狸精的性别

在现代汉语语境里，"狐狸精"就是指风骚善媚的女性。但古代的狐狸精并无十分明确的性别定位，而且越往上溯，这个概念与性别的联系就越不固定。

最早一批出现在《搜神记》里的狐狸精是有男有女的，如阿紫、句容村妇为女性，胡博士和狐书生则是男性。当时一些理论表述也如是说，《玄中记》云："狐五十岁能变化为妇人，百岁为美女，为神巫。或为丈夫与女人交接，能知千里外事。善蛊魅，使人迷惑失智。"直到明代冯梦龙的《三遂平妖传》，这个基本观点仍未改变："看官，且听我解说狐媚二字。大凡牝狐要哄诱男子，便变做个美貌妇人；牡狐要哄诱妇人，便变做个美貌男子。"

《太平广记》收录的狐媚故事，不少就是男狐媚女人，如《会昌解颐录》就记有草场官张立本之女为妖物所媚，每晚浓妆盛服于闺中与情人共语。情郎离去，她便狂呼号泣不已。后来服了高僧两粒丹药，她才神志清醒，说宅后竹丛有高侍郎墓，其中有窝野狐，自己就是被那里的狐狸精迷惑了。又如《徐安》讲述渔夫徐安常外出捕鱼，老婆独守空房，被狐狸精媚惑，对他态度异常冷淡。徐安是聪明人，知道肯定有事，于是夜里假睡，留心屋里的动静，见老婆半夜偷偷摸摸化妆打扮，二更时骑着竹笼从窗口飞出去，拂晓又飞了回来。次夕，徐安把老婆关起来，自己怀揣利刃坐在竹笼上等待。二更至，竹笼从窗口飞出，把他带到一处山间会所，那里帷幄华焕，酒馔罗列。座中有三个英俊少年，徐安拔剑乱砍，少年们猝不及防，被杀死于座下，正是三只老狐。

即便是到了"妓皆狐"的清代，仍有不少狐男媚女的故事，如前文所举蒲松龄的《聊斋志异·贾儿》，纪晓岚《阅微草堂笔记》中的流氓男狐就更多些。《滦阳消夏录五》记一中年女仆为狐所媚，晚上脱得一丝不挂，从窗户爬出去，在走廊里与狐狸精淫乱。《姑妄听之二》记一个十三四岁的少女被狐狸精迷住，每夜同处一室，笑语媟狎，宛如情侣。该女孩虽然迷恋狐狸精，行为言谈却如常人，比《太平广记》中那些被狐狸精迷媚的女子表现要好许多。

唐宋以前，对什么性别的狐狸精变什么性别的人这点似乎并没有讲究，胡乱变过去就是。但狐狸精故事越往后发展，精细化程度就越高。很可能从明代开始，写故事的人就注意到了这个问题，冯梦龙就明确说雄狐变男人，雌狐变女人。这种对应性别的变化，遂成为一般情况下能被接受的原则。但狐狸精既然修炼得道，能由兽变人，便没有什么铁律限定他们只能变成男人或女人。尤其是那些所谓"通天之狐""千岁之狐"，神通广大，男人女人都能变。这样的狐狸精首先出现于明代的《狯园》，说的是苏州商人汪某，在淮阴嫖宿了一个妓女，并将此女带回家。三年之后，汪某病重，父母将他移居佛寺养病。谁知此女子又变成个小鲜肉在汪家淫乱，百方禁断，终莫能制。最后有异人来访，持符剑才收了该狐妖。

清代《耳食录》作者乐钧，对这种忽男忽女的狐狸精尤有兴趣，写过两则特别香艳离奇的故事。

第一个故事中的狐狸精叫胡好好，出场时是女性，淡妆素服，袅娜而行，在湖边勾引男人，不久便遇见了出来猎艳的何书生，两人对了几句诗文，勾搭成奸。何某性情风流，老婆张氏却妒忌心重，他为了养小三胡好好，就在外面租了房子，以安心读书为由住在外面不回家。时间久了又怕老婆起疑心，他便回家点个卯，敷衍老婆一番。离家门数十步时，看见一个俊俏书生直接进了大门，何生心头一紧，蹑手蹑脚跟了进去，只听得老婆在里面发嗲："胡郎来了，我正想你呢！"随即，两人白昼宣淫。何生大怒，高喊捉贼冲了进去，掀开被子，奸夫回眸一笑，何生顿时惊呆——居然是胡好好！何妻见情夫突然变成了美女，也目瞪口呆。两人正不知所措，好好又变成了男子，继续奸淫张氏。何生回过神来，冲上去想把二人分开，少年又成了好好。何生忽然变得身不由己，侧身于二女之间。胡好好通吃了这对男女，方才整衣下床，举手高揖道："吾去也！"化为野狐腾跃而去。

第二个故事中的狐狸精是一对兄妹，狐妹叫阿惜，因为其兄和金陵词人萧生是朋友，就嫁给了萧生。婚后不久，阿惜吐露真情：兄妹二人以及家里的丫鬟都是狐狸精，而且兄亦能为女，自己亦能为男。萧生觉得这太好玩了，就要阿惜变个男人看看。阿惜一番动作，果然变成面如冠玉的娈童。但这个狐狸精操守严明，抨击了几句同性恋，又变回了阿惜。次日，狐兄来访，对自己隐瞒身份一事表示道歉。萧生心思全不在此，附耳对阿惜说："要你哥哥也变成女人好不好呀？"阿惜拉狐兄到一边转达老公的想法，狐兄点头答应，走到帘子后面，转身出来便是一个花颜云鬓、浅黛低鬟的美女。萧生进一步死皮赖脸央求阿惜做媒，要狐兄变成的美女也嫁给他。从此萧生坐拥双美，好不得意。因妹妹叫阿惜，新美人的名字就叫阿怜。

狐狸精这种变幻术还能施之于人，令其变性。《耳谈类增·狐术女变男子》记麻城人李承周女儿被狐狸精迷媚多年，李家无奈，就找了个夫家打算把女儿嫁出去完事。迎娶之日，狐狸精忽然对李家人说："你们家女儿是个男的，嫁出去干吗？"李家上下大惊，立马对女儿体检，果然是个男的。李女欲嫁不成，干脆着起男装招摇过市，还奸淫妇女。某日，李氏逛街看见围着一堆人，就凑上去看热闹，谁知里面是武林高手毛自龙。狐狸精气场被压制，李氏显出女子原形。官府将她打入大牢。狐狸精又在牢里庇护她，还迷奸囚犯和管理人员，搞得监狱里乌烟瘴气。官府无计可施，将这扫把星释放了。李氏出狱后嫁给了一个山里人，狐狸精居然上门寻衅，弄死了她老公。李氏只好又回娘家，狐狸精大约玩腻了李氏，从此不再上门。

从狐狸精性别的占比看，直到唐代中期，狐男狐女的比例还是比较均衡的，之后才出现了明显倾斜，女狐的数量和质量越来越超出男狐。

宋元时期的《青琐高议》《夷坚志》《续夷坚志》等书收录的狐媚故事，其主角几乎全都是女性。至清代《聊斋志异》，女狐狸精群体出场，更是红颜飞春，衣香袭人，我们随便就能列举出娇娜、青凤、莲香、巧娘、红玉、颠当、青梅、小翠、胡四姐、辛十四娘等一系列动人心魄的狐女形象，同级别的狐男却很罕见。

　　狐狸精形象女性化的转变，首要的原因就是文化基因。如前所述，狐何以成为"淫兽""媚兽"很难考证，《名山记》有一个莫名其妙的解释："狐者，先古之淫妇也，其名曰阿紫，化而为狐。故其怪多自称阿紫。"作者的意思不是狐变成了人，而是淫妇变成了狐！如此，狐的身体里便先天隐藏"淫"的基因。即便冯梦龙笔下牝狐化为的男子，手段也是"哄诱"，而非强暴，带有明显的阴柔特征。"淫"与"媚"的概念，在中国古代文化中更多是和女性相联系，这与"淫妇化狐"的观念一脉相承，南唐人谭峭也说："至淫者化为妇人。"

　　其次，狐狸精形象的女性化转变也是任氏、妲己等形象的符号化效应使然。明清之前的文言小说中，狐女影响力之大莫过于阿紫和任氏，后世文章谈狐狸精家谱，常举此二人为例。《封神演义》的妲己和《聊斋志异》的青凤、婴宁等形象出现之前，阿紫和任氏几乎就是狐狸精形象的代言人。同时期的男狐虽然不少，却没有出现能与之匹敌的生动形象。元明时代，狐女常成为话本小说的主角，特别是成书于元明时期的《武王伐纣平话》和基于此书而成的《封神演义》，主角妲己集妖媚、淫荡、阴毒于一身，成为空前绝后的狐狸精形象。上述几个超级狐女的符号化效应，对以后狐狸精形象的女性化无疑具有促进作用。之后如《二刻拍案惊奇》的假马家小姐、《三遂平妖传》的胡媚儿、《妖狐艳史》的桂香仙子和云香仙子、《狐狸缘》的月素仙子、《绿野仙踪》的赛飞琼和梅大姑娘等，个个艳色惊人，风媚入骨。晚清小说《九尾狐》虽然不是写狐狸精，但其突出特点就是把妓女当作狐狸精来写的。话本小说出于市井，流于民间，受众面广，对人们的思想观念有很大的影响。狐狸精在世俗观念里最后定格为妖媚的女性，与这些小说的传播关系很大。

狐狸精形象女性化转变的第三个原因，就是中国古代妓女文化的影响。狐狸精因为"媚"和"淫"的本质性格特征，比较容易和妓女文化形成某种程度的固定联系，即便如蒲松龄这样对狐狸精情有独钟的男人也说过"妓皆狐也"，同样的表述还有《萤窗异草·大同妓》中的"妓亦狐也。狐而妓，其伎俩必多，将来又不知若何偿还矣"，以及《壶天录》的"人之淫者为妓，物之淫者为狐"。

《九尾狐》有一段关于狐狸精与妓女关系的评论，作者仇妓恨狐的心理，已到了偏执狂的程度：

> 盖狐性最淫，名之曰九尾，则不独更淫，而且善幻人形，工于献媚，有采阳补阴之术，比寻常之狐，尤为厉害。若非有夏禹圣德，谁能得其内助？势必受其蛊惑而死。死了一个，再迷一个，有什么情？有什么义？与那迎来送往、弃旧恋新的娼妓，真是一般无二。狐是物中之妖，妓是人中之妖，并非在下的苛论。试观今之娼妓敲精吸髓，不顾人之死活，一味贪淫，甚至姘戏子姘马夫，种种下贱，罄竹难书。

追根溯源，野狐化妓的故事最早出现于唐代。《广异记》讲述河东人薛迥带着十几个兄弟到东都狎妓，流连数夕，各赏钱十千。有个妓女想告辞先走，薛迥不同意。妓女显得十分焦躁，拿着赏钱强行出门，薛迥吩咐守门的不准启锁。妓女找到一处水沟，变成野狐爬了出去，赏钱也没带走。

放在整个唐宋传奇的背景中看，这个故事并没有什么特殊的意义，狐狸精变成妓女，就像其变成村姑、民女、富家小姐，只是偶然的事件。但此后狐狸精的女性化趋势，却与中国的娼妓发展史形成了照应。

娼妓卖淫是一种很古老的社会现象。在唐代以前，中国的娼妓主要是官妓和营妓，有统一的管理机构，有规定的服务对象，这种情形下，娼妓对社会风气的影响是有限的。随着大唐盛世的到来，商业交往日益增多，都市生活空前繁华，市妓便应运而生。她们身份自由，成群结队地出现在城镇各阶层的男人面前，轻歌曼舞，仪态万千，多情的文人和多金的市民，焉能不神眩目转，魂销魄荡？"俱邀侠客芙蓉剑，共宿娼家桃李蹊。娼家日暮紫罗裙，清歌一啭口氛氲。"卢照邻的《长安古意》就是对这种生活的真实写照。

两宋的都市生活更加多姿多彩，不论北宋的卞京还是南宋的临安，妓女的规模与活动范围都超过了唐代。一些名妓还到勾栏里唱戏，而看妓女唱戏也成一时风尚，影响之大，据说连拥有三宫六院的宋徽宗也时时跑到宫外找李师师吃点野食。明代干脆废除了地方官妓，花花世界终于进入了一个由市妓主宰的时代。明中叶以后，思想界以纵情而求个性解放，市妓的发展更是到了空前的水平。北京、南京等大都市盛行评花榜，由名流士人对妓女评头品足，定出次第，每一发榜，则是嫖界盛举，民间喜事。清代满人入主中原，花榜很快被承袭下来，形式一如明代，《清稗类钞》记开榜之时"倾城游宴""倾城聚观"，可见其盛况。

由于明清娼妓之多、嫖风之盛，于是《青楼韵语》《嫖经》这样的书也应运而出。这些书完全以男人的眼光对妓女进行研究，对嫖的技巧做了全方位的探讨。妓女作为一个阶层而存在，产生了越来越大的社会影响，她们的专业技术就是"媚"——用各种手段诱惑男人。这样的社会现实，很容易投射到已经符号化的狐狸精身上。

对于狐狸精的女性化，还可以有一个精神分析学的解释。荣格在分析人类的无意识时，发现男人女人都有一个"灵魂意象"。男人的灵魂意象表现为阴性特征，叫"阿尼玛（anima）"，女人的灵魂意象呈阳性特征，叫"阿尼姆斯（animus）"。在男人的无意识当中，通过遗传方式留存了女人的一个集体形象，借助于此，他得以体会到女性的本质。而狐狸精在古人的心目中，显然有阿尼玛的性质。那么，女人心目中的阿尼姆斯呢？中国古代的文学作品基本上都是男人创作的，他们只会不由自主地表现自己心里的阿尼玛。正如荣格《金花的秘密》中所阐述的：中国的哲学家免去了一些西方心理学家要面对的困难，因为中国哲学和所有的古代精神活动一样只是男性世界的组成部分。中国哲学的概念从来没有以心理学的方式理解过，所以也从没有人对其在女性心灵中的适用度进行过考量。

在狐狸精女性化的过程中，任氏的出现是一个历史节点。此前，从来没有哪个狐女被表现得如此生动饱满，艳光四射。考察众多唐传奇作品，可以发现一个有趣的现象：其中很多名篇如《霍小玉传》《李娃传》《任氏传》《柳氏传》《莺莺传》《谢小娥传》《红线传》《聂隐娘传》《烟非传》《无双传》，以及稍后的《李师师传》等，都是以女性为绝对主角；而《虬髯客传》《柳毅传》《长恨歌传》等作品虽不以女性为第一主角，女性形象的分量也十分突出，因此，美女、侠女、义女、妓女、才女、狐女、神仙女在唐传奇中如春花般绽放！

为什么会这样？因为此前的一百年，正是女性在中国历史中最具影响力的一百年。

《任氏传》作者沈既济约生于750年，出生后不久，即爆发安史之乱。而这个让唐帝国由盛而衰的大事件，很多人认为是由一个女人引发的，这个女人就是杨玉环。

唐玄宗在位四十五年（712—756），前三十年号先天、开元，后十五年号天宝，一生功过明昏大致也可以此为分野。前三十年他是英明睿智、发奋有为的皇帝，一手将大唐送上了盛世巅峰，国势强盛，百姓富庶，"稻米流脂粟米白，公私仓廪俱丰实。九州道路无豺虎，远行不劳吉日出"（杜甫《忆昔二首》）。当大唐的年号由"开元"改为"天宝"时，玄宗已是花甲老人，"享国既久，骄心浸生"。他本来就是个风流皇帝，后宫佳丽之多，《新唐书》称有四万。他还不满足教坊的丝弦歌舞，又在宫中专门设立了一个叫梨园的乐舞机构，养数百宫女，专习演奏歌舞，供其观赏享乐。天宝三年（744），发生了一件无论对于玄宗个人，还是当时民众、官吏文人，乃至唐朝历史都很重要的事件——杨玉环被封为贵妃。玉环本为寿王妃，与玄宗是翁媳关系，然而玄宗发现此女后，"爱之发狂"，逼其进入道观成为道姑，号"太真"，然后再娶为妃子。以玄宗性情，为帝三十多年早已览尽春色，什么样的女人没见过？什么样的女人弄不到手？现在却为了一个杨玉环而使出这样一连串下作的手段，此女的姿色魅力真是难以想象！

作为一代明君，玄宗在得杨玉环之初，未必就真的"从此君王不早朝"了，但从此更加纵情声色，流连风月，应该是不争的事实。不久，玉环的三个姐姐也先后被封为韩国夫人、虢国夫人和秦国夫人，这三个女人都生得貌若天仙，性情风流，每出游则车马壮丽，随从光鲜。她们还经常扈从玄宗去华清池沐浴，各为一队，穿不同颜色的衣服，玉肌映日，花枝招展，成为咸阳道上的一大奇观。可以说，唐玄宗和杨贵妃在一起的日子，是唐代乃至中国历史上最风流至上的时代，女色对社会生活的影响超过历史上的任何时期，所谓"遂令天下父母心，不重生男重生女"。连李白都禁不住写出了《清平调》这种吹捧杨玉环的媚诗："云想衣裳花想容，春风拂槛露华浓。若非群玉山头见，会向瑶台月下逢。"

"上有所好，下必甚焉。"大唐盛世是一个开放的时代，包括性观念也空前开放。唐玄宗和杨贵妃的风流韵事流播朝野，文人士子竞相效尤，迷醉于温柔之乡，徜徉于烟花之地，狎妓纵情，成为一时风潮。

而玄宗临朝之前，则有韦后之乱。景龙四年（710），唐中宗皇后韦氏与安乐公主合谋毒死中宗，临朝摄政，立李重茂为帝；又任用韦氏子弟统领南北衙军队，并欲效法武则天，自居帝位。其时李隆基（即后来的唐玄宗）为临淄王，与太平公主（武则天女）发动禁军攻入宫城，杀韦后，迫退少帝，立相王李旦（李隆基父）为帝，夺得天下。

再上溯数年，便是武则天时代。从麟德元年（664）武则天与高宗李治二圣临朝，到神龙元年（705）去世，她充当唐王朝实际上的最高统治者长达四十年。作为中国历史上唯一的女皇帝，武则天的文治武功颇值称道，但其毒辣的权术手段和放浪的个人生活也多为人诟病；尤其是统治后期，宠信面首张易之、张昌宗兄弟，引得众叛亲离，最后导致神龙之变，自己被迫退位，张氏兄弟也身首异处。

从664年武则天获得统治权，到756年唐玄宗在马嵬坡被迫缢死杨玉环，将近一百年的时间，武则天、韦后和杨玉环三个女人连续不断地在国家的政治生活中发挥空前作用，产生巨大社会影响。则天、玄宗两朝都始治终乱，韦后更是杀夫夺权，三个女人的一百年，似乎又在印证"牝鸡司晨，天下必乱"的古训。武则天称帝之时，就被骆宾王斥为"掩袖工谗，狐媚偏能惑主"；杨玉环在很多人眼中更是不世出的红颜祸水，是唐王朝由盛转衰的诱因。

带着妖媚的生存密码和文化基因，又际遇百年之久的女色盛世，任氏们的闪亮登场，代表着狐狸精女性化时代的到来。

四　媚术与迷局

既然狐狸是天生淫兽，人们便相信它身上具有某种特殊物质，可以产生强大的迷惑作用。

《广异记》有则故事，讲少年刘众爱喜欢张网捕猎，某日捕住一只狐狸。村里老和尚告诉他狐狸口中有媚珠，弄出来给女人佩戴，能得丈夫厚爱。老和尚还教给他取媚珠的法子——把小口瓶埋在土里，露出瓶口，投入两块热腾腾的烤肉，再捆住狐狸四足吊在瓶子上面。狐狸想吃肉，却伸不进嘴，只能在瓶外流口水。瓶里的肉冷了，再放两块热的进去，狐狸又馋得流口水，如此数次，直到狐狸口水流尽，乃吐珠而死。这颗媚珠状如棋子，又圆又亮。刘众爱是有孝心的好孩子，把媚珠送给了母亲。刘母戴上这枚珠子，夫妻关系立马大不一样。

从这则故事看，媚珠显然与狐狸口里的哈喇子有关系，所以到了后来，取媚珠就成了直接取口水。南宋曾敏行《独醒杂志》记录过取狐狸口涎之事，程序和刘众爱取媚珠差不多，也是把小口瓶埋在野外，瓶中投肉，狐狸欲食不能，哈喇子直流。后面的程序就不一样了，取出浸满狐涎的肉块晒干，这就是迷幻药。这肉干的药效与媚珠稍有不同，它不单单是媚药，而是"使人随所思想，——有见，人故惑之"，感觉更像一种致幻剂。

按照这个思路再进一步，狐涎就直接成了媚药。冯梦龙《三遂平妖传》之狐女胡媚儿善媚，媚了道士媚土匪，还到宫里媚太子，其情状如下：

> 媚儿去了兜头布儿，把嘴脸一抹，变成年轻美貌一个绝色的宫娥。忽地偷得来一个盘茶、一个银碗，吐些涎沫在内，口吹气，变成香喷喷的热茶。原来狐涎是个媚人之药，人若吃下，便心迷意惑。不拘男女，一着了他道儿，任你鲁男子难说坐怀不乱，便露筋祠中的贞女，也钻入帐子里来了。媚儿捧了茶盘，妖妖娆娆的走出后堂，恰待向前献与皇太子……

但胡媚儿这次没能得逞，皇家的后堂供着关帝爷呢！这英雄爷们儿实在看不下去了，抽出青龙偃月刀当头劈下，把个胡媚儿劈得脑浆迸裂——一场宫廷色诱阴谋就此了结，但狐狸精的哈喇子作为犯罪证据首次被记录在案，冯梦龙做了明确定性："狐涎是个媚人之药。"

从媚珠到口水，狐狸精身上的催情物有不同的表现形式。媚术炉火纯青的狐狸精甚至可以完全不用这些物质，只凭简单的触碰，就能撩发情欲。《聊斋志异·嫦娥》是个很符合花痴男胃口的故事：太原人宗子美有一妻一妾，妻嫦娥是仙女，不仅貌美，且擅长化装表演，一会儿扮杨贵妃，一会儿扮赵飞燕，风情万种。妾颠当是狐狸精，雅丽不减嫦娥，而媚功更胜一筹，表演时充当配角。一日，宗子美又在家里开化装舞会，嫦娥扮观音打坐，颠当扮侍女跪拜。玩着玩着，小狐狸精见大娘子笑得忘乎所以，心里可能产生了一些醋意，想使点坏，就低头在嫦娥的脚尖上轻轻咬了一下。嫦娥正笑呢，忽觉一缕媚情自脚趾生出，直达心房，顿时神荡思淫，不能自已。但神仙毕竟是神仙，她立刻明白发生了什么，运气敛神，压住冲动，大骂颠当："小狐狸精找死，发骚也不看看对象！"颠当磕头认罪，嫦娥仍大骂不已。宗子美不知俩女人间发生了什么，见嫦娥责骂不已，觉得有些过分，就站出来打圆场。嫦娥说："老公你有所不知，颠当狐性不改，刚才我就差点被她戏弄了！如果不是我根基深厚，非当众出丑不可！"嫦娥是仙子，被狐狸精小施手段，尚且春情勃发，不能自已，试想凡夫俗子遭遇狐狸精之媚，焉能抵挡？

狐狸精身上虽有各种超级春药，但如果逢媚必施，则如《水浒传》里的孙二娘开店，对一切好汉都用蒙汗药麻翻，手段过于原始，程序过于单调，显不出能耐和智慧。聪慧如狐狸精者，能根据不同的对象施以不同的媚术：对好色者示之色，对贪财者施以财，对文人雅士还能高谈诗文——这可是狐狸精的强项，有《谐铎·狐媚》的故事为证：

宁书生性情孤傲，学习认真，天天"啃书"。溽暑时节借邻居废园苦读。别人告诉他园中常有狐狸精出没，他颇不以为然："这又何妨？狐狸精所以媚人者二：贪淫者，媚以色；贪财者，媚以金。我两无所好，只爱读书。狐狸精即便善媚，又奈我何？"当晚果然有狐狸精造访，宁生假装睡觉。狐妹妹首先上的是常规手段，对书生叹息："哎，书中自有颜如玉，你呆头呆脑，只会读死书，全不知乐趣！"小宁同学心中立刻升起一股优越感，脱口便骂："骚狐狸，不知羞耻，还敢和我谈读书！"狐狸精发现这小子比较另类，马上改变方略，谈起了学问，从大禹娶涂山氏讲到《山海经》。宁同学没想到狐妹妹的学问如此高深，肃然起敬，说："我一直把你们当不齿之伦，没想到妹妹这般有学问，愿为书友！"狐妹妹羞涩地点点头，答应了。于是，二人晨涂暝写，谈书论道。一日，学习《周易》，狐狸精忽然扑闪着大眼睛问："'有天地'一章作何解释？"宁书生解来解去，就解到了男女交感、夫妻之道。狐妹妹又追问："男女构精，万物化生，又作何解？"言毕，星眸斜睇，杏靥微红，有定力的宁书生此刻终于魂摇志夺了。

小宁不学坏则已，一学坏便不可收拾，半个月之后就弄得筋疲力尽，一病不起。临死之前，他流着眼泪把自己的经历告诉了朋友。朋友叹道："高手啊！以色媚人者，色衰爱弛；以财媚人者，财尽交绝。如这样投其所好、随机应变的媚术，才真是防不胜防！"

狐狸精的必杀技是变幻身形，因此"幻媚"也是狐狸精最常用的媚术，其表现形式很多。

先举一个"隐形施媚"的案例。《阅微草堂笔记·如是我闻一》

记载，沧州海边的村子里，有个十四五岁的牧童，长得白皙清秀。一日，在野外午睡时觉得背上趴了个东西，但看不见摸不着，问话亦不答。牧童心里害怕，跑回家告诉父母。父母也无可奈何。数日后，父母渐渐发现儿子好像在与人亲热，继而喃喃自语，接下来就如花痴病发作，自我表演，不堪入目。老两口急得要命，到处求救。一位私塾先生说可能是被狐狸精缠住了，要他们在家里藏只猎犬，待儿子发作时就放出去。他们照着这个法子做，果然看见一只狐狸从儿子身上跃起，哗啦一声破窗而去。

再举一个"托形施媚"的案例。据《阅微草堂笔记·滦阳续录一》载，某书生赴京应试，住西河客舍。房间里挂着一幅侍女画，风姿艳逸，栩栩如生。书生根本没有心思读书，整天对着画中人遐想。一天晚上，美女忽然从画中翩翩而下。书生虽然知道是妖物，但相思已久，早生爱意，便与画中人缠绵嬿婉。考后放榜，他自然名落孙山。这哥们也不在意，买下这幅画南归，回家后，把画挂在书房里，对着画呼喊，但画中美女并没有应声而至。书生于是夜夜对画发痴，三四个月之后，美女居然又从画中翩翩而下。两人倾诉相思，共与缠绵，以致纵欲无度。书生瘦得皮包骨头，其父才觉得问题严重，请来茅山道士驱妖。道士对墙上的仕女图观察良久，说："这画没有问题啊，媚惑你儿子的妖物肯定不是画中之物。"于是结坛作法，次日，发现一只老狐死于坛下。道士解释：年轻人对画中美人有了邪念，狐狸精就变成画中人乘虚而入。但京城和家里是同一个狐狸精呢，还是不同的两个狐狸精，道士也说不清楚。

除隐形、托形外，狐狸精更为高级的幻媚术是设计梦境，让人不知不觉进入媚局。《夷坚志·应试书院奴》中有这样一个故事：宋代绍兴年间，家仆戴先随主人在书院读书。晚间，一漂亮丫鬟进屋相就，共榻至晓而去。问她姓甚名谁，只说是下人，不必问姓名。从此每夜必来，天明乃去。但这对男女之间并没发生什么事儿。戴哥要小丫鬟脱衣，她不肯；想摸摸她的酥胸，她也不肯；要她嫁给自己，她说有母亲在，得让母亲来面试。一日将晓，小丫鬟牵着小戴的手出门，笑道："我和你上树耍去！"两人忽然就站在了一根树枝上，还没玩耍呢，小戴一头栽下，"身乃在床，恍惚直如梦里"。主人觉得不对劲，请法师设坛驱邪，结果发现是一大一小两只狐狸作祟。

这个故事是通过小书童之口讲述的，情节更像是他的一个梦。但后面的法师驱狐情节又使这个梦境变成了狐狸精设的媚局，只不过这场幻媚显然还比较粗糙，只能算个热场的小品。后来蒲松龄创作《狐梦》，才达到亦幻亦梦亦真的完美效果，幻媚便成了大型情景剧。

《狐梦》讲的是蒲松龄的朋友毕怡庵的故事。此人身材矮胖，满脸胡子，但性格潇洒，倜傥不群。他经常读《聊斋志异》，尤其喜欢《青凤》，对弱态生娇、秋波流慧的青凤心向往之。一个夏日，老毕当户而寝，睡中感觉有人摇他，睁眼一看，原来是个年逾四十但风韵犹存的妇人。她笑道："我是狐狸精，蒙君天天想念，特来看看你。"老毕天天想着青凤，没料到来了个中年妇女。见妇人模样儿也还俊俏，他便来者不拒，大胆拥抱。妇人说："我年龄大了，纵然你不嫌弃，我还有自知之明。我有小女年方二八，可以陪你，晚上我带她过来。"老毕读《青凤》，不料就真的读来了颜如玉。晚上他独坐一室，焚香而待。不久，妇人果然领来一个态度娴婉，旷世无双的小狐狸精，吩咐道："你与毕郎有夙缘，留这儿陪他吧。明儿早些回家，不要贪睡。"小狐狸精很听话，天没亮就走了。

第二天傍晚，小狐狸精又来了，说姐妹们要开派对贺新郎，老毕便跟着她至一院落，只见灯烛荧荧，恍若仙境。大姐、二姐、四妹都来了，个个貌若天仙。二姐拿出一个弹丸大小的盒子，盛了酒要老毕喝。他一看才这点儿酒，便想一干而尽，谁知连吸了一百多口，也没把小盒子里的酒喝完。这时，小狐狸精拿来一个杯子换下了盒子，说："别傻了，喝不完的，二姐戏弄你呢！"小盒子放到桌子上，顿时变成一个巨盆。老毕把杯中酒喝干，拿着杯子把玩。杯子在他手里越来越软，最后竟变成了一只精致的罗袜。二姐劈手夺过，骂道："好你个三妹！什么时候偷了我袜子去？怪不得脚上凉飕飕的！"

　　夜阑兴不尽，狐三妹带着老毕离席，送到村口便让他自己回家。老毕在黑夜里有些茫茫然，忽然醒悟——一场欢宴竟是梦境！但鼻口醺醺，酒气犹浓，梦耶真耶，毕怡庵已陷入云里雾里了。

　　蒲松龄的"狐梦"做完了，他的思路启迪了后人，于是有人上演了一场更加离奇荒诞的"《红楼》狐梦"。

　　故事主角梁念弼是国子监的学生，也是读《青凤》入迷，一天到晚想见狐狸精。他在院里挑了间最偏僻的房屋住下，名义上读书备考，实则等待狐狸精的出现。但他的运气没老毕好，狐狸精并没有如期而至。于是他忧闷寡欢，对《青凤》有些失望，开始翻《红楼梦》消遣，正读到林黛玉作风雨词之章，竟真的下起雨来。梁兄昏昏睡去，不知不觉至一处，千杆竹黑，半窗灯红。他驻足侧耳，听得屋里有动听的女声吟诗，便上前叩门，里面传来说话声："紫鹃，夜深雨大，除了宝玉，还有谁来访我？"梁兄一身透湿，踉跄欲行，忽然看见两个美貌丫鬟提着灯笼过来，见了他就埋怨："宝玉，何事冒雨夜出，急死我们了，到处找你！"梁兄以为她俩认错了人，但也就将错就错跟着她们走。不一会儿，至另一院落，丫鬟喊道："宝玉回来了，袭人姐姐快开门！"门开，众丫鬟一边手忙脚乱地迎他，一边心疼地埋怨："小祖宗，冻坏了吧！"他虽然心里发虚，还是壮起胆子装宝玉，吩咐上酒。于是晴、秋、碧、麝众美围饮，袭人整理湿衣没有入席。酒酣性乱，联床共被而卧，不亦乐乎之际，忽然听见喊声："芳官掉床下了！"梁兄惊醒，原来是艳梦一场！

本想见见青凤，没料到去大观园逛了番窑子，梁兄颇感惬意而神秘。第二天他如法炮制，又翻开《红楼梦》读菊花诗会一章，果然就有小丫鬟莺儿来请："姑娘们已等很久了！"假宝玉大摇大摆去参加菊花诗会，大观园名钗基本到齐。假宝玉最想见的人当然是黛玉啦！但假宝玉不是贾宝玉，他并不认识这里的林黛玉，怕认错了人，正犹豫呢，就来了一个美人，"春兰其品，秋芙其貌，眉黛微颦，眼波欲泪"——不是黛玉是谁！假宝玉亲热地喊了声"林妹妹"，正卿卿我我之际，忽有人报老爷来了——不是贾政，而是梁念弼老爸派人从福建捎书信回来了，梁兄蓦然梦觉。惊出一身冷汗的梁兄坐起，连老爸的书信也不看，连忙记录梦中菊花诗会的诗句，但众美女吟诗太多，记录不全。晚上他又翻《红楼梦》，这次却不灵了。他急得五爪挠心，不断翻书，却再也找不回这个艳梦。

从此梁兄变得神经兮兮，不是瞠目凝思，就是拿大顶、说梦话。这哥们性情本来就落拓不羁，所以伙伴们也不以为怪。到了重阳节，伙伴们拉他去陶然亭饮酒散心。宴罢醉归，见书桌上有一纸笺，楷书秀媚，写的就是第一个艳梦中潇湘馆里林黛玉吟诵的那首《如梦令》。梁兄一时恍惚，分不清真假：是自己又入梦中，还是梦中人来到了身边？下半夜酒醒，口渴得厉害，梁兄唤书童泡茶，却没人搭理。他正要自己起身找饮，忽听得楼梯响，梦中众美拥黛玉艳妆而入。从此这个黛玉昼去宵来，和梁念弢极尽闺房之好。其余美女也经常过来，让他奢情艳福享之不尽。

国子监的梁同学很快就瘦了病了。同学们关心询问无果，问书童，说没什么大异常，只是主人晚上睡觉常常梦话连篇。于是大伙强行使他搬了住处。晚上，梁兄梦见黛玉来，告诉他说："我等都是狐狸精，与你有夙缘，故假托《红楼梦》博君一欢。但你太无节制，以致搞垮了身体。从此请别，以证明我等并不是要害人性命。"说罢挥泪而别。最终梁同学勉强在国子监完成学业，但成绩不好，没拿到毕业证。他回家后写了一首词纪念这段艳梦："书梦《红楼》，遂勾我梦。还只道大观园众，谁知阿紫凭空玩弄，徒现做富贵神仙居洞。　　四面戏鱼，双身栖凤。更出梦月迎风送。姻缘乍断，至今犹痛。愿化作鹦鹉潇湘馆弄。"

这个故事出自清人赵季莹的《途说》，是我们所能见到的最大一出狐狸精媚幻剧，也是狐狸精故事中最大的一场意淫。从立意上看，它显然是承袭了蒲松龄的《狐梦》，但又将狐狸精的梦幻媚术放在了《红楼梦》的套子里。对此，作者倒有些自知之明，他在书中曾拟蒲松龄口气作自我批评："妄撰《途说》，虽自别开生面，而终不脱《聊斋》窠臼，未免东施效颦。"当然，也貌似不经意地肯定了自己的"别开生面"——把《聊斋志异》和《红楼梦》糅在一起，集狐狸精与黛玉、宝钗于一身，多任性啊！

五　刀口舔血的风流

狐狸精由魅而媚，基本上可以视为一个由人妖关系往男女关系的发展过程。但狐狸精毕竟是妖精，在两性关系中扮演的角色总不至和人一模一样。而且，人间性事纵欲过度也会伤生害命，狐狸精焉能十分安全？先审个案子：

《湖海新闻夷坚续志·狐恋亡人》载，贫民陈承务独居陋室，无钱娶妻。某日，见美貌村妇路过，心里念念不忘。晚上，天使姐姐突然出现在他床前，轻言细语道："其实我心里想和你好也很久了，无奈人多不便，今晚难得清静，特来相访。"陈承务大喜过望，之后与女子朝夕往来，没过多久便"面色黄瘁，感疾而卒"。治丧时大伙发现一只老狐坐在床头，唔呀唔呀地哭。举棺就火，老狐也跟着去，直到火葬完毕方不见踪影。

陈承务之死显然与狐狸精有关系，但作者并未以任何方式指证他是狐狸精害死的。从陈承务死后狐狸精的表现看，她对陈是有感情的，应该没有加害陈的主观意愿。即便狐狸精是陈承务害病死亡的原因，那么到底是因为陈承务本来就体质衰弱兼纵欲过度，还是因为狐狸精的妖精本质害人，谁也说不清。

在《青琐高议·西池游春》的另一个故事里，对这个问题有了比较明确的说法。书生侯诚叔与狐狸精独孤氏相爱，共同生活了很长一段时日。侯生吃香喝辣穿得暖，小日子过得甚是惬意，直到某天遇见孙道士，对方盯着他看了好一阵，说："先生面目异于常人啊！"

侯生愿闻其详，道士二指捻须，讲出一番道理："今子之形，正为邪夺，阳为阴侵；体之微弱，唇根浮黑，面青而不荣，形衰而靡壮，君必为妖孽所惑！你若隐瞒不说，必将死无葬身之地！"侯生着实吓一大跳，但还是未以实情相告。回家后郁郁寡欢，独孤氏问何事忧闷，他便说了遇见道士的事。独孤氏笑道："这些妖道的话你也信呀！你爱我甚重，房事过度，才至于此，哪会像道士说的那么可怕！"言罢从锦囊取出药丸让侯生服食，几月后侯生又见孙道士，道士大为吃惊："上次见你，一副要死的样子。今日之容，反而气清形俊，真是很奇怪耶！"侯生老实交代吃了老婆的药，道士不便多说，叹道："妖惑人也，你却不知底细！"

关于侯生的病因，道有道的解释，妖有妖的解释。但孙道士见到侯生时，并不知道他和狐狸精同居，只看面相，便断言其必为妖孽所惑，而不是纵欲过度——道士的判断表现出了不容辩驳的逻辑力量。虽然独孤氏真心爱恋侯生，虽然她也能让侯生药到病除，但狐狸精与人交接会伤生害命却是铁证如山了。

不过，宋代道士似乎也只是知其然而不知其所以然。"唇根浮黑""面青而不荣"与妖惑有关，但致病的原理是什么呢？孙道士也不太明白。不仅孙道士之流弄不明白，狐狸精自己似乎也很困惑，譬如上述两个故事中的狐狸精都爱自己的男人，都无害人之意，但与男人生活在一起，为何又伤害了对方的身体呢？这种情形直到明代的《剪灯余话·胡媚娘传》还在延续：

狐狸精媚娘嫁与进士肖裕为妾，事长抚幼，皆得其欢心。或有宾客上门，肖裕不须吩咐，酒馔之类随呼即出，且丰俭得当。媚娘稍有闲暇便亲自养蚕抽丝，纺纱织布。肖裕但有疑事和她商量，她都能一一剖析，简直是里里外外一把好手。因此，肖裕对媚娘也十分怜惜，出差前还殷殷嘱咐："多保重身体，不要太累，我还没报答你的好呢！"然而未及一年，肖裕便面色萎黄，身体消瘦，行为颠倒，举止仓皇。左请医生右请大夫，就是治不好这病。最后还是道士尹澹然技高一着，识破媚娘乃是新郑北门老狐精，于是结坛作法，请雷神将狐狸精劈死。他在檄文中数落狐狸精罪状："况萧裕乃八闽进士，七品命官，而敢荐尔腥臊，夺其精气。"此处"夺其精气"，实际上指明了狐媚致病的根本原因。

类似的说法，也出现在明代其他文学作品中：

> 狐千岁始与天通，不为魅矣。其魅人者，多取人精气以成内丹。（《五杂组》）
>
> 好教郎君得知，我在此山中修道，将有千年，专一与人配合雌雄，炼成内丹。向见郎君韶丽，正思取其元阳。（《二刻拍案惊奇》）
>
> （狐狸精）修真炼形，已经三千余岁，但属阴类，终缺真阳，必得交媾男精，那时九九丹成，方登正果。（《蕉叶帕》）

这些狐狸精致人疾病缠身的"取精气""采元阳"行为，就是所谓的"采补"。"采补"之义，指男女通过性交汲取对方元气、精血以补益自己，这种观念源于中国古人对于性事的独特理解。

荷兰学者罗高佩在《中国古代房内考——中国古代的性与社会》中说：人们认为，性交有双重目的。首先，性交是为了使妇女受孕生子，绵延种族……其次，性交是为了让男人采阴以壮其阳，而同时女人也可以因激发其阴气而达到强身健体。秦汉之前，房中术就已流行，《汉书·艺文志·方技略》载房中术流派有八家，葛洪《抱朴子内篇·释滞》则言："房中之法十余家，或以补救伤损，或以攻治众病，或以采阴益阳，或以增年延寿，其大要在于还精补脑之一事耳。"葛洪的这段话基本上厘清了两个问题：解释了采补的概念，明确了采补只是房中术的一部分。

葛洪是神仙道的创始人，下笔万言无非为了教人得道成仙。在他的理论体系中，以采补为主的房中术是与金丹、服气等并列的道术之一，但对于成仙的重要性远在金丹之下。内丹之说兴起，所强调的精气神都是些摸不着看不见的东西，加之讲述这种理论的语言扑朔迷离，常常出现阴丹、阳丹、阴阳交媾、内外双修等给人以丰富想象余地的词语，道士中一些别有用心的理论工作者就将采补和内丹联系在了一起。试想一下，对于饱暖而思淫欲的人，有人告诉他一个法子，既可以纵欲行乐，又可以长生不老，岂不大受欢迎？于是，被房中术改造了的内丹道到明代便风靡社会，庙堂之高，江湖之远，处处有人践行。明代帝王本来就推崇道教，从太祖朱元璋开始就广设斋醮，服食金丹，后来的帝王更多了一项内容，就是大行房中术而炼内丹。宪宗、世宗尤其荒淫好色，深信采补之说。直到清兵入关，崇祯帝自缢景山后，南明小朝廷偏隅江南，仍不忘纵欲行乐。《明季南略》记载："正月十二日丙申，传旨天财库，召内竖五十三人进宫演戏、饮酒，上醉后，淫死童女二人，乃旧院雏妓，马、阮选进者。"

这种被成仙理想包装了的淫乐方式，在民间也大行其道。《二刻拍案惊奇》有"甄监生浪吞秘药，春花婢误泄风情"一段，讲述的就是监生甄廷诏痴迷采补而丧命的故事。甄公笃好神仙黄白之术，

"心里也要炼银子，也要做神仙，也要女色取乐，无所不好"。他请了个叫玄玄子的道士，留在家里研讨内丹采战抽添之法。但甄监生人老力疲，每不尽兴。玄玄子给了他几粒丹药，告诉他："即夜度十女，金枪不倒。"监生自然是喜欢，当晚就吃了丹药搞试验，不料乐极生悲，最后两手一撒，倒地气绝。

狐媚与采补的交融，也是这个时期才出现于文学作品中。

采补的理论本来也讲究阴阳平衡，但是罗高佩认为，古代中国人甚至还得出错误的结论，认为男子的精液数量有限，而女子是阴气取之不竭的容器。因此，男人是采，女人是养；男采女是理所当然，女采男就是伤天害命——可见采补术一旦落到实处，肯定是为男人服务的。至于阴采阳会导致什么结果，我们可看一段《玉房秘诀》的文字：

> 西王母是养阴得道之者也。一与男交，而男立损病，女颜色光泽，不着脂粉。常食乳酪而弹五弦，所以和心系意，使无他欲。王母无夫，好与童男交，是以不可为世教。

西王母看来该是中国最早的女权主义者，大家只说采阴补阳，她偏要采阳补阴，而且手段极高，效果极佳。为了采补而勾引男人的狐狸精们正所谓西王母之亚流，自己"颜色光泽""和心系意"，而"男立损病"。一种只为男人的性娱乐服务的房中术，现在却被狐狸精用来逆袭男人，且动辄使男人们形衰体弱、伤身殒命。

更为可气的是，采补的狐狸精不仅吸人阳精，还玩弄感情，使男人身心俱损。《阅微草堂笔记·槐西杂志一》就写一个少年为狐狸精所媚，累得黄皮刮瘦，狐狸精仍缠绵不休，直至少年彻底萎靡。狐狸精见此二话没说，披上衣服准备走人。少年倒是对她动了几分真情，便泣涕挽留。狐狸精根本不拿正眼儿看他，该走还走。少年一副相思肠化作无名火，责备她寡情薄义。狐狸精抛下绝情的话："我与你本无夫妇之义，只为采补而来。你现在精髓已枯，我采无可采，还留这里伺候你，真是笑话！"

那么，是否所有媚惑男人的狐狸精都是为了采补呢？非也。纪晓岚和蒲松龄都探讨过这个问题，且有基本一致的立场。

纪晓岚以为害人之狐与不害人之狐的比例是九比一，害人之狐要远远多于不害人之狐。他在《阅微草堂笔记》中多次借狐狸精之口表明观点：

> 凡狐之媚人有两途：一曰蛊惑，一曰夙因。蛊惑者，阳为阴蚀则病，蚀尽则死；夙因则人本有缘，气自相感，阴阳翕合，故可久而相安。然蛊惑者十之九，夙因者十之一。其蛊惑者，亦必自称夙因，但以伤人不伤人知其真伪耳。（《滦阳消夏录五》）

> 凡我辈女求男者，是为采补；杀人过多，天律不容也。男求女者，是为情感，耽玩过度，用致伤生。（《如是我闻一》）

纪公总让狐狸精为自己立言，写来写去难免会有些前言不搭后语，但两段语录的中心思想还是很清楚的：狐狸精之媚可害人可不害人且害人者多，不害人者少。

蒲松龄不谈大道理，喜欢以事实说话，《聊斋志异·莲香》中一场狐鬼之争，实际上是对这个问题的交代。莲香是狐狸精，李氏是女鬼，她俩轮番纠缠桑生，桑生也不要命地贪欢，结果病倒，命悬一线。一对狐鬼为追究责任在桑生病榻前拌嘴，莲香责怪李氏："夜夜干这事儿，人跟人都受不了，而况你还是个鬼！"李氏反唇相讥："狐狸精是出了名的害人精，难道你就与众不同？"莲香于是说出一段名言："采补的狐狸精才害人，我不是此类。故世有不害人之狐，断无不害人之鬼。"

莲香的这段话包含了下面几层意思：一是鬼与人交媾，鬼必害人；二是狐狸精则有害人和不害人之分；三是以采补为目的勾引男人的狐狸精才害人，非为此目的则不一定害人。这里又牵涉人、鬼、狐三者之间的关系，纪晓岚在《阅微草堂笔记·如是我闻一》中对此的阐述，似乎在与蒲松龄一唱一和："人阳类，鬼阴类，狐介于人鬼之间，然亦阴类也。"——阴阳相交，阴必损阳，这是个充足理由律；狐狸精虽是妖精，但狐狸毕竟是生命体，有生命的温暖，因此害不害人是概率事件。

不过，《聊斋志异》中的狐狸精，不害人之狐显然多于害人之狐，这与纪晓岚的数据正好相反。但尽管对狐狸精钟爱有加，蒲松龄还是写过害人之狐，《董生》中的狐狸精就算一个。青州董生半夜归家，有狐狸精主动投怀送抱，一个多月，董生便身体赢弱，面目憔悴，寻医问药，才知中了妖媚。医生告诉他小命危在旦夕，给他抓了几服药，交代如何煎制，特别强调不能行男女之事，否则神仙也救不了。当晚，狐狸精又来。董生说："别再缠我，我都快死了！"风情无限的狐狸精突然翻了脸："难道你还想活！"随即拂袖而去。董生独寝服药，但只要一合眼，就梦见与狐女交媾，叫家人守在床边也没有办法，不久吐血而亡。害死董生的这个狐狸精，无疑就是莲香所说的"采补者流"。

一般而言，在作家笔下，大部分狐狸精采补只为了自己成仙修炼，为此害了人也是情不得已。像独孤氏、大别狐这些比较有觉悟的狐狸精事后还会想办法让被害人康复。但采补术颇像阴柔的武功，平日里练着可以强身健体，必要时出手也能克敌制胜，而且威力非可小觑，心术不良的狐狸精拿它当大杀器也是很可怕的。下面的故事同样载于《阅微草堂笔记·滦阳续录三》：

济南有个旅馆，店小客多，房间不够住，旁边一院落的房间却空着。一伙赶考的青年吵着要住进去，店主解释说："不是我不让你们住，只是那里实在不安全，到了晚上就出怪事儿，也不知是鬼是狐。"大伙儿一听，便不吱声了。独有一莽夫不信邪，背着铺盖就进去了，还在里面嚷嚷："不管是鬼是狐，来男的咱就比试力气，来女的就同床共寝！"

半夜，窗外果然有娇声道："我来陪你睡觉吧?"他起身开门，突然扑进一个长毛怪物把他压住。这哥们浑身是胆，通体是劲，揪住怪物便打。怪物在此驻扎捣乱很有些年月了，大约第一次遇到这么不怕死的，也不愿示弱，强力反击。在屋里滚打了一阵子，怪物渐落下风，被一拳击中要害，夺门而逃。勇士追出屋去，才发现院里早围了一堆人热烈鼓掌。这哥们豪气万丈，唾沫横飞地把战斗经过渲染了一番，直讲到三更天才各自回房安歇。

降妖英雄躺在床上心情激动，翻来覆去睡不着。这时，娇怯的声音又从窗外传来："此番我真来陪你睡觉了！刚才便想来，但我大哥非得试试你的武功，结果一败涂地，害得我都不好意思耶！"话音未落，绝色美女已到床边，指如春葱，滑泽如玉脂，香粉气馥馥袭人。

英雄心想，刚才那鬼物都被打跑了，难不成还怕这小妖女！于是他把美女揽入被衾，欢畅欲仙时，忽觉此女腹中一吸，他立马心神恍惚，百脉沸涌，昏昏然不知人事。第二天日上三竿不见人出来，同伴急忙叫来店主破窗而入，喷了几口冷水，才将那哥们唤醒。但降妖英雄已成病夫，服了半年药才勉强拄杖而行，不仅功夫全失，英雄气概也荡然无存。

采补术本是道士们研究出来的功法，却被狐狸精大肆使用，这种状况肯定令一些道士很不爽。道与狐本来就是对立的两股势力，素来不共戴天，经常要比试高低。因此，采补的场所有时也会成为道狐交锋的战场。

《阅微草堂笔记·槐西杂志四》中的狐狸精把自己藏在葫芦里让书生别在腰间，想亲热时就钻出来亲热。后来书生不小心弄丢了葫芦，狐狸精也不知了去向。一天，书生在郊外散步，忽听得朝思暮想的狐狸精在树丛里唤他。他急欲相见，狐狸精却躲着哭诉："我再也不能见郎君了！采补炼形，狐之常理，我炼了三四百年才成美女之形。最近不知从何处来了个妖道，采补术甚是了得，而且专门找已炼成人形的狐狸精采补。我等被他一念神咒，便不能动弹，只好任其所为，采不出狐丹的他就干脆杀了蒸着吃。我为其所擒，实在扛不住，狐丹已被收去，现在不能变人了！从此还须再炼三四百年，才能变化。郎君啊，天荒地老，后会无期！知道你心里一直舍不下我，所以喊你一声，请多多保重，不要再想我了！"

狐高一尺，道高一丈，这个回合道士胜出。有时候，情况则会变得非常复杂，狐与道还在纠结不清，别的角色又掺和进来。《耳食录·阿惜阿怜》里的金陵词人萧生娶了一对狐狸精姊妹花，带着游山玩水，赏花划船，羡煞路人。不巧也遇到一个道士，道士偷偷摸摸地问他："你带着这俩红颜祸水，心里就没一点儿害怕？"萧生本来就知道两美女是狐狸精，被道士一问真就害怕起来。道士乘机紧逼："你已经妖气缠身，我不出手相救一定性命难保。"道士的法术非常独特，既不设坛，也不用药，只拿了一道符要他系于私处。俩狐狸精也不是省油的灯，居然未卜先知，待萧生一进屋便勒令其脱裤解符，谁知那符怎么也解不下来，突然符变成了一头龇牙咧嘴的小野猪。萧生见状惊呼："二卿救我！"阿惜说："郎君负心，该受此祸！竟然把一头野猪带进我姐妹的香闺！"阿怜抽刀割去，萧生一阵剧痛，顿时昏厥。他醒来后发现道士已被反缚于庭柱，二女道："这妖道本是野猪成精，假意授你隐身符，其实是自己想盗取元精。何其可恶！"言罢，一桶开水劈头盖脑浇下去，道士顿时变成一头野猪。

最后，还有个小小的问题：既然采补可以男采女，也可以女采男，而狐狸精有男有女，是否雄狐也可以采女呢？理论上是可以的，但实例很少，《阅微草堂笔记·槐西杂志四》有一则故事写青县某人与狐狸精为友，一次路过丛莽，听得有人呻吟，过去一看，正是狐友。原来这个狐狸精见小妓女长得壮实，就变成书生去采她的阴精。不料感染了性病，恶疮在身上溃裂蔓延，痛得直打滚，故作呻吟。这个故事除了告诉大家狐男可以采女，还有着"妓毒于狐"的影射。

六　狐惩淫

狐狸精是"千古之淫妇"，是"淫妖""淫兽"，在一般情况下，它们都是"淫"的主体。因此，"狐惩淫"的出现，意味着一次重大的观念变革，其发生的时间大约在明末清初。究其根源，则与中国色情文学的发展有关。

相对于两千多年的文学史，中国色情文学的出现可谓姗姗来迟，直到唐宋传奇中才初现端倪。如《飞燕外传》《迷楼记》都写帝王的荒淫纵欲，然性事描写浅尝辄止。茅盾先生在《中国文学内的性欲描写》中说："足知宋以前性欲小说大都以历史人物（帝皇）为中心，必托附史乘，尚不敢直接描写日常人生。"这些作品的宗旨，无非探究统治者的荒淫与国家兴亡之间的关系。宋元词曲里也有不少与性事有关的文字，如李煜："罗袖裛残殷色可，杯深旋被香醪涴。绣床斜凭娇无那，烂嚼红茸，笑向檀郎唾。"晏殊："醉折嫩房和蕊嗅，天丝不断清香透。"柳永："洞房悄悄。锦帐里，低语偏浓，银烛下，细看俱好。"秦观："消魂，当此际，香囊暗解，罗带轻分。"此即所谓"艳词"，但艳的分寸是点到为止，且多用象征、比喻等修辞手法，表达讲究，不失典雅。元曲起于俗谣俚曲，表达趋于大胆泼辣，如王和卿的《小桃红·胖妓》："夜深交颈效鸳鸯，锦被翻红浪，雨歇云收那情况，难当。一翻翻在人身上，偌长偌大，偌粗偌胖，厌扁沈东阳。"可是，这种尺度离明代章回小说，仍有十万八千里的距离。

宋之前表现性欲的作品有两篇比较独特，一是唐初张鷟所著骈文体《游仙窟》，一是白居易之弟白行简所著《天地阴阳交欢大乐赋》。前者以第一人称手法自述旅途中在一处世外仙境的偶遇，后者则淋漓尽致地描写不同身份、不同年龄以及不同场合的男女性事，描摹之详细完备可视为一篇房事技术指南。从两文暴露性事的尺度看，和后世《金瓶梅》《肉蒲团》已相差不远，但稍加研判，便知境界大有不同：

其一，两文涉及的性欲描写自然大方，表现的是男女之思和人生之乐；尤其是《天地阴阳交欢大乐赋》对于性欲的正面肯定，有明显的道家自然主义的色彩。其二，表现性事的部分并不包含对"淫"的道德评判，因此作品中没有"止淫"的说教。

世俗色情文学在明代中后期如雨后春笋般出现，数量之多，尺度之大，堪称世界文学史上的奇观。茅盾先生评价那时的作品"蔓生滋长，蔚为大观。不但在量的方面极多，即在质的方面，亦足推为世界各民族性欲文学的翘楚"。当然，这些作品也表现出了很复杂的状态，有些除了污秽的性事描写，一无可取。但被目为"淫书之首"的《金瓶梅》，则堪称一部伟大的作品。如果我们去掉关于"淫"的成见，其在中国文学史的地位，实可与《红楼梦》一相颉颃。

以《金瓶梅》《肉蒲团》为代表的明清"淫书"，之所以写得放纵大胆，就是作者们自以为具有以淫止淫的道德自信。这时的色情文学作品几乎都具有如下特点：一方面是极端的性事描写，而且伴以大量的变态施虐和色情狂性妄想；另一方面，作者又无不强调如此这般，是为了劝诫世人不要纵欲伤身，是为了教人遵循伦理道德。从《金瓶梅》《肉蒲团》对人物命运的处理来看，作者的确是想实现这样的主题：西门庆和金、瓶、梅都因纵欲而亡，未央生最后割掉尘根遁入空门，而他那变成名妓的妻子也自缢而死。

淫乱的露骨描写和止淫的道德说教，构成了明清色情文学的冰火两重天。而将此二者糅在一起，完全是出于作者的主观意愿。著名色情小说《肉蒲团》开篇几乎用了整整一章文字，弯来绕去讲这个道理：

做这部小说的人原具一片婆心，要为世人说法，劝人窒欲不是劝人纵欲，为人秘淫不是为人宣淫。看官们不可认错他的主意。既是要使人遏淫窒欲，为甚么不著一部道学之书维持风化，却做起风流小说来？看官有所不知。凡移风易俗之法，要因势而利导之则其言易入。近日的人情，怕读圣经贤传，喜看稗官野史。就是稗官野史里面，又厌闻忠孝节义之事，喜看淫邪诞妄之书。风俗至今日可谓靡荡极矣。若还著一部道学之书劝人为善，莫说要使世上人将银买了去看，就如好善之家施舍经藏的刊刻成书，装订成套，赔了贴子送他，他还不是拆了塞瓮，就是扯了吃烟，那里肯把眼睛去看一看。不如就把色欲之事去歆动他，等他看到津津有味之时，忽然下几句针砭之语，使他瞿然叹息道："女色之可好如此，岂可不留行乐之身，常还受用，而为牡丹花下之鬼，务虚名而去实际乎？"又等他看到明彰报应之处，轻轻下一二点化之言，使他幡然大悟道："奸淫之必报如此，岂可不留妻妾之身自家受用，而为隋珠弹雀之事，借虚钱而还实债乎？"思念及此，自然不走邪路。不走邪路，自然夫爱其妻，妻敬其夫，《周南》《召南》之化不外是矣。

而打通两者的关节，则是文人们从佛教思想中获得了强大的理论自信。佛门中有"因色设缘"之说，是佛教为引导那些色欲深重之人的方便法门。经中很容易找到此类文字，如《维摩诘经》说："或现作淫女，引诸好色者，先以欲钩牵，后令入佛智。"《华严经》则有"妓女菩萨"婆须蜜多女；《入法界品第三十九》言："若有众生抱持于我，则离贪欲，得菩萨摄一切众生恒不舍离三昧。若有众生唼我唇吻，则离贪欲，得菩萨增长一切众生福德藏三昧。凡有众生亲近于我，一切皆得住离贪际，入菩萨一切智地现前无碍解脱。"

此类"妓女菩萨"的形象在唐代便已中国化，李复言的《续玄怪录·延州女子》记一个美貌少妇独行城市，人尽可夫。死后州人莫不悲惜，葬于道旁。后来，有胡僧自西域来，见墓敬礼焚香，围绕赞叹。旁人说这就一淫荡女子，师父何故如此礼敬。和尚说："非檀越所知，此乃锁骨菩萨，不信可开墓验证。"众人即开墓，见女子遍身之骨钩结如锁状，果如僧言。到北宋叶廷珪的《海录碎事》，这个女子又成了马郎妇，"于金沙滩上施一切人淫。凡与交者，永绝其淫"。

何以能"永绝其淫"，马郎妇的故事没有交代。但在小说家笔下，纵欲的结果基本上都表现为伤身害命甚至家破人亡，如《金瓶梅》《肉蒲团》的人物命运。狐惩淫的故事几乎直接继承了这种观念，如《聊斋志异·董生》《谐铎·狐媚》《萤窗异草·小珍珠》《夜谭随录·段公子》《醉茶志怪·杜生》等作品，都讲述男人与狐狸精贪欢，最后不是精尽人亡，就是命若悬丝。虽然大多故事中狐狸精的主观动机不是惩淫，而是采补，但纵欲者付出的生命代价通常被理解为好色施淫而得到的报应。而狐狸精的设局有时似乎就是冲着这个报应的结果而来的，比如《小豆棚·郝骧》的故事：

柘城郝骧轻佻好色，对乡里所有少女嫩妇都垂涎三尺。某天他骑驴郊游，看见一个十六七岁的美女踽踽独行，就尾随其后。入山到一所篱笆茅屋前，少女忽然不见了踪影，屋里却出现一个颇有姿色的中年美妇。两人开了几句玩笑，便勾搭成奸，床帏间颇快意。事毕，郝骧看见墙上挂着一具琵琶，问谁擅此物，妇人告知是自己的义妹小心。郝骧急于求见，妇人在厢壁上轻叩两声，一个身披薄纱的半裸少女掀帘而出，指着郝骧笑道："你在驴背上想得口水直流，现在就让你尝饱甜头！"于是，两女一男又弹又唱又饮酒，迭番淫乱，直到郝骧累成一条死鱼，赤条条昏沉沉躺在地上不能动弹，老少娘们还不放手。不知过了多久，郝骧被驴叫声吵醒，发现天已大亮，自己躺在乱草丛中。他想爬起身来，无奈没有半分气力，后来还是村里人路过看见，把他抬回家里。这哥们从此一病不起，年未三十就撒手归西了。村里人都说，那日郝骧昏睡的地方，是城北乱冢的狐狸窝旁。

《阅微草堂笔记·槐西杂志三》则从狐狸精的角度表现这种惩淫。一狐男在河北交河嫖奸一对妓女姐妹花，不久便使二女罹病将死。其家请来道士劾治，设坛作法擒妖。晚上，狐狸精化为书生来见道士，说："师父何苦相逼！我采补杀人固然违反天律，但你也得想想这俩都是什么女人。饰其妖容，蛊惑年少，破人之家，废人之业，离间人之夫妻，不知凡几！此辈妓女的作为就是人面兽心，我现在即以其人之道还治其人之身，无非是以兽杀兽，有何不可？"法师沉吟良久，觉得狐狸精讲得有理，收拾家伙撤退了。

以报应揭示惨痛的结局是因色设缘的一种方式，另一种方式则是以色空观解构两性关系，视美女为红粉骷髅，说恩爱为梦幻泡影，此即前文提到的不净观。《阿难为蛊道所咒经》载，摩登伽女喜欢佛弟子阿难，佛祖是这样做思想工作的：

> 佛问："汝爱阿难何等？"女答："我爱阿难眼，爱阿难鼻，爱阿难口，爱阿难耳，爱阿难身，爱阿难行步。"佛言："眼中但有泪，鼻中但有涕，口中但有唾，耳中但有垢，身中但有屎尿

125

臭处不净。其夫妻者，便有恶露；恶露中便有子；已有子便有死亡，已有死亡便有哭泣，于是身有何益?"

摩登伽女听到此处，无法再爱。

一部《金瓶梅》看上去淫光四射，开篇却讲"色即是空"：

　　这财色二字，从来只没有看得破的。若有那看得破的，便见得堆金积玉，是棺材内带不去的瓦砾泥沙；贯朽粟红，是皮囊内装不尽的臭污粪土。高堂广厦，玉宇琼楼，是坟山上起不得的享堂；锦衣绣袄，狐服貂裘，是骷髅上裹不了的败絮。即如那妖姬艳女，献媚工妍，看得破的，却如交锋阵上将军叱咤献威风；朱唇皓齿，掩袖回眸，懂得来时，便是阎罗殿前鬼判夜叉增恶态。罗袜一弯，金莲三寸，是砌坟时破土的锹锄；枕上绸缪，被中恩爱，是五殿下油锅中生活。只有那《金刚经》上两句说得好，他说道："如梦幻泡影，如电复如露。"

狐狸精本来就是梦幻泡影，因此，这种戒淫的方式也是他们的强项。《阅微草堂笔记·滦阳消夏录一》记载：宁波吴生喜欢出入青楼，和一个狐女拍拖后，仍不改这风流毛病。狐狸精说："我能变化，你想要哪个美女，我变成她就是，岂不省了你在青楼里花钱买笑?"吴生想这个好玩，不妨试试，就说了一个美女的名字，狐狸精立马就变了出来。吴生大喜，要狐狸精每天都变不同的美女陪睡，从此在家眠花宿柳，不逛窑子了。但时间一长，他又觉得腻味："如此夜夜做新郎固然快活，但到底都是你在变来变去，还是不太尽兴。"狐狸精因势利导教育他："说得也是！但声色之娱，本来就是电光石火。我变成别人当然是幻化，她们本人难道就不是幻化？古来的歌舞之场，多少都成了黄土青山。现在的黛眉粉颊，将来都会变成豁齿白发。倚翠偎红，不都恍如春梦吗？"吴生豁然有悟。几年后，狐狸精辞别，吴生也老了，再不去逛窑子。

倚翠偎红恍如春梦，如果让黛眉粉颊立马变成豁齿白发，那更使人情何以堪。《阅微草堂笔记·如是我闻一》记载，江西一举子考试落第，住在京城的庙街破屋度夏。一日，他见美女立于檐下微笑，估计是个狐狸精，但这哥们性情落拓，写了几首艳诗撩妹。晚上，床前窸窣有声，他心知是狐狸精来了，便伸手一接。狐狸精纵体入怀，冶荡万状，举子癫狂一夜后瘫倒在床。这时，月光入户，这哥们一看身边的小美女，原来是又黑又丑的老太婆！她还卖弄风情："城上老狐，寂寞数载。蒙君垂爱，故前来献身。"

狐狸精是淫妖，深知其中三昧，在"以淫止淫"观念指引下很容易转换身份。前面故事中的狐狸精都像金沙滩上的马郎妇，必须先淫而后"永绝其淫"。但狐狸精既然被赋予了此种意义，他们的形象又越来越充满正能量，达到止淫的目的就不一定非得通过"淫"这种终究上不了台面的方式——自己不参与淫乱，却能够惩淫戒色，岂不更好！

《聊斋志异》里有个故事，标题就叫"狐惩淫"，讲述某男子性情放浪，家中常备媚药，结果被狐狸精撒进他老婆喝的粥里，致使其在不正确的时间、不正确的地点春情勃发，差点出轨。这哥们事后反思，觉得是狐狸精在惩罚自己的风流。而《阅微草堂笔记·滦阳续录五》里的一个故事就更加生动：某人有一个神通广大的狐友，能摄人于千里之外，经常带着他到处游山玩水。这哥们却志不在此，问狐友能否将自己悄悄摄入女人的闺阁中。狐友问他意欲何为，他如实相告："某日参加朋友家宴，与其爱妾眉来眼去，已对上暗号。但苦于其门庭深严，一直未能得手。老兄你在夜深人静之时将我摄入她的香闺，事情就成了。"狐友沉思良久，道："也不是不可以做，他男人什么时候不在，你告诉我。"不久，机会来了，此人招狐友赶紧行动。狐友二话没说摄起他就飞了过去，到一间房里放下，说："就这儿了！"随即离开。此人睁眼一看，四周黑咕隆咚的，摸索了一会儿，触手尽是书卷——这哪是美妾的香阁，分明是主人的书楼嘛！哥们心想坏了坏了，被狐狸精出卖了！他顿时仓皇失措，稀里哗啦撞倒了器具，很快就被当作窃贼抓住。童仆点灯一看，发现是主人的朋友。这哥们反应灵敏，谎称得罪了狐友，被捉弄了，才蒙混过关。

这两个狐狸精只是事局的旁观者，完全是出于道德自觉而惩罚败坏社会风气的好色之徒。经过历代文人的改造，狐狸精的形象在《聊斋志异》《阅微草堂笔记》等笔记小说中得到升华，因此，一个正经美貌的狐女如果受到流氓登徒子的无端骚扰，也会断然出手，就像蒲松龄最喜欢的狐女婴宁。这女孩子爱笑，被邻居浪荡子窥视，婴宁不避而笑，哥们顿生妄想，以为婴宁对自己有点意思，便进一步挑逗。婴宁笑着指了指墙角，哥们会意，心猿意马等到天黑，赶往墙角一看，婴宁果然在那儿。他二话没说抱着美女非礼，忽然感觉下身一阵剧痛，立马倒地乱滚。家人闻讯赶来，见墙角立着一段朽木。他老婆搬过朽木一看，上面有个洞，洞里有只蝎子，这才知道老公的命根子被毒蝎蜇了。当晚，浪荡公子就丧了命。家人到县里告状，诉婴宁妖异，但官府查无实证，最后不了了之。

纪晓岚《阅微草堂笔记·姑妄听之二》也写了同样的故事，态度却宽容很多：少年郎随塾师在山寺读书，听说山里经常有狐狸精出来媚人，这小子就想狐狸精一定很漂亮，约出来玩玩岂不比读书有趣。于是他写了几首艳诗对着树林朗诵，希望把狐狸精引出来。一夜，他徘徊树下，看见有一小丫鬟招手。小哥哥心想狐狸精真的来了，便屁颠屁颠跑了过去。小丫鬟悄悄说："你是聪明人，不须我多说。我家娘子很喜欢你，今晚就能相见，跟我走吧。"少年随之去，进了宅院，在深闺曲廊七拐八弯，到了一个房间。朱门半启，屋里不点灯，隐隐见床帐飘飘。丫鬟道："娘子与公子初会很害羞，你就脱了衣裤直接上床，别出声儿，当心其他丫鬟听见。"少年喜不自禁，脱掉衣裤爬上床，抱住美人就亲嘴。对方忽然惊起大呼，小哥哥一看，竟然是自己的老师！四周一瞅，哪是什么闺房。原来老爷子在檐下纳凉，没想到刚迷糊一会儿就被小畜生非礼了。

纪晓岚这种温和的惩淫模式得到了比较广泛的认同，和邦额的《夜谭随录·梁生》里就有类似情节：汴州梁无告家贫好酒，却娶了个漂亮的狐狸精老婆。酒肉朋友刘某、汪某知道后，就像猫儿嗅到了腥，处心积虑想送梁哥一顶绿帽子。狐狸精何等聪明，早知道了二人的花花肠子，于是吩咐老公摆酒招待。梁无告一上席就猛喝，很快醉倒，去里屋歇息了。刘、汪二人没料到事情如此顺手，急忙忙就要动手。狐狸精媚眼一扫，嫣然笑道："刘哥、汪哥有钱又有才，人也长得帅，我早就倾心于你二位了，今晚正是时候。但这里不便，后院有个小阁楼，咱们去那儿。"刘、汪二话没说，左右架着狐狸精就往后面走。到了后院，果然看见一幢高高的楼阁。汪某问："我来你家多次，怎么不知道这里还有阁楼？"狐狸精说："新盖的，不过一月。"

楼内酒肴具备，银烛双辉。哥儿俩没想到这小美女如此可人，已经急不可耐。狐狸精却道："差点忘了，还有好些下酒菜，我去取来。"去了一阵不见回来，二人憋不住了，一前一后地出去查看。汪某找到格子间，听见里面有动静，迫近一看，发现里面果然躲着美女，便一个虎跳猛扑进去，美女夺路而逃。汪某一路狂追，终于在花丛里把她一把抱住；美女极力抵抗，汪某越抱越紧。这时，忽听得院子里有人喊捉贼，一伙人把汪某和美女摁倒在地，拳脚交加。他高喊："我是汪秀才！"众人住手一瞧，真是汪秀才，他怀里抱着的却是刘公子！刘公子破口大骂："你喝了几杯黄汤发疯，追我作甚？"汪某有苦难言，一个劲儿赔不是。两人只穿着背心，十分狼狈，说赶紧回阁楼取衣帽。旁人说："这里是荒郊野外，哪有什么阁楼！"二人问这不是梁相公家吗？众人都表示不认识什么梁相公，这里是孙家废园，多年无人居住，只有狐鬼出没。刘、汪二人等到天亮，发现衣帽高高地挂在一棵大树上。二人遭了这番捉弄，决心报复，次日纠集数十家丁奴仆兴师问罪，赶到梁家发现门庭俱空，梁无告和他的狐狸精老婆早已不知去向。

第四章

情与色

一　狐狸精之色

狐女的媚术丰富多彩，但绝大多数狐媚故事还是围绕着"色"字展开的，夸张一些说，狐媚故事几乎包含了中国古人对"色"尤其是"女色"的全部理解。

狐女大多是美丽的，历史上第一个出来媚人的狐狸精阿紫，就是"作好妇形"。之后陆续登场的狐女，也多有倾国倾城之貌。蒲松龄等擅长言情说艳的作家，更是"燕昵之词，媟狎之态，细微曲折，摹绘如生"（纪晓岚语），把一个个小狐狸精写得像碧海青天的夜明珠。试举几例：

> 年方及笄，荷粉露垂，杏花烟润，嫣然含笑，媚丽欲绝。（《聊斋志异·胡四姐》）
> 引一女郎至，双鬟垂耳，娇艳动人，立灯下，秋波微睐，笑态盈盈。（《醉茶志怪·阿菱》）
> 女衣红绣，拥锦衾，倚鸳枕而坐，鬟发黛眉，明眸皓齿，面色如朝霞和雪，光彩夺目，艳绝人寰。（《夜谭随录·霍筠》）

有小女子，年可十三四，翠眉妖脸，披发慵妆……态若流珠，神侔秋水。（《萤窗异草·住住》）

　　雪色明如皎月，则一小女子，辫发垂鬟，盈盈立于槛外，天寒翠袖，暮倚修竹，差可仿佛其一二。（《萤窗异草·镜儿》）

　　有些狐女真是太美了，以至于言语无法直接描摹，得以曲笔表现而激发人们的联想。如《聊斋志异·婴宁》中狐女婴宁的亮相："有女郎携婢，捻梅花一枝，容华绝代，笑容可掬。"凭此寥寥数语，想象婴宁之美似乎也不过尔尔。然而男主角王子服见到婴宁后的一系列反应，竟像遭受了强烈的核辐射：先是"神魂丧失，快快遂返"；接着"垂头而睡，不语亦不食"；继而"醮瀼益剧，肌革锐减"；最后"忽忽若迷"。如果不是他的朋友吴生探得婴宁下落，并告知其尚未婚配，王子服唯有相思而亡。可见婴宁之美，是何等夺人心魄！

　　最精彩的一段曲笔描摹出自《任氏传》，作者直接描写任氏相貌只用了四个字——"容颜姝丽"，却通过韦崟与书童的问答对任氏之美进行充分渲染：

　　郑六泡上狐狸精任氏后，把消息透露给了好友韦崟。韦想探个究竟，便吩咐书童假装借东西去郑六住处侦察。不一会儿，书童气喘吁吁地跑回来了。韦崟忙问见到美女没，书童说见了；韦又问长得如何，书童魂不守舍地答道："天仙啊，我从来就没见过这么美的人！"韦崟是大家子，亲戚朋友众多，且到处拈花惹草，交往的美女成百上千，就不信郑六这土包子还能泡上如此绝色。他在脑海里的群芳谱上搜索，选出一个美人，问书童与郑的女朋友比此女如何，书童答："那根本不是一个档次！"韦崟又列举了四五个美女，书童的回答还是这句话。当时吴王有一小女，与韦鉴是表亲，秾艳如神仙，是公推的第一国色，他便再问："她与吴王家的小女谁美？"书童斩钉截铁道："吴王女差得很远！"韦鉴瞠目结舌，继而仰天长叹："我就不信天下会有这样的美人！"

美色是媚的基础，但美色并不等于媚态；媚态是一种流动的神情，是"色"概念中更为生动的因素，诱惑异性时的"媚"往往发挥着比容貌之"美"更大的作用。明代大玩家李渔对于美色与媚态的关系在《闲情偶寄》中做过精辟分析：

> 古云：尤物足以移人。尤物维何？媚态是已。世人不知，以为美色，乌知颜色虽美，是一物也，乌足移人？加之以态，则物而尤矣。如美色即是尤物，即可移人，则今时绢做之美女，画上之娇娥，其颜色较之生人，岂止十倍，何以不见移人，而使之害相思成郁病耶？是知"媚态"二字，必不可少。媚态之在人身，犹火之有焰，灯之有光，珠贝金银之有宝色，是无形之物，非有形之物也。惟其是物而非物，无形似有形，是以名为尤物。尤物者，怪物也，不可解说之事也。

依李渔所言，媚态十足的女子，即便容貌不怎么出色，仍不失为尤物，是"不可解说之事"。那么，既貌若天仙又风姿万千的狐狸精，"媚力"投射之处，自当移魂夺魄，倾国倾城。历史上最著名的狐狸精之一，《封神演义》中的妲己就是这样的尤物。其临终被绑在刑场，放起媚电来，竟使刽子手骨软筋酥，下不了手：

话说那妲己绑缚在辕门外，跪在尘埃，恍然似一块美玉无瑕，娇花欲语，脸衬朝霞，唇含碎玉，绿蓬松云鬓，娇滴滴朱颜，转秋波无限钟情，顿歌喉百般妖媚，乃对那持刀军士曰："妾身系无辜受屈，望将军少缓须臾，胜造浮屠七级。"那军士见妲己美貌，已自有十分怜惜，再加他娇滴滴的叫了几声将军长、将军短，便把几个军士叫得骨软筋酥，口呆目瞪，软痴痴瘫作一团，麻酥酥痒成一块，莫能动履。

换了一帮人去行刑，结果还是一样。姜子牙急了，只得亲自出马，出得辕门，见妲己被绑缚在法场上，果然千娇百媚，似玉如花，众军士如木雕泥塑。姜老太爷见了这番情形，可能也快扛不住了，急急忙忙焚香祭出宝物，斩了妲己——很有意思的一个结局！姜子牙为何不手刃祸国殃民的妲己，而要祭出宝物斩她呢？妲己之心固然毒如蛇蝎，但妲己之美也艳若天仙，面对如此尤物，姜老伯下得了手吗？"一顾倾人城，再顾倾人国"，中国人对于色诱力量的认识，从来就很深刻啊！

姿态重于颜色，是古代女色鉴赏家的共识。李渔先生有理论阐述，蒲松龄就有故事演绎。《聊斋志异·恒娘》就讲述了一个"媚态"胜于"丽色"的经典故事：

都中人洪大业妻朱氏，颇有姿色，很得洪宠爱。后来洪又纳一妾宝带，姿色不及朱，却夺去丈夫欢心。朱氏不平，经常找宝带的茬儿，洪大业对她便越来越疏远。后来搬了家，他们与一个姓狄的商人作邻，狄妻恒娘，三十多岁，是个容貌平平的狐狸精。狄家也有一个小妾，长得十分漂亮。但狄某只爱恒娘，小妾基本上夜夜虚席。朱氏便向恒娘讨教，如何才能迷住男人。恒娘于是开始了媚女速成教学：第一步摆正心态，别跟男人絮聒，且善待宝带。朱氏照办，夫妻关系果然融洽许多。第二步苦肉计，不穿华服，不施脂粉，垢面敝屦，尽量多做家务。于是朱氏整天穿着破衣旧裳，坐在作坊里纺纱。老公有些过意不去，要宝带去帮帮忙，朱氏说她细皮嫩肉的哪能干这呀，闲着吧，闲着吧。一个月后，恒娘对这位弟子的成绩甚为满意，于是择日教其第三步，脱去破衣，换上新装，描眉画眼，精心打扮。朱氏照办不误，妆毕，让恒娘面试，恒娘亲自为她绾了个漂亮的凤髻。朱氏回家，洪大业顿时傻了眼，上下打量，没想到黄脸婆一下子变得这么光彩照人了，晚上就去敲朱氏的房门。朱氏故意卖关子，躺床上不起身，说："一个人睡习惯了，别来打扰我吧。"直到第三天才开门纳夫。是夜，"灭烛登床，如调新妇，绸缪甚欢"。半月后，朱氏又去向师父汇报成绩，恒娘道："从此你就可以专房了！但是，你虽然貌美，媚态却欠火候。以你的容颜，如果再加些媚，跟西施都有得一比，还用得着担心那个容貌远不及你的宝带吗？"于是，恒娘又教她甩媚眼送秋波，教她掩面娇笑，教她羞羞答答。每个动作恒娘都亲自示范了几十次，朱氏才学得像样。在狐狸精师父的调教下，朱氏终于成了一个十足的媚妇。

狐狸精如此貌美善媚，还能悉心调教人间美女，殊不知其由狐狸成为美女，也经过了一个艰难的学习过程。他们修炼百年千年，终于可以变成人形时，还得找个人间美女作为范本儿，然后再变过去。越美丽的范儿越不容易学，美丽的程度与修炼的难度成正比。薛福成的《庸盦笔记》有则故事，就借狐狸精之口介绍了这个历程。此狐狸精当然是个绝色美女，"澹妆靓服，年可三十许，尤觉端艳夺目，甫拜

136

而起，徐步数周，其行如轻云出岫……步毕就坐，嘤然细语，口操秦音，其幽韵若微风振箫"。她说雌狐炼形时，须确定一位德容兼茂的美女进行效仿，五百年可炼得形似，再五百年方可炼得神似；然后再扩充益广，找人间各式各样的美女效仿，再一千年过去，千娇百媚的狐狸精才能炼成——要成为一个"艳绝人寰"的妖精多不容易啊！

狐狸精除了兼具各色美女之长，其美色中还有一种摄人心魄的妖气，这是即便容貌再漂亮的人间美女也达不到的境地。在元代《武王伐纣王平话》中，妲己是华州太守苏护的女儿，本来就有倾国倾城之貌。苏护送女儿进京选秀，夜宿驿站。九尾狐狸精吸了女儿的三魂七魄，自己的妖魂却附上了妲己的身形，这假妲己于是"更被妖气入肌，添得百倍精神"。次日苏护见到女儿，大吃一惊，不知为何一夜之间，漂亮的女儿变得更加妖艳迷人！

更绝的是，狐狸精之媚还能和他们的变化术结合，可以借用一个女人的身形，慢慢由丑变美或者变化成多个韵味不同的美女。

下面这个故事出自《阅微草堂笔记·槐西杂志二》：朱某有一丫鬟，小时又丑又笨，但随着年岁增长，变得越来越聪明，模样儿也越来越俊俏。朱某看在眼里，喜在心头，将其纳为小妾。这小尤物不仅能媚男人，而且能持家，小算盘打得滴水不漏，家里什么事都瞒不了她。朱某靠她操持家务，渐渐成了富人，而对此女的宠爱也无以复加。一日，小妾忽然莫名其妙地问："老公你知道我是谁吗？"朱某笑道："你不就是我的小宝贝蜜桃吗？"小妾说："非也，蜜桃已经逃走很多年了，现在某地给别人做老婆，儿子都七八岁了。我呢，是个狐狸精，前世受了你的恩，所以变成丫鬟的模样来报答你。"

这个狐狸精可谓心思缜密，他不是简单地变成一个美女去勾引男人，而是抓住丫鬟逃走的机会，变成蠢丫鬟的样子，再渐渐变得眉目秀媚、聪明慧黠，使主人在毫无防备中爱上自己。

女性之美虽说是"短长肥瘦各有态，玉环飞燕谁敢憎"，但中国男人对瘦弱之美的欣赏更具有普遍性且源远流长。春秋时代的楚灵王就酷爱细腰，大臣宫女都为之节食，因此后人说"楚王好细腰，宫中多饿死"。而"环肥燕瘦"中"燕"指的是汉成帝的皇后赵飞燕，此女"腰骨尤纤细，善踽步行，若人手执花枝颤颤然，他人莫能学也"（秦醇《赵后遗事》）。战国时宋玉形容东邻之女的体态是"腰如束素"，三国时曹植笔下的洛神也是"肩如削成，腰如约素"。西晋石崇是个不世出的奇人，一身兼具暴徒、才子、诗人、大富豪、色情狂等多种身份，其对女性的把玩达到了登峰造极的地步。玩法之一是将沉香木屑铺在象牙床上，要姬妾们赤脚走过，没留下脚印的，即赐珍珠百串；留下脚印的，则命令节食减肥。他的女人们相互戏言："尔非细骨轻躯，那得百琲珍珠。"

这种略带病态的审美观，也通过蒲松龄等人塑造的一系列狐女形象得到了充分展现。青凤是"弱态生娇，秋波流慧，人间无其丽者"；娇娜则"年约十三四，娇波流慧，细柳生姿"；凤仙的出场更有意思，这个狐美人是躺在锦被中，被两人捉住被角拎出来的，整段叙述未着一个"轻"字，但轻盈的感觉直入人心。

蒲松龄的这种嗜好如此强烈，以致笔墨有时会游离主题，旁出一枝而刻意勾画。《狐梦》的一个场景营造极用心：名士毕怡庵与美丽的狐狸精有段露水姻缘，狐妻共有姐妹四人。一日大姐张宴，姊妹欢聚，小四妹也出来见姐夫。这是个十二三岁的小女孩，稚气未退，却生得"艳媚入骨"。她抱着猫坐在大姐膝头，拿桌上的糖果吃。不一会儿，大姐说压得自己腿疼，把她推给二姐。二姐急忙拒绝："婢子许大，身如百钧重，我脆弱不堪。"顺手便将小女孩递给了毕怡庵。这个"身如百钧重"压得大姐腿疼的四妹，毕怡庵抱在膝上的感觉却是"入怀香软，轻若无人"！笔意颇费周折，最后要达到的效果就是表现四妹的轻，但通过大姐、二姐的感受，也暗写姐妹二人都是灯心草般的身子骨。

在明清文人眼中，这种寒怯、瘦弱之美还有一处动人心魄的焦点，那就是女人的三寸金莲，《聊斋》《萤窗异草》等书写狐狸精之美，到处可见"点脚之笔"。

娇娜姊妹是"画黛弯蛾，莲钩蹴凤"；狂生耿去病亲近青凤的第一个动作是在桌子下面"隐蹑莲钩"（西门庆勾引潘金莲的动作）；《绩女》中狐狸精的一双小脚更绝——"绣履双翘，瘦不盈指"，好色名士费生为一睹此女之美而变卖家产，结果连个全人都没见着，只看清了门帘下的一对金莲，于是诗兴大发，作《南乡子》一首题于壁，上阕只写这双脚："隐约画帘前，三寸凌波玉笋尖。点地分明莲瓣落，纤纤，再着重台更可怜。"

从迷恋足到迷恋鞋是必然的移情结果。《凤仙》中狐狸精姊妹相互捉弄，三妹凤仙偷来姐姐八仙的一双绣鞋交给情郎刘赤水，要他拿出去给别人看。这双鞋"珠嵌金绣，工巧殊绝"，刘赤水出示亲朋好友后，求观者络绎不绝，以至于要送钱送酒才能看上一眼。这种看绣鞋的热闹场景，固然是出于蒲松龄推己及人的构思，但对纤足、绣鞋之爱，在当时无疑有广泛的群众基础。有些男人爱好绣鞋之深，竟然亲自动手制作。《萤窗异草·绣鞋》中的庄士玉就是一位工艺美术大师，制作的绣鞋精美绝伦。一日深夜，他临睡前把刚制成的绣鞋放在窗前，第二天鞋却失踪了。黄昏时，梁上一物像鸟儿般飞落，正是那只绣鞋。不过还多出一张信笺，漂亮的小楷写着一首诗："故抛象管弄银针，织尽文房几许心。自是深情怜一瓣，讵知寸趾价千金。"庄士玉大声问："寸趾者可得一见乎？"梁上徐徐垂下一双美足，绣履半弯，尖细如娥眉新月，把庄哥看得心醉神迷。接着，二八丽人降落，生得玉容百媚，不是人间凡色。而且，丽人毫不羞涩，径直投入庄哥怀抱，任其宽衣解带，拥入衾底。事后，丽人留了一只鞋给庄哥，要他照样子做几双。庄哥看这鞋小巧无比，但工艺不够精美，于是使出平生手段做了一双新鞋，备极工巧。丽人再来时，见到新鞋非常高兴，于是与庄哥再次欢爱，临别时嘱咐："你只要给我做这么好的鞋，我就经常来！"庄哥于是拼命做鞋，拼命与丽人幽会，身体越来越差，不到半年就病亡了。后来，有人误挖墓穴，见一雌狐疾驰而去。洞穴里整齐摆放着女人衣物，竹篮里更有几十双精美的绣花鞋。众人一看，便知都是庄大师的作品。庄士玉的生命在色艺交织的火焰中燃烧成了灰烬。

当然，并不是所有的狐狸精都美如天仙，既然她们修为有高低，相貌便也有区别。有些狐狸精受不了成百上千年的苦修，急急忙忙地成人了，容颜方面就得打点折扣。但人间也不乏贫穷而无趣的男人，他们也有性要求，因此色貌平平的狐狸精也不愁找不到伴侣。《聊斋志异》之《毛狐》《丑狐》写的就是这样的故事。

《毛狐》里的狐狸精不仅貌不美，还浑身长满红色的细毛，但她仍然勾搭上了贫不能娶的农民马天荣。两人混了一段日子，关系还不错，大概马天荣也听说过狐狸精美艳，没想到自己遇到的这一个却长得不咋地，于是问相好的为何不美。狐狸精答得真好："你也不撒泡尿照照自己！我们狐狸精都是随人现化的。你穷得没一个子儿，来个落雁沉鱼俏妹妹你消受得了吗？以我这个模样儿，不足以配上流社会的大款名流，但比起那些大脚妹、驼背女，也差不多是国色天香了，你就知足吧！"

《丑狐》里的穆生有类似马天荣的遭遇。他也是家徒四壁，冬天连棉衣都没有。来了一个狐狸精，衣服穿得漂亮，模样却很丑，说话还文绉绉的，要与穆生共温冷榻。小穆固然穷，但他毕竟有文化，眼前这个女人实在太不符合他梦中情人的标准了，于是扭扭捏捏地不答应。丑女锲而不舍，拿出一锭元宝放在桌子上，说："你若与我相好，这锭银子就归你了！"穆生人穷志短，见了这白花花的银锭，终于同意卖身。

二 最怕木石男

狐狸精施展媚术也有无可奈何的时候，首先就是怕遇上"木石男"。

色诱是狐狸精的利器，但诱惑毕竟与强暴不同，这种天雷勾地火的手段必须对方的配合才能达到目的。因此，狐女们的媚局设计得再好，而遇见的对手如果是生理、情感异常的人物，也难以得逞。譬如说，一个娇媚的狐女勾引男子，而该男子恰巧性取向异常，他对这个狐狸精就不会有兴趣。撇开这种极端的情况不说，一些性情木讷、反应迟钝，或读书读坏了脑子的男人，也往往让狐狸精无可奈何——这种男人，就是所谓的木石男。

某地东岳庙有两个书生寄读，一居北室，一居南室。狐狸精二姑娘经常与南室的书生往来，却从不去北室。南边这哥们儿倒也大度，觉得是狐狸精嘛，大家都可以玩玩，便对二姑娘说："你怎么只是跟我混，对北边那伙计却从不放电？"二姑娘说："君不以异类相待，故我亦为悦己者容。北边那小子心如木石，我不想接近他。"哥们进一步挑逗："你去试试嘛，他未必就扛得住！"二姑娘坚决不去，还讲出一番道理："磁石只能吸引指针，如果是不同类的东西，就吸引不动。不要多事，去了也没戏。"

　　这个故事载于《阅微草堂笔记·滦阳消夏录四》。据纪晓岚考证，居于北室的那个木石男应该就是他的族祖雷阳公，此人心地朴诚，智力平庸，既无才艺特长，又不解男女风情。他本来就不是狐狸精心仪的那款，如果还拿热脸去贴冷屁股，叫美丽的二姑娘情何以堪！

　　不过，在纪氏笔下，并不是所有的狐狸精都像二姑娘这样知进退，《槐西杂志二》就写一个狐狸精跑去媚木石男，没料到这哥们不仅心如木石，而且像《大话西游》里的唐僧，十分啰唆。

　　故事是这样的：一个雨夜，木石男书生在园亭独坐。一女子揭帘而入，自言家在墙外，对书生仰慕已久，今晚冒雨相就。书生既不惊喜，也不愤怒，直接开始弯弯绕："雨猛如是，你为何衣衫不湿？"女子根本没想到在这个暧昧的时刻，书生居然还能问出这种没心没肺的问题，全无应对预案，只好承认自己是狐狸精。书生又问："此间少年甚多，为何独来就我？"狐狸精答："前缘注定。""此缘哪里有记载？又是谁告诉你的？你前生何人？我前生又是何人？我俩因何事结此前缘？结于何年何月？愿闻其详。"亏得此狐狸精智商过人，吞吞吞吐吐好一阵，答道："你千百日不坐此，今天坐此。我见千百人不高兴，独今日见你便高兴。这不是前缘又是什么？请你不要再拒绝了。""有缘者两情相悦。我今日固然坐此，你也正好来此，但我心里一点都不高兴，可见就是无缘。勿多言，请你离开！"狐狸精徘徊不去，还想和他纠缠，忽然听得外面一个老太婆喊道："小女子真不懂事！天下男人多得去了，何必一定要找这个木头人！"狐狸精这才举袖一挥，灭灯而去。

纪氏笔下的这两位木石男是同一种类型，属于读书读坏了脑子，心里塞满了"非礼勿"什么的，对男女风情失去了基本兴趣。中国古代的读书文化比较鼓励这种境界，梁山伯与女扮男装的祝英台同室读了几年书，愣不知道祝同学是一女的！到了著名的十八相送，英台妹妹左点右点，就是点不醒这只呆鹅。即便如此，大伙儿还是认为祝英台应该嫁给梁山伯，否则就是千古爱情悲剧。所以，梁山伯也颇有几分木石男的成色，如果狐狸精深更半夜跑去媚他，吃闭门羹的可能性也比较大。

另有一类木石男则是身心发育迟缓或者轻度智障，看着像个男人，实则不知男女之事。如《聊斋志异·小翠》中的王元丰，"绝痴，十六岁不能知牝牡"。这样的公子哥儿，狐狸精如何能媚？蒲松龄倒也有意思，偏让不知愁苦的狐女小翠嫁给他，最后笔锋一转，安排小翠用开水烫死丈夫，再让他死而复生，成为一个真正的男人，完成结局。

木石男尽管"绝痴"，但相貌不一定丑陋，甚至还可能英俊。心计多端的狐狸精就要对他们进行智商测试，以判断值不值得媚。

《槐西杂志三》记载，某少年逛沧州庙会，傍晚看见牛车载着两美女往东而去。这小子没有正常的情感反应，心里尽想一些枯燥的问题：她俩是村姑还是城姑呢？为什么不带丫鬟呢？乘的牛车为何没有车篷呢？正想着，一个女子的红手帕掉到了地上，里面好像还包着不少铜钱，车上人未察觉，扬长而去。这小子又对着红手帕犹豫：我是捡呢还是不捡呢？想了好一阵，终于没敢捡。他回到家以后，还在心里纠结这事儿，自己无法判断对错，便告诉了母亲。他母亲当然聪明多了，没想到养了这样一个蠢儿子，天上掉的馅饼都不知道捡，对他一顿臭骂。半年后，邻村一个少年被狐狸精媚得精尽人亡。乡间传说是捡了红手帕，美人来索取，一来二往就勾搭上了。母亲听后心有余悸，回家对着儿子发感叹："这才知道痴是不痴，不痴是痴啊！"敢情这包钱的红手帕是狐狸精放出的试探气球，痴或不痴一试就知，免得遇上了木石男，浪费表情。

　　若心如木石又容貌丑陋、行为怪诞，那就是人间极品，狐狸精不仅不媚，还避之唯恐不及。这样的事情，纪晓岚在《槐西杂志一》中记录过一次，这个极品木石男叫申谦居，景州人。一天他骑驴出行，薄暮遇雨，投宿破庙。见地面污秽不堪，就摘下块门板当床，横在门边睡下。夜半睡醒，申公听见庙里一个娇怯的声音："我想出去避避，您挡住门了，我出不去。"申公问："你在室内，我在室外，两不相害，何必要避？"过了很久，那声音又起："男女有别，您还是让我出去避避吧！"申公不以为然，和她讲道理："室内室外就是有别，你要是出来了反而男女无别了。"说罢倒头又睡。第二天早晨，村民见到这爷们，大惊道："这庙里有狐狸精，常常出去迷媚男子，晚上进去则会遭砖瓦飞击。你在这里睡了一夜，居然无事！"申公这才明白昨夜是遇上狐狸精了，但他全然不解风情。后来他对朋友说庙里的狐狸精想勾引他，朋友实在忍俊不禁，叫他别自作多情："狐狸精就算媚尽天下男人，也断不会轮到你啊！她见到你这副尊容，是想出去躲避，哪里是想勾引你！"

为什么总是纪晓岚在讲述这样的故事？他可能是存心和蒲松龄唱对台戏，把人狐间的浓情蜜意化解成清汤寡水吧。

男人心如木石，则狐狸精媚功无所施展；而在狐狸精方面，其实也真不爱搭理这些男人。"食色，性也。"天下好色且美雅的男人多着呢，为什么招惹那些乏味的木石男呢！但很多男人对狐狸精都有防范，至于防得住防不住那是另外一回事，销魂事儿当然想试试，但又怕搭上精血性命。所以觉悟比较高的色男就加强思想改造，提高自制力，学柳下惠那样坐怀不乱。即便成不了真的柳下惠，但有几分将美女视为红粉骷髅的境界，狐狸精媚上来也挺费事儿。因此，狐媚无所施展的第二种情况，就是碰上那些控制得住自己欲望的男人。

这样的例证非常少，但不是没有，《夜谭随录·杂记五则》就录了一例。故事讲丁举人命中克妇，连娶三妻都死了，留下一堆儿女。他不耐鳏居，托媒婆到处说亲，怎奈其扫帚星名声在外，根本没有像样的女人应征。无奈之际，他只好修炼内功，炼着炼着出现了幻觉，闭眼就看见一只黑狐蹲在对面。他一呵斥，黑狐撒腿便跑。久而久之，彼此都习以为常了。

但幻觉在一天晚上变成了现实。丁孝廉闭上眼睛正准备练功，觉得有人上床来在自己身边蹭，衣香袭人。丁哥恍兮惚兮，分不清是幻是真，于是垂目息心，凝然不动。紧接着粉腮香吻一齐送上，他实在控制不住，睁眼一看：身边真坐了一个二八丽人！亏得他的功夫练到了火候，关键时刻保持了头脑清醒，寻思：我托媒婆到处说亲，也没说得个像样儿的女人上门。今儿个哪就有这等好事呢？这小女子不是狐狸精又是什么？于是，他对美女说："我知道你就是天天出现的那只狐狸！为何总来骚扰我？赶快滚蛋，否则别怪我不客气！"美女掩口嗤嗤，一副羞羞答答的娇态。丁举人烦躁起来，一脚把她踹下床去。狐狸精碰了一鼻子灰，爬起来愤愤地说："怎么这样粗暴，哪有点读书人的样子！我真走了，你可别后悔！"说罢出门而去。

过了几天，丁举人正在洗澡，狐狸精忽然掀帘而入，笑道："我来看你裸浴！"见丁不理睬，狐狸精就伸出手在他身上摸。摸着摸着，丁举人有了生理反应。狐狸精嘻嘻笑起来，用纤指刮他的脸撒娇："还读书人呢，羞不羞啊！当着女孩子的面就这样。"剧情在这个关键时刻急转直下，丁举人想：我一学道之人岂可动欲！何况，这骚娘们明明就是一个狐狸精，我还往火坑里跳吗？他想到这里，脾气又上来了，照着美女的鼻子就是一拳。狐狸精没料到会遭此突袭，负痛滚地，哀鸣而去。

丁举人颇有几分柳下惠的样子！但制欲有成，生活的诸多实际困难却不好解决，一个大老爷们拉扯着几个孩子，根本照顾不过来，所以，他还是想找个女人。这天，又有媒婆上门，说某某村卞姓大户人家有位小姐愿意嫁过来。丁举人不太相信，请自己的姑母和寡嫂过去打探。两人回来，对女方赞不绝口：不仅有钱，而且漂亮，慢说咱们这乡村，即便到了大城市也难找出这样的美人儿！丁举人大喜过望，即日纳聘，大摆宴席。晚上入洞房，揭开红头盖一瞧，果然美艳无比！再一瞧，出事儿了——这不就是前两次来骚扰他的狐狸精吗！还没等他动气，狐狸精就笑盈盈地说："我知道你练神仙功很久了，成功在望，但有些地方你还没弄明白，我来帮你分析分析。咱们一块儿练，到时同登仙籍，岂不美哉！"媒婆也在旁边打圆场："姻缘自有天定，新郎不必迟疑了。"丁举人一点也没迟疑，抓起一个痰盂就砸过去！老少俩破窗而去，丁一边大喊抓狐狸精，一边追出门去，但狐狸精已不知去向。次日，他派人到卞家一看，哪有什么大户，但见梧桐数株，古坟数堆而已。

三　奈何遇上薄情郎

对于以采补为目的的狐狸精而言，有足够的风骚让男人飞蛾扑火就行，谈情说爱的环节是可有可无的。而男人中也有天生玩家，看中的就是狐狸精的这个特点：无情有术，妖冶风骚，省钱省事儿，不会和自己的妻妾们争风吃醋。只要能拿捏分寸，进得去，出得来，自然便"得妇如尔亦佳"了。狐狸精水平参差不齐，媚术不精而又缺心眼的遇见这样的男人就得倒霉。

《阅微草堂笔记·槐西杂志二》记述山东胶州纪生，暮遇女子独行，这大哥不知怎的就认定她是个狐狸精，心里痒痒的：都说狐狸精妖媚迷人，到底是何情状却从未体会过，今天好不容易遇着了，非得试试！于是他上前搭讪："我知道你是个狐狸精，你骗不了我。我不讨厌狐狸精，和你这么个狐妹妹玩玩，我也是很高兴的。但这野外不行，太不斯文，晚上你到我书房来吧！"这个毫无社会经验的小狐女晚上果然去了他的书房，让纪生爽了一夜。纪生要小狐女以后经常来，她也乖乖听从了。但纪生是个喜新厌旧的主儿，身体也不行，几天后就兴味索然，于是提出分手。狐妹妹拴不住纪生，居然只会像人间市井妇女一样哭闹，骂他玩弄女性，骂他忘恩负义。纪生振振有词地教育起狐妹妹："别闹了，闹也没用！但凡男女之事，主动权在男人。女人不愿意，男的可以来硬的；男的不愿意，女的就没什么办法，即便狐狸精也不例外。而且，你来投怀送抱，无非想盗我精气，也并不是与我情投意合，所以我不跟你玩了也不算负情。始乱终弃，君子所恶，但那是对人而言，如你辈狐狸精，经常在外面招惹男人，根本就没什么名节可言，因此我也不算无情无义。"狐妹妹遇上这样的江湖老流氓，只好自认倒霉，默默撤退。

狐妹妹遇见老流氓自然没好果子吃，但若资深狐女动了真情，成了所谓"情狐"，风险也挺大——这是误入人道，变得和人差不多了，谈恋爱的结局就不再由狐狸精单方掌控。遇见重情男子，可能会发展出一段动人的人狐姻缘，如青凤嫁给耿去病（《聊斋志异·青凤》）、松娘嫁给孔雪笠（《聊斋志异·娇娜》）、胡大姐嫁给了刘海哥（《刘海砍樵》），都过上了幸福的小日子。但是，结局也有可能是有情人最终难成眷属，或如牛郎织女般不能相见，或为情而死，如任氏与郑六（《任氏传》）。最糟糕的情况则是狐狸精遇上薄情郎、负心汉，爱得身心疲惫最后成为弃妇，这种悲剧早在宋代就出现了。

长沙人侯诚叔到西池春游，遇狐狸精独孤氏，此姬"乃西子之艳丽，飞燕之腰肢，笑语轻巧"。两人眉来目去勾搭上，又互赠了几首打油情诗，之后便进入如此这般的程序。销魂多日，侯诚叔知道了独孤氏的真实身份后，仍色胆包天地拍着胸脯说："大丈夫生当眠烟卧月，占柳怜花！你长得如花似玉，又温软可爱，还管我吃管我住，我有什么不满足的？我怕什么！"独孤氏生生被感动了，千盟万誓要对侯哥好一辈子。

侯诚叔有个富商舅舅在南阳，十几年不曾见面。他温柔乡中住得久了，想出去走走，便跟独孤氏说去看亲戚，个把月就回来，要独孤氏好好在家里等他。独孤氏挥泪作别，细声嘱咐："望你不要喜新厌旧，重利轻义。"——分明是不太放心。

舅甥相见，分外高兴。舅舅又将他引荐给了太守，正巧太守那儿有一职位，便顺手给了他。侯诚叔这一去不打紧，竟在当地就业了。休息日到舅家串门，舅舅问婚娶没有，他说娶了，再问谁家闺女、姓甚名谁，便顾左右而言他。但后生仔没有经验，被灌了几杯老酒，就如实招了。舅舅一听火了："你是个人，怎么找一狐狸精做老婆呢！"这句话正好戳中了侯生心事，觉得守着一个狐狸精老婆的确也不是个事儿，于是由舅舅安排，娶了当地大族郝氏之女为妻。侯生倒也不是十分没谱的男人，还写了封信向独孤氏说明原委。独孤氏回信道："士之就去，不可忘义；人之反复，无甚于君。恩虽可负，心安可欺？视盟誓若无有，顾神明如等闲。子本穷愁，我令温暖。子口厌甘肥，身披衣帛。我无负子，子何负我？我将见汝堕死沟中，亦不引援手。我虽妇人，必当报复！"

几年后，独孤氏略施小技，戏弄侯生夫妇千里奔波，家产荡尽。紧接着郝氏病亡，侯生也失官，风尘满面，衣衫褴褛。一日侯生出城门，有花牛轻车经过，车内人掀开帘子问："子非侯郎乎？"侯生一看，正是那千娇百媚的独孤氏，两行热泪不禁滚滚而出。独孤氏道："我又嫁人了，现在挺好。你虽无情，但现在贫困如此，我不忍不帮。"给了他几串铜钱，又道："车上有我老公亲戚，不便多说，千万珍重！"

这出始乱终弃的爱情悲剧见于《西池春游》。侯诚叔倒并不是无情无义之徒，他受狐狸精之恩，对狐狸精也算有情，但舅舅的一句"汝，人也，其必于异类乎！"点中了他的心理死穴。侯与独孤氏的关系，颇似《杜十娘怒沉百宝箱》的李甲与杜十娘，两人本来是郎有情妾有意，最后李甲抛弃杜十娘，除了性格懦弱无主见，最根本的原因还是杜十娘的妓女身份。因此，在这种情形中，狐狸精身份的作用颇似妓女，与男人可以有性有情有恩爱，但要明媒正娶作妻室，则面临不小的舆论压力和心理障碍，有些男人可以克服，有些男人却克服不了。

大多狐狸精希望修炼成仙，但也有一些狐狸精似乎更向往人间的小日子，希望嫁个男人夫唱妇随。然而，美丽的狐狸精放下身段去向男人奉献，却不一定能得到应有的回报。有时是狐狸精的身份使男人爱而却步，如独孤氏遇上侯诚叔；有时则干脆遇人不淑，成为"老大嫁作商人妇"的琵琶女，如《续子不语·兰渚山北来大仙》记载的浙商故事。

浙江陈某行商湖北，生意赔了本，又得了重病，在破庙里等死。这时来了一个容颜美丽、衣着光鲜的女子。陈某惊愕之际，女子已脱下手臂上的金镯子，温柔地说："知道你现在贫乏，先拿着用吧。"第二天女子又来照料他的起居，两人枕席谐畅，情好日笃。陈某靠卖掉金镯换回的钱治病，并重理旧业，生意很快有了起色。女子又出钱盖了新房子，还添置了不少金银珠宝。没几年，陈某俨然大款矣。

忽一日，陈某接到浙江老家来信，要他回去。老陈心里痒痒，很想衣锦还乡风光一番，但想到身边这位患难红颜，又有些犯嘀咕，一来带着回去对老婆不好交代，二来对其身份也有些怀疑，总觉得来路不太对头。一天女子外出，陈某叫了几十个挑夫，把家里所有东西席卷而去。女子回家看到只剩一栋空屋，赶紧追到江边，陈某早已渡江而去。女子放声痛哭，没想到自己全身心的付出换来的竟然是这么个结局。

十年后，这名女子突然出现在陈家，对他说："我是狐神，本已名列仙籍。十几年前不该动情，委身于你是我不慎。你如此负心，我已上诉天帝，现已命江神授予我檄文，来取你性命！"说罢，便在陈家飞刀放火，抛砖掷瓦，闹得日夜不安。陈家请了道士请和尚，却怎么也治不住这个狐狸精，眼见得就要家破人亡了。可是，有一天忽然安静了，听得狐狸精在空中叹息："我不该往日情重，以至于此！如果真取了你性命，恐为天下有情人笑话。你家如能做场法事，找座名山安我牌位，我不报此仇也罢！"陈家请的一个降妖道士马上说："到我修道的兰渚山吧！"狐狸精应允，离开了陈家。这个狐狸精很像独孤氏，但陈某比侯诚叔却差了一大截。

情痴而又运气差的狐狸精，遇到的男人是一蟹不如一蟹。《聊斋志异·武孝廉》的故事结局更令人扼腕。男主角石某贫病交加，困卧舟中。狐狸精徐娘半老，风韵犹存，拿出自己的狐丹救活石某后，两人结为夫妻。石某捡回一条命，还顺手捡了个漂亮老婆，自然很是开心。他拿着狐夫人的钱买了官，人模狗样地嘚瑟起来。不久，他便犯了官场的通病，在外面养了小三王氏。他怕狐夫人知道，就想办法放了外任，把狐夫人留在老家，自己带着小三到外地做官去了。此去经年，他连封信也不写，狐夫人托人带的信他也不回。狐夫人只好去找他，先住在旅馆，让官署衙役进去通报姓名。石某居然不见，还指示人将她撵走。

一天，石某正与朋友欢饮，屋外传来喧闹声，狐夫人掀帘而入，吓得他面如土色，扑通跪倒在地。狐夫人骂道："薄情郎，好快活呀，也不想想这富贵哪里来的！你我情分不薄，想娶个小三也可以跟我商量，难不成我不让你娶？"石某长跪不起，先骂自己混蛋，不是东西，然后又百般解释，请求原谅。这边稳住了狐夫人，他就赶紧跑回家，做王氏的工作，说老大杀上门来了，让王氏给个面子，喊她一声姐，渡过难关再说。王氏开始不愿意，但经不住石某软磨硬泡，只好答应。狐夫人倒也大度，安慰道："妹妹不要害怕，我不是个妒妇。实在是这个男人做得太过分，换上你，也不愿有这样的男人！"一边骂男人，一边对王氏叙说事由。石某面红耳赤，无地自容，一再低声下气地表示大家以后好好过小日子吧。

于是，这一男两女开始了新的生活。狐夫人对下人宽和得体，明察若神，家务事管理得井井有条。她对王氏态度谦和，从不争风吃醋，不久，两人便惺惺相惜，结成了统一战线。

一天，石某外出公干未归。狐夫人与王氏对饮，不觉喝醉，在席间昏昏睡去，变成了一只狐狸。王氏心软，给她盖上被子让她好好睡。这时，石某回来了，王氏把情况告诉了他。石某心里一横，决定杀掉这个狐狸精。王氏急忙阻止："即便她是狐狸精，又有哪点对不住你，你非要杀她？！"石某不听，到处找刀。此时狐狸精已醒，知道他要动手行凶，悲愤地说："你真是蛇蝎之心，豺狼之性，我如何能与你长久相处！把以前吃的丹药还给我！"说完，朝石某脸上吐了一口唾沫，石某浑身如浇冰水，喉咙里作痒，哇的一声呕出了那粒狐丹。狐狸精拾起，愤然离去。石某当晚旧病复发，咳血不止，半年后一命呜呼。

"力可以得天下，不可以得匹夫匹妇之心。"——狐狸精纵有姿色，有财力，有温情，有手段，然而合此一切，仍换不来男人的真心！可见人若无情负心，狐狸精也没有什么办法。

上述三个故事中的狐狸精其实颇有些妖术，修理几个男人绝对不在话下。但三位狐狸精高度一致地心有不忍，未对薄情郎痛下杀手。即便石某心如蛇蝎，狐狸精仍未取他性命，只是收回了自己的东西，石某半年后才病发身亡。兰渚山狐仙更有意思，为了报复薄情郎可谓处心积虑，先到天帝处请示汇报，再到江神处讨来檄文，然后才到陈家闹事，眼见得陈家就要彻底遭殃，却突然收手，理由居然是担心天下人从此不相信有真爱了。

薄情郎却没有这份善良，对有再生之恩的狐狸精不仅绝情，甚至必欲杀之而后快。人心之险，即便狐狸精也防不胜防，并不是每次都能化险为夷，《秋灯丛话》中的一个故事就是个彻底的悲剧。

故事的前半部照例写夫妻恩爱，情深意笃，因狐妻不能生育（像很多故事中的狐狸精一样），便为丈夫李某张罗娶妾。妾生子，狐妻抚如己出。在男女性爱方面，狐狸精也特别节制，还劝丈夫节欲。这样一来，年轻的小妾不高兴了，唆使亲戚挑拨离间："她是个狐狸精，终究是靠不住的。说不定哪天不高兴，将你家的东西全都摄走，你岂不一贫如洗了！而且，狐狸精善蛊媚，相处久了恐有性命之忧啊！不如请茅山道士把她收了，才可世代无忧。"

李某惑于众议，从茅山请来一道符。接着又安排夫妻对饮，狐狸精高兴，不禁有些醉了。李某趁机道："一直听你说能隐形变化，我从没见过，今天能否钻进瓶子里给我看看？"狐狸精为讨丈夫欢心，嗖地钻了进去，李某急忙用符贴住瓶口。狐狸精在里面说："太热，放我出去吧！"外面没有动静，也没有应答。狐狸精这才觉得大事不妙，恳求道："二十年恩情，何忍心至此！即便容不下我，让我远走高飞就是，也算你对我有再生之恩！"但这道符永远打不开了，瓶子被放进开水里煮，死不瞑目的狐狸精化为一摊血水。

还有个更加悲惨的故事载于《夜雨秋灯续录·涤烦香》：武夫郎豹，健壮有力，性情倜傥，对人忠心耿耿，以保镖为业。一日行路，口渴难耐，找不到水喝，正巧见村口有个"颜色秀韵，体态娉婷"的垂髫女子卖桃。郎豹想买个桃子解渴，不料一摸口袋，分文也无，有些恼怒，道："算逑，老子不吃了！"村姑笑着说："小小桃子能值几个钱？大哥你就随便吃吧，不要你钱。"说着便削了一个桃子递给他。那桃儿玉肤沃雪，琼液流浆，入口甘美无比。郎豹吞下一个，意犹未尽。村姑善解人意，又给了四个让他带到前面旅店享用。郎豹不禁脱口问："你叫什么名字？"美丽村姑答："我姓吉，叫螺娘。"

美味与美女使郎豹不能忘怀，不久探得螺娘还未许人，便请人上门求亲。郎豹仪表堂堂，声如洪钟，三言两语说得螺娘母亲满心欢喜。但老太婆说，儿子在外，只螺娘守着自己，问能否倒插门。郎豹本来就是四海为家，便一口答应。郎大哥因一桃之缘抱得美人，庆幸不已，对螺娘十分体贴，夫妻恩爱。后来螺娘兄在外娶亲，要携妻归家，家里地方小住不下，郎豹乘机带着螺娘回到了济南老家。

郎家有老母及小姑春小，见郎豹带了这么个漂亮贤惠的媳妇回来，母女俩也非常高兴。一家四口，其乐融融，村人邻里见了都羡慕不已。不久老娘故去，郎豹守丧之后外出谋生，到了螺娘家不远处，顺道过去看看岳母内兄。行到当年吃桃处，却见白杨萧萧，风烟凄迷，根本不见村落。郎豹心中疑惑，回家问妻，螺娘闪烁其词："想必是搬到别处去了。"郎豹因而怀疑螺娘是狐狸精，从此提防她害己媚人。

西邻有个杭秀才，每天上学要经过郎家。一天，秀才被别人戏弄，贴了个纸乌龟在头巾上，他未察觉，照样大摇大摆去上学。螺娘看见，不禁掩口一笑。不料郎豹看见，以为螺娘勾引秀才，举起拳头就是一顿暴打，直到妹妹春小跪地求饶方才罢手。这大爷从此反目，对螺娘非打即骂。

一日郎豹醉归，因事对螺娘又起疑心，抄起木棍就是一顿毒打，打完扬长而去。春小同情嫂子，备了点酒菜同饮解愁。螺娘勉强喝下一杯便醉倒，俄顷变成一只小狐狸。春小惊慌失措，拉被子将其盖住，守在旁边等她醒来。这时郎豹归来，掀开被子一看，怒从心头起，恶向胆边生，一把拿过绳索将它捆得结结实实，转身从墙上抽刀。春小跪地哭告："嫂嫂一向贤惠，即便是狐狸精，对你又有何害！合得来就留下，合不来就打发她走，何苦要害她性命！"被捆绑的小狐狸醒了，变不回人形，只会哭着说话："小姑救我！"话音未落，郎豹的三尺利刃已如雨下……

狐狸精千千万万，吉螺娘是最命苦的一个。

四　狐妹妹嫁给人哥哥

在狐狸精的自述史中，人狐之婚始于大禹娶涂山氏。关于这段"历史"前文已做过考证，那时还未有狐狸成精之说，即便大禹有涂山之婚，涂山氏要么是人，要么是狐狸。人娶狐狸精之事最早见于北魏杨衒之《洛阳伽蓝记》，书中写孙岩之妻婚后三年一直和衣而卧，他觉得非常奇怪，一次乘妻熟睡，悄悄解开她的衣服察看，发现这娘们儿长着一条狐尾。孙岩十分惊恐，再不敢和这狐狸精过夫妻日子，打发她走人了事。

日本学者小泽俊夫把全世界民间故事中人与异类的婚姻分为ABC三种类型。A型是人与动物的婚姻，是原始部落的观念；B型以欧洲为中心，信仰基督教的民族认为人类会因为魔法而变成动物，这种情况下人与动物的婚姻，实际上还是人与人之间的婚姻；C型认为动物不需要魔法就可以变成人，异类婚姻可以发生。但在C型婚姻中，异类女婿往往以其身份暴露最后被杀为结局，而异类妻子一旦身份暴露则婚姻也随之破裂。也就是说，在C型关系中，异类不论是男是女，婚姻破裂都是必然的结局。

日本民间传说之"信太妻"，讲的就是人狐婚姻，情节大致如下：信太地区的森林中有一只狐狸，安倍保民救了它的命，它于是变成葛叶姑娘，做了安倍的妻子，为他生了个男孩叫童子丸。有一天，狐狸的真实面目被人发现了，她留下了一首歌："如其我恋，至于和泉，信太林中，其名葛叶。"然后悲伤地离开了。童子丸长大后，成了叫安倍晴明的阴阳师。

这个故事在中世纪的日本广为流传，有多种版本，但基本情节大多一致。这个例子特别符合小泽俊夫关于C型异类婚姻的描述。

孙岩娶狐妻的故事也属于C类，中国早期所有狐狸精故事中的异类婚姻基本上属于此类。我们先看看狐郎的情况：《广异记·杨伯成》讲中唐开元时杨伯成家来了一个自称吴南鹤的不速之客，进门就直接要当女婿，被拒后便霸王硬上弓，入室强奸，继而大打出手，最后被道士降伏，惩罚一百鞭，打得满身流血，赶出杨家。《广异记·汧阳令》的狐郎自称刘成，也是到汧阳令家贸然求婚。汧阳令莫名其妙："我不认识你，何以有婚姻之约？"狐郎耍起手段，女家顷刻屋动房摇，井厕交流。汧阳令无奈，只好将女嫁与狐郎。刘成入赘女家后倒也安分守己，"恒在宅，礼甚丰厚，资以饶益。家人不之嫌也"，但最后仍被著名道士罗公远收伏。

狐郎想做上门女婿却又行为不端，举止粗鲁，最后被道士料理在情理之中。但此时人们不能接受狐郎，并不以其行为端不端正、品质优不优秀为前提。《广异记·李元恭》中狐郎有文化、有教养、有才艺，对经书无所不知，还擅长抚琴，居然会弹奏嵇康"从此绝矣"的《广陵散》，尤其善弹《乌夜啼》。对待十五六岁的崔妹妹，表现得就像一个人生导师，今天要她读经，明天要她学书法，过些日子又教她弹琴，没几年就把她调教得琴棋书画样样精通。如此优秀之狐，李家却始终不能容他，必欲除之而后快。先来硬的，请术士出手，但没能治住。不得已再来软的，假装与之和平共处，趁其放松警惕，套出了其老巢所在，然后带人到后园竹林找到狐穴，几大桶水灌下去，灌出十几只狐狸，最后出来一只身着绿衫的老狐，人们高呼："狐郎出来了！"兴高采烈地消灭了它。

狐女爱上男人，也长时间演绎有情人不得善终的悲剧，除了沈既济的《任氏传》这一著名案例，《广异记》中还有李参军和李麐的例子。

唐兖州李参军赴职路上遇一老者，被问及婚姻，知其尚未娶亲，老者便带他到肖公之家，但见门馆清肃，甲第显焕。家有数女，容颜殊丽。老头做媒，肖公当晚就将一个女儿嫁与他为妻。过了洞房之夜，老丈人便催李郎赴官，要女儿随夫上任。珍宝送了五车，奴婢跟了几十，其他服玩，不可胜数。李郎带着这群家眷到任，见者以为是公主王妃之流，羡慕不已。两年后，李参军外出公干，老婆留在家里。李参军有个同事叫王颙，吃不着葡萄就觉得葡萄酸，一直疑心李家美艳妻眷是狐狸精，便趁机牵着犬出去打猎，经过李家门前时，正在门口左顾右盼的婢女们大惊失色，掉头跑进屋去。王颙故意放狗追咬，将李妻及婢女悉数歼灭。

狐狸精郑四娘是李麐赴任路上买来的老婆，聪明婉约，不仅擅长女红、烹饪，还会唱歌跳舞。李在官三年，郑氏为他生了一个儿子。后李携妻路过故乡，大宴宾朋。郑氏莫名其妙腹内剧痛，下马便走，势疾如风。李麐与仆人策马追赶，见郑氏钻进了一个小洞。他喊许久也不见郑氏出来，第二天让村人把洞挖开，里面唯有死狐一只。

上面两个故事中的狐女虽嫁给了男人，最后却不得善终，人狐婚姻终成镜花水月。《宣室志》中计真的故事结局更加复杂：

计真娶狐妻李氏之后婚姻美满，李氏为他生育七子二女。多年过去，李氏容颜仍像少女一般，计真因此更加钟爱。后李氏病重，告诉计真："妾非人间人，天命当与君偶，得以狐狸贱质，做了二十年夫妻。我断气后，愿你看在儿女面上，不要讨厌我的遗骸，全尸埋于土中，乃百生之赐。"计真惊悼伤感，泣不成声，将妻子用被子盖好，不久揭被一看，李氏果然已现本相。计真埋葬狐妻，殓葬之制，皆如人礼。一年后，七子二女也相继死去，其骸皆为人形。狐狸修行千年才成精，驻颜有术，应该是可以长生不老的，却比计真还死得早；而且，不仅自己死了，连她生养的子女也死了，结局比任氏、郑四娘更为悲惨。

人狐恋的悲剧模式直到北宋的《青琐高议·小莲记》仍在继续。

狐狸精小莲是李郎中从市场上买回的小女奴，在李家待了几年，颜色日益美艳，结果被李公乘醉强暴，收为次室。后李郎中授官某州，携妻就职，小莲不能随去，执李公手泣告："夫人到官一年当逝，你也会失意而归，妾当复见公。"后来的事情果不出小莲所料，李郎中丧妻失官，了无生趣，终日在家枯坐。小莲忽然来了，李公感泣万分，拉着她的手说："别后一如汝言！"于是，置酒命小莲跳舞，终日极欢。月余，小莲求去，泣拜告李公："我本是野狐，命定当死于猎人之手。过几天有人猎狐归，其中一死狐耳间有紫色毫毛，就是小莲。请您看在多年的情分上，赎回我的尸体，以北纸为衣，木皮为棺，葬于高地，勿以是异类而无情！"李公在约定的日子北行数里，果然遇见一伙猎人。他买下小莲的尸体，择日葬之，还亲自写了祭文。

这几个狐妻故事虽然经过了文人的改编或创作，但核心结构与信太妻差不多。不同之处在于结局是狐妻们都死了，她们的命运比信太妻更令人唏嘘。这点不同似乎可以理解为中国文人们为了增强悲剧效果而做的技术处理。唐宋时期作者对于这种题材的拿捏，显然还没有脱离小泽俊夫所举民间故事类型的思想桎梏。

异类婚姻之所以终难圆满，归根结底还是人类意识中的人兽之分（这也是人类脱离动物的主要心理标志），在文学表达时，这种观念会被投射到狐狸精一方，让她们自惭形秽。任氏美丽得一塌糊涂，对"屌丝男"郑六仍会说："事可愧耻，难施面目！"小莲与李郎中诀别，李挽留，小莲道："丑迹已彰，公当恶之。"此外，异类婚姻的悲剧结局还与人类的厌兽心理有关，如《续搜神记·钱塘士人》写杜生与一女子恩爱了数日，女子忽然变成白鹭飞走，杜生恶心不已，一气身亡。《阅微草堂笔记·如是我闻一》记少年爱恋狐狸精，痴迷不已，狐狸精感念他有救命之恩，不想害他，现出苍毛修尾的本相，跳上屋顶长嗥数声而去；农家子眼见自己心爱的美女原来是只畜生，从此断了念想。有时，即便当事人不以为意，异类婚姻也面临社会舆论的巨大压力，如《西池春游》的主角侯诚叔与狐狸精独孤氏生活了六七年，偶然间被长辈问及婚姻，吐露了真情。长辈道："汝，人也，其必于异类乎？"一场异类婚姻就此终结。

但是，人们对异类婚恋的态度还是一直朝着更宽容的方向转变。任氏、小莲们的婚姻虽以悲剧告终，但她们死后变成狐狸，男人都没有因此而厌恶，反而以礼葬之；《任氏传》的郑六在与任氏确定关系之前就已经知道她是狐狸精，却仍然爱上了她。

两情相悦无疑是人狐之恋最主要的促成因素，而狐狸精的美貌与男人的好色也起到了黏合剂的作用。《西池春游》的侯生贪欢，以致"唇根浮黑，面青而不荣，形衰而靡壮"，但面对肌秀目丽的狐狸精独孤氏，仍流连于异香锦衾，玉枕相挨，根本不能自已。《西蜀异遇》的李公子甚至亲见小美女被擒获，受法师狠狠教训一通后化为大尾狐狼狈逃走，他依然痴心不改，仰天长叹："人之所悦者，不过色也！今觊媛之色，可谓悦人也深矣，安顾其他哉！"侯、李二人的这股子生猛劲儿，在后来的《聊斋志异》等书中常被那些甘心"石榴裙下死，做鬼也风流"的男人温和地表述为"若得丽人，狐亦自佳"。

让狐狸精和人类终成眷属的关键人物是蒲松龄。《聊斋志异》压轴之作《青凤》就是一个美满的人狐爱情故事。狂生耿去病与狐狸精青凤好事多磨，终成连理，不仅生儿养女，还与青凤的叔父、兄弟生活在一起，如家人父子。《娇娜》亦然，孔生娶了狐狸精松娘，生子小宦；而他的初恋狐女娇娜恰巧又死了老公，于是也搬过来同住。又是狐妻，又是狐红颜，蒲松龄自己都被感动了："余于孔生，不羡其得艳妻，而羡其得腻友也。观其容，可以疗饥；听其声，可以解颐。"《莲香》则开启了狐妻鬼妾的家庭组合模式，狐狸精莲香和女鬼李氏经过哀婉曲折的生死轮回，先后嫁给了桑生。《聊斋志异》之后，完美的人狐婚姻遂成为笔记小说经常表现的主题。

狐妹妹经过数百年的努力，终于嫁给了人哥哥，过上了美满的人间生活。但那些死乞白赖要做上门女婿的狐郎，却一直没有成功。《聊斋志异》之后，人狐婚姻几乎全是狐妹妹嫁给人哥哥，而不见狐哥哥娶了人妹妹。即便是对狐狸精有再造之恩的蒲松龄，似乎也接受不了狐郎娶人妻这样的婚姻模式。究其原因，主要还是男尊女卑的观念作祟。不管狐狸精如何手段高强，如何风流偶傥，但在人们心目中，成了精的狐狸仍然是兽妖，是"贱类"，兽格妖格始终低于人格。而传统的婚姻观念，以男尊女卑为常理，女尊男卑却是例外。男人们对于投怀送抱的狐狸精可以玩狎，可以痴迷，也可以娶为妻妾。狐郎们对于看中的女人，也能迷媚和玩弄，甚至还能两情相悦，但要娶为妻室就万万不行。此外，异类婚姻还涉及生活方式问题：狐狸精嫁给男人，是女到男家，是狐狸过人的日子。女人嫁给狐郎，便是人到狐家，是人过狐狸的日子。狐狸精是没有家的，他们的生活场所不是洞穴古冢，就是废园弃仓。所以，狐狸精的生活形态对狐郎娶女人的婚姻构成了巨大的技术障碍，文人们再怎么胡思乱想，大概也解决不了女人如何在狐狸窝中当家庭主妇的问题。因此，人狐婚姻可以有，但男人娶狐女是一条底线，直至狐狸精退出历史舞台，这条底线都没有被突破。

从历史的发展看，男人娶女狐的婚姻形态在一步步突破，终至获得圆满的结果，而狐郎娶女人的禁忌似乎是越来越严厉。《太平广记》还有多起狐郎想做上门女婿事件，其中《广异记·杨氏女》甚至记录了杨家二女并嫁大小狐郎的罕见事例。而到了清代，此类事件在文人笔下就已经绝迹了。这种变化实际上反映了从唐代到清代，婚姻伦理越来越固化的趋势，使得即便如蒲松龄这样的不羁之才，也不敢越雷池一步。

《聊斋志异·胡氏》貌似写一个狐郎逼婚的悲剧，却最后笔锋一转，写成了狐女嫁人的喜剧。胡秀才在富人家做先生，因课业勤勉，待人有礼，深得主家赏识。但他平日行事不密，被识破狐狸精身份。主人见他素无恶意，仍然以礼待之。胡生后来竟托人说媒，要娶主家闺女。主人当然拒绝，理由很简单："实无他意，但恶非其类耳！"媒人怒而归。次日，狐兵大至，马嘶人沸，声势汹汹。庄客们持杖御敌，与狐兵大战。狐兵暂时退去，但三天两头来扰，虽未造成大的破坏，大户家亦不胜其烦。一日狐兵又来，主人看见胡生正在临阵指挥，便大声说："在下自以为不曾失礼于先生，何故三番五次兴兵扰我？"狐郎本来理亏，就喝住了小狐狸。主人乘机上前拉住他的手，邀入家中饮酒，语重心长地说："以我俩的情分，怎么会拒绝与先生联姻呢？但先生家车马、房屋，多不与人间同，弱女相从，先生亦知其不可呀！"这几句话点到狐狸精的痛处。主人掉转话头，说自己幼子可以做胡家女婿，不知可有年龄相仿的小狐女否。胡生听罢大喜过望，说自己有妹妹比公子小一岁，才貌出众，正好婚配。于是，二人把酒言欢，尽释前嫌。一年后，胡家人果然送妹子过来。公婆见新娘温丽异常，嫁妆又多，高兴得合不拢嘴，完全没有"恶非其类"的感觉。小狐狸精就这样嫁入富人家，过起了人间日子。此后，两家常相往来，"胡生兄弟以及胡媪，时来望女，人人皆见之"。

真是好事多磨，最终皆大欢喜，整个故事就是为了诠释狐郎为何不能娶女人，这也足以说明《聊斋志异》中未出现狐郎人女的婚配模式，完全是蒲松龄坚持原则的结果。对于这个小秘密，后来模仿《聊斋志异》的文人都心照不宣，不写也不说，清乾隆年间成书的《夜谭随录·崔秀才》透露出的一点相关信息，则说明狐界的自律越来越严明：

奉天刘爷年轻时偶傥好客，挥霍不吝。家里经常高朋满座，门庭若市。食客中有一个叫崔元素的山东秀才，十几天一来，无非贷款借粮，刘家人很烦这个没出息的书生，但刘爷一直善待他。不久，刘家突遭变故，家产荡尽，寒冬腊月连过年的米粮都没有。刘无奈，出门找朋友借点儿钱粮。岂料往日那些良朋密友一个个虚与委蛇，好话说尽，就是不见些米粮进袋。穷途末路之际，崔秀才来了，给了八千贯钱救急，又赠一袋黄金供他读书创业。刘爷从此转运，不仅科考及第，还重新发家致富，兴旺超过当年，刘、崔二人遂成为生死之交。刘爷想与崔秀才亲上加亲，打算把自己的独生女嫁给他儿子。不料崔一口拒绝："此大不可也！"刘爷十分不解，两家关系友好，自己财力雄厚，女儿聪明漂亮，这样的天赐良缘老崔咋就不答应呢？他一个劲儿问为什么，崔秀才只得吐露真情："我俩是老朋友了，告诉你也无妨。之所以不敢与君家联姻，只因我是艾山一老狐。"刘爷哈哈一笑，再不说嫁女之事。

蒲松龄笔下的胡生还有点非分之想，到了崔秀才不仅没了这个念头，对送上门来的儿媳妇也断然拒绝——狐狸精遵守人狐之分的自觉性无疑达到了新的高度。

第五章

雅慧之妖

一　狐狸的智商

在中国的文化传统里，狐狸精首先被理解为"媚"的化身；其次，它还代表过人的聪慧。"慧"这个意义依然存活在现代语言中，如"狡猾的狐狸"这类表述，虽然有贬义，却肯定了"狐慧"这一基本事实。

狐狸的嗅觉和听觉极为发达，行动敏捷而小心翼翼。野生的狐狸千百年来免不了和人打交道，也进化出一些对付人类的技能。《西顿野生动物》故事中的"源泉狐"就记录了一只老狐与猎狗的斗争，猎狗追它时，它迎着飞驰而来的火车跑去，在最后一刹那跃出轨道，而后面的猎狗却来不及变道，惨死车轮下。狐狸还有一个奇怪的行为：一只狐狸跳进鸡舍，把十几只鸡全部咬死，最后仅叼走一只；有时竟一只不吃，一只不带，空手而归，这种行为叫作"杀过"。最新研究表明，狐狸的生理结构还有些奇特的地方，如它是犬科动物，眼睛的瞳孔却像猫一样是狭长形的，这使得它们比其他犬科动物有更好的视觉能力；冬天，狐狸捕食雪层下的小动物，其脑部的某个区域竟可以利用磁场定位；而在城市化程度很高的欧美发达地区，狐狸也表现出了与时俱进的城市生活能力。但这些或聪明或诡异的行为方式，仍属于动物的本能。科学界一般观点认为，比较不同物种动物的智商没有意义，因为经过数百万年的演化，动物大脑经历了复杂的变化，它们各自有一套对付环境的办法。英国圣安德鲁斯大学海洋哺乳动物研究中心的文森特·雅尼克和哈佛大学心理学家詹姆斯·李等人的研究表明，只有灵长类和某些鲸类动物具有更好的学习和交流能力。因此，即便对动物的智商进行排名，狐狸也不会名列前茅。

但狐狸长期被古人视为一种特别聪明的动物，而且中西文化的观点比较一致。古希腊《伊索寓言》中有多则与狐狸有关的故事，尽管寓意各有不同，但绝大部分表现了狐狸的智慧或狡猾，如：

狐狸落在井里，没法上去，只好待在那里。一只山羊渴极了，也来到井边，他看见狐狸，就打听井水好喝不好喝。狐狸遇见这么个好机会，大为高兴，就竭力赞美那井水如何好，如何可口，劝山羊快下去。山羊一心想喝水，又没有心眼儿，就跳下去。当他解了渴，和狐狸一起设法上来的时候，狐狸就说，他有办法，可以救他们两个出去。他说："假如你愿意，可以用脚扒着井壁，把犄角放平，我从你后背跳上去，再拉你出去。"狐狸一再劝说，山羊欣然同意了。于是，狐狸就踩着山羊的后腿，跳到他的后背上，再从那里跳到他的犄角上，然后扒着井口，跳了上去，上去以后，就走了。山羊责备狐狸背信弃义，可是狐狸回过头来说道："朋友，你的头脑如果和你的胡子一样完美，那么，你刚才就不会不预先想好出路就跳下去。"（《狐狸和山羊》）

猴子在野兽的集会上跳舞，受到欢迎，被选立为王。狐狸嫉妒他，看见一个捕兽夹子里有一块肉，就把他领到那里，说自己发现了这个宝物，没有动用，把它当作贡品献给王家，特为猴子保管着，劝他亲自去拿。猴子不假思索，走上前去，就被夹子夹住了。他责备狐狸陷害他，狐狸回答说："猴子，凭你这点心智，就想在野兽中称王吗?"（《狐狸和猴子》）

甚至主神宙斯也喜欢狐狸的聪明机智，曾一度将兽类的王冠赐给了它。中世纪在欧洲广泛流传的列那狐，也是机智狡猾的化身。

狐狸在日本也一直被视为极聪明的动物，如平凡社出版的《世界大百科事典》记载：狐狸极为聪明，它在头上戴着杂草，身体浸在水中，接近鸭群，捕食鸭子。它在兔子身边装出十分痛苦的样子，满地打滚，一旦兔子接近它就一跃而起，逮住兔子。从这个意义上看，说狐狸是骗子绝不是虚假的。

中国人以为狐狸多智，最典型的例子就是《战国策》中的"狐假虎威"。与狐狸有关的成语还有"狐埋狐搰"，据《国语》记载："夫谚曰：狐埋之而狐搰之，是以无成功。"意思是说狐狸把吃不完的东西埋起来，埋好后不放心，又挖出来看看，这样埋了挖，挖了埋，总是埋不成。以此说明狐狸的多疑到了可笑的地步。先秦时代出现的"狐疑"一词，就是形容狐狸这种状态，而多疑是机警的表现。

到了晋代，狐狸的机智聪明又有了新的例证，据说在冬天，狐狸能够通过听冰下有无水流声判断冰层的厚度，决定可不可渡河。这个传说出现于晋人郭缘生的《述征记》中："冰始合，车马不敢过，要须狐行。云此物善听，冰下无水乃过。人见狐行，方渡。"行人车马过河，须仰仗狐狸的机敏，在这点上，人智居然不如狐智。唐人杨涛、滕迈还对此大发感慨，写下《狐听冰赋》，称道"一兽之智，可以偕善，必听而配规行者也"。

狐狸的"一兽之智"遂被理解为高出其他动物的灵性，那么它们成精成妖就更加容易。明代话本中，这种说法比较突出。如：

> 话说诸虫百兽，多有变幻之事，如黑鱼汉子、白螺美人，虎为僧为姬，牛称王，豹称将军，犬为主人，鹿为道士，狼为小儿，见于小说他书，不可胜数。就中惟猿、猴二种最有灵性，算来总不如狐成妖作怪，事迹多端。（《三遂平妖传》）
>
> 天地间之物，惟狐最灵，善能变幻，故名狐魅。（《二刻拍案惊奇》）
>
> 天下兽中，猩猩猿猴之外，狐狸在走兽中能学人行，其灵性与人近。（《型世言》）

照此说法，狐狸精的妖媚也有较高的智商含量。

二　兽之好学者

按照六朝小说家的记载，狐狸精早在汉武帝时就造访过大儒董仲舒。一日，董大师正帷下独咏，忽有客来。此人风姿不凡，谈经论道，辩锋无碍，而且指着天色说就要下雨了。董仲舒郁闷了，身为帝师，从来就是自己说别人听，哪里受过这样的憋屈？且在学术圈混了这么多年，也从没听说过这位青年才俊呀！他越想越觉得不对劲，就不谈学问了，直接搞人身攻击："俗话说巢居知风，穴居知雨，你不是狐狸，就是老鼠！"来客闻声色变，化成狐狸逃走了。帝师这才挽回一些颜面。这个故事《搜神记》和《幽明录》都有记述。

狐狸精仗着聪明，就想与高人才子辩谈学问，但他们没料到那些貌似满腹诗书的高人才子，辩不过时也会来横的。据《搜神记》记载，西晋第一才子张茂先聪明绝顶，学识渊博，诗书辞赋无所不通。一日，有雅士持名片来见，谈老庄，论风雅，茂先"无不应声屈滞"。张才子完败后，仰天长叹："天下岂有此等少年！若非鬼魅，就是狐狸精啊！"马上命人锁门，想方设法让狐狸精现出本相，取了他小命，事后还假惺惺地说了句："千年不可复得！"

这两则故事中的狐书生，好学又有点显摆，造会名人大儒只为一展才情，却因锋芒太露为人所忌，死的死，逃的逃。两则故事中有个相似细节很有意思，董仲舒和张茂先本来并不知道来访者是狐狸精，他俩推断的依据就是对方比自己更加聪明博学。大概董、张二人以为自己是人间极品，凡智商高于己者就不是人了。

狐狸精何以一出场就满腹经纶、辩锋无碍？因为狐狸精不仅聪慧，也很努力好学。在狐书生如此高调行为的后面，是他们有目的、有组织的文化教育活动。

《搜神记》就有吴中白毛老狐课小狐读书的故事，唐代《广异记·孙甑生》又出现同样场景。孙以养鹰捕猎为业，某日偶入一洞穴，见十几只狐狸围坐读书，中间一老狐正在讲解课文。孙夺书而归，第二天有十几人带厚礼上门讨书。

钱锺书先生读《太平广记》也特别注意过这一现象，《管锥篇》对晋、唐小说中狐读书之事有一段梳理，且曰："按古来以狐为兽中黠而淫之尤，传虚成实，已如铁案。然兽之好讲学而爱读书者，似亦推狐，小说中屡道不一……《聊斋志异》卷四《雨钱》称胡翁博洽，深于经义；晋唐小说中胡氏家风未堕也。书淫与媚学二语，大可别作解会。"

其实，清代作家中，纪晓岚写狐读书事远多于蒲松龄，《阅微草堂笔记》有两则故事更是明里暗里照应狐翁墓穴课子孙情节。

一则虚写，载《如是我闻一》：纪晓岚老乡王五贤是个私塾先生，一次夜过古墓，听见责骂声："你们不读书识字，不能明理，将来什么坏事不敢做？一旦触犯天条，悔之晚矣!"王五贤大吃一惊，想有谁会在这荒山野地里调教子弟呢？他仔细听了好一阵，才发现声音出自古墓狐穴。故事到此戛然而止，王先生并没有进一步探寻究竟。

一则实写，出自《滦阳消夏录三》：书生夜间独行莽丛，忽闻诵书声，寻之，见一老者坐墓墟间授课，身边十几只狐狸捧着书蹲坐。书生以为一伙狐狸精既然读书，当不会害人，就与老翁揖让，席地而坐，谈论起来。他最关心的问题是："你等狐狸精读书为何？"老翁说只为修仙，其正途先学人道，再学仙道，"故先读圣贤之书，明三纲五常之理，心化则形亦化矣"。书生借视其书，皆《五经》《论语》《孝经》《孟子》之类，而且都无注解。书生问为何无注，狐翁道："吾辈读书，但求明理。圣贤言语本不艰深，口相授受，疏通训诂，即可知其义旨，何以注为？"接着，狐翁又攻击了一番宋儒。

几则故事头尾相隔近千年，可见狐族的读书传统是长期延续的，怪不得钱锺书先生说"胡氏家风未堕"。但细辨两个时代的狐翁课子，有一处明显不同：晋、唐时的狐翁是一只老狐狸，纪晓岚笔下的狐翁则是老先生。究其原由，可能还是成仙观念的影响。晋、唐之时，狐狸精修炼成仙的思想尚未形成，故而只强调本相与变体之别。

到了纪晓岚生活的时代，修仙思想已深入影响文本叙事，且纪本人对此话题尤为关注，曾在《阅微草堂笔记》中多次论及。纪氏认为，读圣贤书乃是狐狸精修仙正途的必由之路，那么读书多少就会表现出不同效果。老狐已成人，小狐还是狐，就是要说明这个问题。

袁枚《子不语·狐生员劝人修仙》则更是透露了狐界的一个大秘密。赵襄敏西楼夜读，门户已闭。一个扁得像纸的人从窗缝钻了进来，搓搓头、揉揉手，慢慢变成了书生，对赵作揖道："生员我是狐仙，在这里已经住了一百多年。此间历位主人对我都很客气，从不打扰。先生现在忽来读书，您是天子大臣，我不敢违抗，因此特来请示：如果您必欲在此读书，我就打算搬迁，但您得给我三日宽限。如果大人还容我寄居于此，就请您把门锁上，我俩互不打扰。"赵襄敏觉得太有趣了，问他："狐狸精也有生员吗？"狐狸精相告，蒙泰山娘娘主持一年一次的科考，文理精通的狐狸精取为生员，文理不通的继续做野狐。狐生员可以修仙，野狐就没有这个资格。之后便劝赵襄敏修仙，说读书人修仙比狐狸精容易，因为狐狸精要先学人形，再学人语，才能修仙。赵公听他说得头头是道，次日便让出西楼供其继续读书修仙。

狐界知识分子不仅读书、科考，他们还过着一种与书为伴的风雅生活。《狯园》之雅狐："其人甚儒雅，入堂中与之语，言颇清远，辩论亦博……窥其案头，惟书一卷而已。此公平居但读书，书皆古文字，不可识。"《子不语·狐道学》："室中有琴、剑、书籍，所读书皆《黄庭》《道德》等经，所谈者皆'心性''语录'中语。遇其子孙奴仆甚严，言笑不苟。"纪晓岚对知书好礼、行事风雅的狐狸精青眼有加，《阅微草堂笔记》中多有记录。《如是我闻二》写一雅狐，必择人而居，晚上主人读书，他也吟诗诵词。主人周兰坡学士搬走了，他也跟着搬走。后来旧居又搬来一读书人家，雅狐才带着家眷回来，还给新主人写了一封很有文采的短信：

> 仆虽异类，颇悦诗书，雅不欲与俗客伍。此宅数十年来皆词人栖息，惬所素好，故挈族安居。自兰坡先生恝然舍我，后来居者，目不识驵侩之容，耳不胜歌吹之音，鼻不胜酒肉之气。迫于无奈，窜迹山林。今闻先生山麓之季子，文章必有渊源，故望影来归，非期相扰。自今已往，或捡书獭祭，偶动芸签；借笔鸦涂，暂磨鹦眼。此外如一毫凌犯，任先生诉诸明神。愿廓清襟，勿相疑贰。末题：康默顿首顿首。

读书的狐狸精文化水平也参差不齐，水平高的术有专攻，水平低的也不过小学蒙童。如《萤窗异草》的谈"易"狐，就是"易学"权威。陕西书院一伙秀才探讨《周易》，因经义深奥，辩来辩去不得要领，这时来了位耄耋老人，为诸生解疑，一一剖析，口若悬河。年余，教得这些学生六爻十翼无不通晓。后来，学生们才发现老翁是个狐狸精。但老狐的学问专而不博，只对《易经》无所不通，扯到其他经书就言语支吾。《阅微草堂笔记·槐西杂志二》中两个狐狸精则显然还在混小学，他俩在树林子里边走边背课文，不小心掉了一本书，被人拣去。书中尽是些药方、春联之类的浅显文字，杂乱无序。拾者未及看完，狐弟萌娃突然跑来夺书，逃走时又掉了一张纸条，上面写着："《诗经》於字皆乌音，《易经》无字左边无点。"大约是学习口诀之类。纪晓岚因此说这两个狐狸精是"粗材之好讲文艺者"——才智虽然差了点，但学习的精神还是值得肯定的。

但聪明有文化的狐狸精，也不一定就品行端正。正如纪氏笔下一个狐狸精所言："至我辈之中，好丑不一，亦如人类之内良莠不齐。"《搜神后记》卷九中的狐狸精，做坏事还有花名册。吴郡顾旃到山上狩猎，忽然听见野地里有人说话："唉，今年不行了！"找来找去，发现山顶空冢里面蹲着一只老狐，对着一个簿子指画。顾旃将老狐打死，见簿子上尽是人家女儿的姓名，已被诱奸过的就用红笔勾掉，没打勾的则是准备去引诱奸污的。顾旃惊讶地发现，自己女儿的名字也在册。

三　狐　书

狐狸精除了读人间书，还自有一套神秘的内部知识系统。晋人伏滔《北征记》中有一段记载：

> 皇天坞北古特陶穴，晋时有人逐狐入穴，行十余里，得书二千卷。

那么，两千卷狐书上都是些什么内容呢？《北征记》没说，我们得通过其他的文献来考证。先看《宣室志·林景玄》：武夫林景玄常飞鹰走狗。一次围猎时被野兔引到墓穴边，他下马正准备扒坟，听见里面有人说话："我命属土，克土者木也。今天姓林的来了，我命当绝！"林低头探视，见一白须老头拿着书本正满口之乎者也。林武夫二话没说，发一箭进去，把老头儿射成了老狐狸。扯出那本书一看，全是外文，"似梵书而非梵字"，一个字也不认识。林武夫觉得拿着也没什么用，便一把火烧了。

《玄怪录·狐诵通天经》所叙与此类似，但是后半部分有很大不同。一个叫裴仲元的人也是如此这般地进入大墓，看见一只狐狸凭棺读书。他心想兔子抓不着了，抓只狐狸也不错。结果狐狸也没抓着，他只抢到了那册书，回家一看，书上文字一个不识。这时，有胡秀才求见，开门见山就说自己是墓中读书的狐狸，书被无端抢走，现来索回。裴仲元问那书上讲的什么玩意儿。秀才答："《通天经》，非人间所习，对你老人家实在没有用处，不如还我，我以百金为谢！"裴不同意，秀才又把酬金提高十倍。裴还是不答应，胡秀才拂袖而去。没过多久，裴仲元遇见已经去世的表兄，他正心里盘算这是人还是鬼，表兄却说自己能看懂狐书上的字，不妨拿出来瞧瞧。裴仲元于是取出狐书让他过目，他接过书，说了句"我为胡秀才取书"，顿失踪影。紧接着，裴仲元暴病而亡。

后来，在文人们的笔下，对这个母题的演绎变得越来越注重索书的情节。《灵怪录·王生》的抢书情节与上述二则故事稍异：王生是杭州人，离开父母进京打理产业，顺便想谋个一官半职。途经树林，看见两只野狐手执黄纸文书，倚树而谈，旁若无人。王生没见过这么目中无人的野狐，破口大骂，但两狐狸根本不理会。王生一弹弓过去，正中执书狐狸的眼睛。那家伙大叫一声，扔下文书逃走。王生跑过去拾起文书，就一两张纸，"文字类梵书而莫究识"。接下来的索书过程非常复杂，骗局设计之精妙，充分体现了狐狸精的高智商。

晚上，王生正和店主人叙述白天的奇遇，这时进来一个眼部受重伤的客人，一副疼痛难忍的样子。他旁听了几句王生的话，表示很不可思议，问能不能把狐书拿出来瞧瞧，证明王生不是吹牛。王生正掏那两张纸，店主突然发现瞎眼哥们屁股后面拖着一条尾巴，于是大喊："他是狐狸精！"王生反应极快，一手将书纸揣回怀里，另一手抽刀就砍，瞎眼男子化为狐狸急逃而去。深夜，听见外面有人喊："不把文书还我，后悔莫及！"狐狸精越是这样急着取回文书，王生越觉得这是件不得了的宝贝，便藏在箱底带往京都求官去了。驻京月余，杭州来了一个家童，手执凶讣，说他母亲已去世数日，且留有遗言，要他变卖产业赶回杭州。王生低价处理了田宅，急急忙忙租船赶回杭州。经过扬州河段，对面驶过一艘船，一派欢歌笑语。靠近一看，居然是家里人。他们见王生一身丧服，莫名其妙。王生见了母亲，才知老太太也收到他的信，说自己在京城当了大官，要家里卖掉田宅，全都上京城去。王母见子心切，也低价处理了家产，高高兴兴地进京。两人拿出书信一看，皆空无一字。贱卖家产加上路途花费，剩下的钱不及原产十分之一，只买得几间破屋遮蔽风雨。

王生有一兄弟，多年不见，事发后不久忽然来了，见家道败落至此，问王生发生了什么。王生原原本本说了事情经过，并揣度是夺了狐狸精的文书才惹的祸。兄弟连说不可思议，王生便拿来狐书给他看。此人接过天书，揣进怀里，说道："今日还我天书！"言毕化为一狐而去。

这个故事后来被冯梦龙写成话本小说《小水湾天狐诒书》，收进《醒世恒言》。此外，《乾腰子·何让之》《河东记·李自良》《广异记·孙甑生》以及《太平广记》收录的张简栖故事都大同小异，说明这个题材的故事在唐代至明代这段时期广泛流传。这些故事的结局大多是抢了狐书不肯还的人，最后遭到狐狸精各种各样的恶搞报复。也有些故事表现归还了书的人得到了福报，如《河东记》写李自良归还了狐书，后来狐狸精在关键时刻帮忙，使他当上了工部尚书、太原节度使。

这些情节相似的故事，充分说明狐狸精有一套神秘的内部知识系统，其载体就是"狐书"。狐狸精特别看重这玩意儿，一旦失去定会千方百计、不惜代价地索回。而这狐书"似梵书而非梵字"，或者"其字皆古篆"，人莫能识；要破译狐狸精的这套知识系统，解释狐书的来源及内容就成了关键。

中国道教几乎从创立时期就分为两派，一派是丹鼎道，另一派是符水道。符水道派道士的宗教活动中，符箓是件重要道具。这玩意儿就是一些笔画屈曲、似字非字的图形。符箓不仅可以遣神役鬼、镇魔压邪，也是教徒入道的凭据。符箓具有三个特点：图形难解、法力无边、不能外传——这似乎有点狐书的影子了。

道教在魏晋时非常昌盛，其时佛教在中国也是方兴未艾的，道佛之争日趋激烈。道遇上佛，很快就表现出理论上的劣势。佛教经典可以从西域源源不断地输来，而道教徒除了拿得出牵强附会的老子《道德经》和理论水平较低的《太平经》，就实在没什么东西了。为了弥补这个不足，道士们于是大量伪造经典。东晋中叶，先后有《三皇经》《灵宝经》《上清经》三部道经面世，此即后世道教所谓的"三洞真经"。有了经还不行，道士们还得渲染这些经的神秘出处。《抱朴子内篇》就说："《灵宝经》有正机、平衡、飞龟授袟，凡三篇，皆仙术也。吴王伐石以治宫室，而于合石之中得紫文金简之书，不能读之，使使者持以问仲尼。"而且，这种说法还不是葛洪首创，东汉袁康所作《越绝书》中，就提到大禹治水，遇神人授《灵宝五符》以伏蛟龙水豹的故事。据说大禹后将此书藏于洞庭包山之穴，"至吴王阖闾时，有龙威丈人得符献之，吴王以示群臣，皆莫能识。乃令赍符以问孔子"。这样，三洞真经的出现就与一个神秘的洞穴有关，而大禹则不过是传经者之一。

符水派的神秘道具和道士们的造经传说，显然作为养分被狐狸精故事的作者所吸收。狐书上的文字一会儿"似梵非梵"，一会儿"字皆古篆"，则明显透露了道教依佛典造伪经的信息。狐狸精为什么要读这些天书呢？道理很简单，符水道主张信徒要六时行香，诵念道经，方可降福消灾，得道成仙。人读经可以成仙，狐狸自然也可通过读经而成精成仙。有了这层理解，我们才会明白狐狸精为何要千方百计地索回失去的天书。

狐书的故事《太平广记》收录最多，说明唐代流传最广。明代小说家冯梦龙对这个主题也情有独钟。他不仅依照这个传说的主要情节写了话本小说《小水湾天狐诒书》，而且将该题材融进了他改写的长篇小说《三遂平妖传》。

《三遂平妖传》是中国最早的神魔小说，原著二十回，作者是罗贯中。后来，冯梦龙在西安购得此书，广泛吸收民间妖异传说，增补改编成《新平妖传》。从篇幅上看，新书比旧作足足多出二十回。而内容上最大的改动就是：罗本《平妖传》和狐狸精没有半毛钱关系，冯本《平妖传》的几个主要人物都成了狐狸精。狐狸精的天书在这里也有了清晰的来龙去脉：

云梦山白云洞一只通臂白猿跟从九天玄女修道，被玄女带上天庭。玉帝封他为白云洞君，掌管九天秘籍。这秘籍叫《如意册》，是一本长三寸、厚三寸的小册子，里面细开着道家一百单八样变化之法，三十六大变，应着天罡之数，七十二小变，应着地煞之数，端的有移天换斗之奇方，役鬼驱神的妙用。岂料白猿野心未泯，擅自将天书带回白云洞，把内容全部刻在了石壁上。案发后，白猿被抓回天庭。这家伙巧舌如簧，一通讲演让大神们动了恻隐之心，没杀他也没让他下狱，只罚他回白云洞护法守经，勿使泄露人间。就这样，天书被刻录在一个神秘的山洞中，而袁公守护天书的秘密也在民间流传。

　　紧接着便出现了一个天生地造的蛋子和尚，他历尽艰辛，先后三次冒着生命危险独闯白云洞，拓下天书带出，在月圆之夜对着月照看，果然隐隐出现绿色字样，细字有铜钱大，粗字有手掌大，但多是雷文云篆，半字不识。之后，蛋子和尚于梦中听见一个老者的声音："欲辨天书，须寻圣姑。"

　　圣姑何许人也？乃雁门山下大土洞中的白色牝狐。她还生有一双儿女，这仨狐狸精就是《三遂平妖传》贯穿始终的主要人物。蛋子和尚颇费周折找到了老狐狸精圣姑姑，拿出天书请她指教。圣姑姑翻阅一遍，便说这是《如意宝册》，记录的是七十二地煞变法，并问还有三十六天罡变法，如何没有拓下来。蛋子和尚佩服得五体投地，说石壁上所有刻字都拓了，但有十几张无论怎么看都没有文字。圣姑姑叹道："缘也！命也！"遂为蛋子和尚一一指示，哪些是符，哪些是字，大字什么意思，小字又什么意思。两人于是按照天书的内容开始修炼。圣姑姑还用白话文将《如意宝册》翻译一遍，交给小狐狸精胡兴儿，让她也练成了法术。后来，仨狐狸精仗着法术撺掇小混混王则造反当草头王，被朝廷发兵镇压。圣姑姑也被九天玄女用照妖镜收降，带上天庭，最后受到的惩罚却很有意思——替代袁公去白云洞守护天书，从此白云洞再无人到。

此外，冯梦龙还不忘交代圣姑姑能解梵文：华阴县杨巡检夫妻俩信佛，得西域僧人送一部梵字金经，无人能识。圣姑姑一看，便说是一卷《波罗蜜多心经》，但里面少了"菩提萨摩诃"五个字。杨巡检找来唐本《心经》比对，果然少了五字。至于这老狐狸精为何有这么大的能耐——书中说"原来这老狐精多曾与天狐往还"。

还有什么妖精能像狐狸精这样，天生慧质，饱读诗书，还得到中外秘籍的滋养，从而成为中国妖界的超级知识分子呢？

四　媚袖添香

狐族读书的传统可谓源远流长，但狐的世界跟人的世界一样，读书是狐郎狐翁分内之事，狐女则不然，尽管美丽聪明，却并不一定读书，唐传奇的任氏未曾读书，《聊斋志异》的青凤、娇娜也未闻有读书事。但既然在男人统治的世界中，能寥若晨星般出现蔡文姬、薛涛、李清照、朱淑真等才女，狐族中也就不乏这样的人物。

第一个有文才的狐女出现于《太平广记》收录的《姚坤》。此女自荐于处士姚坤，云为富家女，名唤天桃，"妖丽冶容，至于篇什等体，具能精至"。后来姚坤入京应制，天桃不乐，取笔题竹简为诗一首："铅华久御向人间，欲舍铅华更惨颜。纵有青丘今夜月，无因重照旧云鬟。"

北宋《青琐高议》中的狐狸精独孤氏也吟诗传情："人间春色多三月，池上风光直万金。幸有桃源归去路，如何才子不相寻？""春光入水到底碧，野色随人是处同。不得殷勤频问妾，吾家只住杏园东。”诗意浅显，近似打油，且“字体柔弱，若五七岁小童所书”。

而同时期小说集《云斋广录》狐女的诗作水平则要高出许多，该女欲与李公子相厮守而不可得，便以花笺书《蝶恋花》一首以表相思：“云破蟾光穿晓户。欹枕凄凉，多少伤心处。唯有相思情最苦，檀郎咫尺千山阻。　　莫学飞花兼落絮。摇荡春风，逶迤抛人去。结尽寸肠千万缕，如今认得先辜负。”后来两人相见，同游园圃，共饮荼蘼花下，狐狸精微醺，又写诗一首：“绿鞅盘纡成绀幄，屑玉纷纷迎面落。美人欲醉朱颜酡，青天任作刘伶幕。”

狐女中的大学问家则属《狯园》朱家宅子的某太太。京兆韦翰林想娶她女儿为妾，托媒婆带了大礼上门提亲。太太很高兴，设席以待。韦翰林又备上厚礼兴冲冲跑过去，在客厅等待良久，“太太出矣，可称五十许人，妆饰淡雅，举止可观”。狐太太开口就问韦翰林研习什么经典，韦答以《周易》，太太随便举出“咸卦”一章跟他讨论，接着又谈到了《春秋》。狐太太对于这些艰深的典籍，颇通大义，熟如注水；韦翰林却越说越窘，无招架之力。太太见小伙子不行了，便放他一马，不再论经，拿他的扇子过来欣赏，把扇面上诗朗读一遍，随即和诗一首，吩咐青衣呈上笔砚，题写于五彩纸笺。席间，太太又转移话题，谈论朝政国事及天下大计，也是词气高迈，深有士风。韦翰林本以为自己有才且多金，意欲在妇道人家面前显摆，没料到被这么一通修理，方寸大乱，慌慌张张避席而去，压根儿没敢提娶妾之事。

明清较之唐宋，女性所受道德纲常的束缚越来越多，对男人的依附程度也更深。举例言之，唐代有薛涛、上官婉儿，不仅聪慧过人，薛涛还当过剑南节度使韦皋的校书郎，上官婉儿更是为武则天掌管宫中制诰多年，有"巾帼宰相"之称；宋代则有李清照、朱淑真等，不仅词作是一流水准，生活经历也丰富多彩，可歌可泣。明清两朝再无这样的女子，即使是勉强上得台面的柳如是，格局才情都与此四美相去甚远。

秀外慧中的女性应该每个时代都有，但她们在越来越由男人主宰的世界里能干什么呢？不能参加考试，不能开课授徒，不能做女秘书，更不能当官理政，最恰当的用处就是红袖添香夜读书。科举时代，莘莘学子寒窗苦读，博的是一朝金榜题名，从而封妻荫子、光宗耀祖。但成功之前过的是一种"数卷残书，半窗寒烛，冷落荒斋"的愁苦生活，红袖添香的意境对于他们无疑是最温暖的心灵慰藉。然而，拨开这层温情脉脉的面纱，红袖添香的心理指向，无非是男人们对于性与功名的组合幻想。颠倒衣裳之后，色授魂与之际，倘能西窗剪烛而谈诗论文，则香艳的性伴侣又成了红颜知己甚至扫眉才子，这种意境就更使人心醉神迷。

有意思的是，"红袖添香夜读书"这句话不是男人说出来的，而是出自清乾隆时女诗人席佩兰的《寿简斋先生》。原诗很长，相关的几句是："万里桥西野老居，五株杨柳宰官庐。绿衣捧砚催题卷，红袖添香伴读书。愿公二十三房里，一个环房一年徙。"从诗意分析，作者不仅承认了"红袖"为"伴"的地位，而且以此为雅，以此为荣。席也算得上清代才女，不仅能诗，而且擅画兰。她还是袁枚的弟子，深得袁老师赏识。袁曾评论她的诗："字字出性灵，不拾古人牙慧，而能天机清妙，音节琤净，似此诗才，不独闺阁中罕有其俪也。其佳处总在先有作意而后有诗，今之号称诗家者愧矣。"

袁老师虽然不遗余力赞赏这个女弟子，但席佩兰诗文为人所知者似乎只有这一句。袁老师倒是在自己的作品中以狐狸精故事演绎过女弟子的诗意。

　　《续子不语·李生遇狐》载，少年书生李圣修，寄读于离家二十里外的岩镇别院。一夜有丽人来，年可十五六，坐榻上与李相视而笑。孤寂的少年哪里经得起这种诱惑，遂就燕好。此后女子每夜飘然而至，教他吟诗填词。然而提到科举八股，女子就很不感兴趣，对李说："此事无关学问，且君科名无分，何必耐此辛苦？"后来李生金屋藏娇为同学识破，被父亲召回家，狐狸精也跟了回去，使个隐身术在李家进出，只有李生一人能见。全家都担心李生会被狐狸精害死，却苦于驱狐无法。一日他嫂子过来串门，这娘们是一猛女，听说此事后站在堂屋大声责骂："狐狸精也得知羞耻，怎么能强夺别人的夫婿！我家小叔早已订婚，以后入门，谁大谁小？"这个林妹妹似的狐狸精实在心慧而脸皮薄，当晚就哭着对李生说："你嫂嫂骂我，话糙理不糙。我再待下去就是死皮赖脸了，就此别过！"李生挽留不住，两相唏嘘于枕畔。雄鸡起鸣，狐狸精挥泪而别，一段美好的人狐姻缘就此了结。李生的命运也被狐狸精言中，在科考场里终究没混得个出头之日，但拜狐女所教，词律诗赋写得很好。

　　袁枚先生写了这么个狐狸精林妹妹，意犹未尽，又写了一个狐狸精宝姐姐。《子不语·狐读时文》与上面的《李生遇狐》大异其趣。这则故事的男主角也是一个李生，四川临邛人，家贫无依，读书备考。狐翁带着嫁妆要送女儿上门给他做媳妇，李生惊疑之际，已"香车拥一美人至，年十七八"。交拜之后，李生猴急，拉着新娘就要解衣就寝。狐狸精却说："我家无白衣女婿，须得功名，我才和你成

183

婚。"李生无奈，只好拿出平日写的八股文给新娘检查。狐狸精认真批阅，评点道："袁太史文章雄奇，本来对科名是有好处的，应该读；但他天分太高，你不能学。"批改之后又吩咐李生，"你以后作文，先向我汇报立意再落笔，不要匆匆忙忙一通乱写。"李生从此文思日进，后来考取了举人。狐狸精呢？当然做了他的媳妇，而且"事姑孝，理家务当，至今犹存，人亦忘其为狐矣"。

如果认为狐狸精伴读都必须这样香艳，那你就错了。书生和狐女之间的故事也可以很纯洁、很高尚，只有精神没有肉体。《醉茶志怪·狐师》虽也是写红袖添香之事，但绝无风情，只有说教。男主角宫斯和白天与朋友看戏，见一女子姿容绝代，挤在人群中粉汗交下。宫生晚归寝室，挑灯独坐，女子来了。按一般的套路，接下来应该是一番风月情浓，然而书生和狐狸精的表现都出乎意外。书生说："这是读书的地方，不是你这种风流女郎该来的场所。即便你不怕被人说三道四，我还得避嫌呢！请你赶快离开，我的朋友们要来了。"狐狸精说自己是来报恩的，并非要勾引他。宫生又一番义正词严："这是尔辈惯用伎俩，不是说有缘，就是说报恩，目的还是在苟合。"狐狸精没料到遇见这么个二愣子，也来了脾气，说："你也不看看自己啥模样！咱报恩不是想凭颜值与你有床笫之欢，而是凭学识当你的老师。"宫生不信，狐狸精直接戳他的痛处，"瞧你这趾高气扬的样子，读书多年却连个功名都没捞着，混什么混！"宫同学属于学习认真但智商不高且不善变通的主，考试成绩一直不太好，这下被狐狸精戳中要害，气不打一处来，抱怨谁的功名靠贿赂，谁的功名是舞弊，而自己太老实所以什么也没捞到。狐狸精教育他不要怨天尤人，要反省自己："平心而论，你的文章真写得好吗？"宫生大言不惭自我表扬，狐狸精于是一一指出他文章的毛病。这些文章宫生从未给狐狸精看过,她却点评得头头是道,宫同学方不得不服,愿拜师学艺。狐狸精说:"孺子真可教,以后叫我胡姐姐吧。"此后胡姐姐每晚来,天亮离开,只教读书写作,不谈男女之私。一年之后,宫同学文思大进,写出的文章胡姐姐也没有修改的余地。这个小秘密后来被同学发现,众人深夜埋伏,欲捉拿妖精。胡姐姐何等聪明,早就算准此事,在窗外道:"宫斯和你小子学业已成,好自为之,不要荒废学业。我与你就这缘分,即便这帮家伙不来捣乱,我也不会久留,拜拜!"宫生开门一看,但见星月皎洁,银河在天,胡姐姐无影无踪。

不过,狐狸精的伴读对升学考试的效果也因人而异,聪明的狐狸精遇到智商太差的书生,也只能徒叹奈何,搞些歪门邪道助其蒙混过关。《益智录》中的巩振先路遇狐狸精胡姐姐,情不自禁尾随跟踪,谁知当晚就得手,交拜之后两人大谈功名八股。此时的巩振先连个童生资格还没混到,被胡氏奚落:"富贵功名,乃大丈夫分内事。别人能得,你怎么就不能得,真是枉为男人!"巩生诉苦,说八股文真特别难写。狐狸精不以为然,对他说:"如果我是个男人,取个功名就像拾粒芝麻!"巩生连忙说:"你帮我,你帮我。"狐狸精既不批改作文,也不指点阅读,而是搞舞弊替考,帮他答题写作文。巩生成绩本来不好,作文往往只得三等,自从狐狸精替考之后,分数神速提高,超过了成绩好的同学。于是有两个差生请他吃饭,讨教学习秘诀。他酒后吐真言,说:"文章不是我写的,是我胡姐姐写的。"差生之一屡次考试成绩不及格,面临留级,便央求巩生请胡姐姐帮忙。胡姐姐觉得帮一个是帮,帮两个也是帮,就替考写文章让他蒙混过关了。巩生就这样靠老婆替考中了秀才。乡试考举人时,巩生想故技重施。胡姐姐说这次不行，这次是关帝圣君监考，她去不得，而且告诉巩生，他没当举人的命，拿个秀才安饱终生、夫妻白头偕老就很好了。巩生不知深浅，一定要老婆同去。胡姐姐只好隐形于卷袋之中，希望混进考场。巩生才进大门，就听得她喊："周仓来了！"哗啦一声破袋而去。巩生只好自己硬着头皮胡乱写了篇文章交卷，结果自然没考上举人，胡姐姐也再不跟他玩了。

可见考场舞弊古已有之，而且狐狸精隐身替考，比现在携带高科技设备进场，安全系数更高。只要关帝圣君不来监考，这游戏就可以一直玩下去。

那个时代多红颜伴读的狐鬼故事广泛流传，不少人信以为真。既然有了巴望狐妹妹狐姐姐不期而至的痴男，就有行骗的市场，于是假狐女便粉墨登场。《阅微草堂笔记·槐西杂志三》记某风雅之士在广陵纳一妾，颇通文墨，两人时于闺中诗歌唱和，词赋相答。后来，此妾不辞而别，留下一封信：

> 妾本狐女，避处山林。以夙负应偿，从君半载。今业缘已尽，不敢淹留。本拟暂住待君，以展永别之意，恐两相凄恋，弥难为怀。是以茹痛竟行，不敢再面。临风回首，百结柔肠。或以此一念，三生石上，再种后缘，亦未可知耳。诸惟自爱，勿以一女子之故，至损清神。则妾虽去而心稍慰矣！

被抛弃的男人大为感动，逢人便倾诉这段铭心刻骨的爱情，听众也一起慨叹。但过不多久，女子却被发现和另一个男人在一起。原来这是人贩子的骗局，先卖此女给人做妾，一段时间后就托名狐女逃走，再卖给别人。这种伎俩能够得手，无非是利用了当时读书人相信真有狐狸精的心理。有趣的是，纪晓岚把这事告诉一个朋友，那哥们居然说："是真狐女，何伪之云？"

举了清人笔记小说中这么多"狐袖添香夜读书"的故事，却没有提到蒲松龄大师，这看上去很不合理。其实他老先生也写过此类故事，而且风格独特，试看《凤仙》：

某狐翁有仨女儿，水仙、八仙和凤仙各带男友参加家庭音乐会。凤仙最美，男友刘赤水却最穷，既无功名也不富有。应酬之际，狐翁难免有点嫌贫爱富。这让凤仙非常不爽，唱了一曲与现场气氛很不和谐的《破窑》便拂袖而去。刘赤水垂头丧气地回家，凤仙在路边等他，说："你也是个男子汉，就不能为床头人争口气？书中自有黄金屋，愿好自为之！"临别给了他一面镜子，"若想再见，就努力读书，否则，永无见面之日！"刘赤水惆怅而归，拿起镜子看，发现凤仙在镜子里，背对着自己，慢慢往远处走。他猛地想起凤仙的临别留言，赶紧读书，过几天再看镜子，凤仙已转过脸来，盈盈欲笑。但读书是苦差啊，刘哥坚持了个把月，实在熬不住，又出去和酒肉朋友玩耍了几天。刘哥回家对镜，只见凤仙愁容惨淡；隔天再看，美女已转过脸去，慢慢往远处走。刘赤水生怕失去镜中美女，痛下决心闭门苦读。月余，凤仙又转过脸来有了笑容，刘赤水于是悬镜桌前，让凤仙陪读。他用功，凤仙就露笑容；他稍有松懈，凤仙就显愁容。两年之后，刘赤水科试及第，揽镜视之，则凤仙画黛弯长，笑容可掬。忽然，镜中人说话了："所谓影里情郎，画中爱宠，不就是说咱俩吗？"赤水惊喜四顾，凤仙妹子已经坐在了身边。从此，刘赤水就和狐女凤仙幸福地生活在一起了。

凤仙的伴读方式真是巧思过人，效果也很好，两年之间竟使一个"游荡自废"的浪子回头，考取了功名。但凤仙和前面几个红袖添香伴读书的狐女有一点不同，她自己似乎没读过书，不能给刘赤水讲解课文、批改作文。不仅如此，《聊斋志异》里的娇娜、青凤、婴宁、颠当、恒娘、封三娘等一众狐女都没怎么读书——一句话，蒲松龄就没让她们读书！纪晓岚是科考场中翘楚、翰林院大儒，深得圣贤之书的好处，因此说狐狸精要成仙也得读圣贤之书。蒲公以不羁之才而屡考不中，久困科场，对死读圣贤之书能有什么好感？这些冰雪聪明、生动曼妙的狐女，为何还要让她们受读书之苦呢——大师们也是有私心的。

五　狐　祟

妖精都能作祟，狐狸精也不例外。妖精的来源不同，作祟的方式也有区别，如豺狼虎豹变成的妖精，往往会暴力伤人甚至吃人。狐狸是小兽，智有余而力不足，因此，狐狸精的作祟方式也不出此藩篱，重智不重力，整体上表现出柔而非刚的特点。

古往今来，狐狸精最严重的作祟是所谓"魅"，即让人神志昏乱，进而举止癫狂，这方面的例子不胜枚举。狐魅固然害人不浅，但它仍是精神致幻，与暴力犯罪有本质不同。由魅发展而来的采补，也是伤身害命的手段，但此种"暗里教君骨髓枯"的勾当，表面上也是温柔乡里的男欢女爱。

早期的狐狸精还有一种颇为奇特的作祟方式，即割人头发。最早的记录出自东汉的《风俗通义·怪神篇》，说一个狐狸精被除，在其巢穴发现了很多被割下的发结。北朝的《洛阳伽蓝记》则载孙岩识破狐妻身份后打发她走人，狐妻临别抽刀割了孙岩的头发。邻里义愤填膺，帮着追捕这恶婆娘。此女越跑越快，最后变成狐狸逃脱。之后，城里先后有一百多人被割去头发。其情形都是色诱在前，割发在后："（狐狸）变为妇人，行于道路，人见而悦之，近者被截发。"

一个叫靳守贞的人还因此事与狐狸精发生过流血冲突，基本案情是：霍州城墙年久失修，砖穴土洞里有狐狸经常出来捣乱，动辄割人头发，而且专选官宦子弟和百姓家有姿色的子女的头发割，"夜中狐断其发，有如刀截"。城里人靳守贞会些武功、符咒之术，经常帮政府抓犯人、押囚徒。一次他押解囚徒后回家，走到汾河边，见一个红衣女子在对岸洗衣。那女子忽然凌空飞起，直向靳守贞扑来，掀开他的斗笠就要揪头发。守贞操起斧子迎空一劈，将其砍落于地——原来是只雌狐。此后，霍州再没发生过狐狸精割人头发的事件。（《纪闻·靳守贞》）

这些事件被当成狐狸精作祟而记录在案，但所有的叙述都到截发为止，至于被截发之后产生什么结果，完全没有交代。那么，割人头发何以被视为作祟呢？

首先，头发被古人视为身体的重要部分。《孝经·开宗明义》："身体发肤，受之父母，不敢毁伤，孝之始也。"妖精割发不仅意味着对人们身体的伤害，更意味着对人类道德感情的侵犯。其次，这种作祟方式可能由原始巫术衍生而来。头发在巫术中是很重要的道具，巫师获得某人的头发，通过念咒施法就可以达到加害对方的目的。这种巫术被称为接触巫术，弗雷泽在《金枝》一书中有大量论述：接触巫术最为大家熟悉的例证，莫如那种被认为存在于人和他的身体某一部分（如头发或指甲）之间的感应魔力。比如，任何人只要据有别人的头发或指甲，无论相距多远，都可以通过施法而达到伤害那个人的目的。由此可见，截发即是作祟，而且是四两拨千斤的作祟方式。

除了这几项比较恶劣的方式，狐狸精的作祟大多是坑蒙拐骗以及无厘头的恶作剧。最早的一个骗局还闹出了人命，这便是《搜神记·吴兴父子》所讲述的故事。

晋时吴兴一个农家，两儿子在田里耕作，父亲突然跑来对他们又打又骂。儿子们很委屈，回家向母亲告状。老太婆发飙，骂道："你这老不死的东西，没事儿跑田里打儿子干啥？"老头儿丈二金刚摸不着头，因为自己根本没去田里打骂过儿子，由此断定是狐狸精变成自己的模样去打骂他们。于是他告诉儿子实情，还说下次再遇到这种事就把老头儿往死里打。狐狸精察知其意，停止了行动。过了几天，老头怕儿子对付不了狐狸精，憋不住跑到田里去巡视。儿子们正纳闷狐狸精咋不来了，老头儿就出现了，于是一顿狂殴将其打死。这边两傻儿子兴高采烈埋掉了老头儿，那边狐狸精又变成老头子的模样回到家里报喜，说儿子们已将狐狸精打杀了。晚上儿子回来，一家人高高兴兴地庆贺除妖成功。假老头在这个家庭里生活多年，直到一个法师出现，看出此家有邪气，施法捉住老狐狸，骗局才被戳穿。两儿子经受不住沉重的打击，一个自杀，一个气死。

同样情节的故事后来又出现在唐宋时代的《朝野佥载·张简》和《夷坚志·海口谭法师》中。《张简》的人物是一对兄妹，因狐狸精戏弄导致妹妹被误杀。《海口谭法师》几乎是《搜神记·吴兴父子》的翻版，但增加了许多细节，使故事看起来更加合理、生动。最后由于谭法师的介入，狐狸精被灭，这个结局也更符合大众的心愿。

这几个故事虽然都有命案，但狐骗子的作祟方式仍然是非暴力的。而且，这一故事脱胎于《吕氏春秋·慎行论》的"黎丘奇鬼"，原本是讲的鬼作祟，所以血腥气比较重。后来，这种狐祟套路被继承且发扬光大，但几乎都去掉了亲人相残的血腥结局，变成狐狸精诡计败露或死或逃。如《纪闻·沈冬美》的狐狸精变成沈家已死的婢女，声称已成仙，因想念主母回来看看，酒醉饭饱后现了原形，丢掉小命。《广异记·严谏》的狐狸精则冒充严谏已去世的叔父，在灵堂上吆三喝四，最后被严谏识破，严谏带了苍鹰、猎犬围剿，狐狸精变为野狐落荒而逃。

《太平广记》收录的狐精故事中，狐狸精变成僧人、尼姑甚至菩萨行骗，而降伏他们的高手往往是道士。如《广异记·代州民》载，有菩萨乘云而来，接受村人供养，还与居家之女私通，使之怀孕。最后道士识破老狐真面目，持刀砍杀之。《广异记·汧阳令》和《纪闻·叶法善》的狐狸精也变成胡僧和菩萨，被著名道士叶法善与罗公远打败。这些故事表面上看，是写捣乱失败，再捣乱再失败的狐骗子，实则有明显的谤佛意味。

这一主题直到袁枚笔下还有表现。《子不语·狐仙冒充观音三年》写杭州周生与张天师经过保定旅店，见美妇人跪在阶下，对天师有所祈请。周问："这是啥子事体，美女为何跪着求你？"张天师解释："她是个狐狸精，向我求人间香火。"周生见妇人长得漂亮，心有不忍，便代为求情。张天师于是批黄纸一张，许了狐狸精三年人间香火。三年之后，周生游苏州，听说上方山某庵观音灵异，便前往求签。他登山时摔了一跟头，心中烦躁。入庙见香火极盛，观音却在锦幔之中不让人见。和尚说观音长得漂亮，怕人看见产生邪念。周生不信，一定要揭开看看，结果发现媚态观音就是三年前见过的狐狸精。周生不禁大怒，骂狐狸精忘恩负义，靠自己求情才得几年香火，却不保佑自己，上山还摔了跟头，而且三年期满还在这里骗吃骗喝。话音刚落，观音像便仆地而碎。

这些骗局多数情况下是狐狸精变成某人以假乱真，但有时他们也幻化外物戏弄人。明代笔记小说《狯园》载，某家多狐闹，老主人忍无可忍，密藏短剑在身，准备对狐狸精动武。事情说来就来，第二天一只白狐从草堆钻出，直扑到他身上。老翁手起剑落，只听得一声孩儿啼叫，白狐被斩于地。老翁仔细一看，坏了，死在地上的竟是邻居五岁的孩子！这下可闯了大祸，邻家父母兄弟十几个人又哭又闹，把老翁扯到县衙。知县坐堂审案，人证物证一应俱全，杀人犯被判死刑收监，秋后问斩。过了俩月，老翁家忽然有狐狸精在空中说话："你家老爷子本想杀我，不料杀了邻家孩子。你们好好求求我，我就把孩子还给你们，老头儿也可出狱。"全家大小立马跪倒在地，磕头拜狐。但狐狸精说这样不行，得老头儿亲自跪拜。家人于是急急忙忙到狱中通报。谁知该老头也是个不信邪的，断然拒绝："老夫六十七八了，本来就到将死之年。误杀小孩，乃是前世因果，无非一死而已。为此而求妖魅，他想得美！"老翁不从，狐狸精不让，家人只得天天哀求祈祷。又拖了十几天，狐狸精态度慢慢转变，答应还孩子。没两天，孩子果然出现，如熟睡初醒。翁家、邻家皆大欢喜，抱着孩子去县衙报告。知县大惊，叫衙役再去验尸，发现被杀者原来是只白犬。

如果说蒲松龄的最爱是美丽的情狐，纪晓岚则对那些插科打诨、游戏人间的智狐情有独钟，他的《阅微草堂笔记》几乎就是一本"狐式"恶作剧大全，而且具有鲜明的纪氏风格——包含着对人情世故、道德学问的讥讽和批判。这种模式中的纪氏狐狸精，是作者批判现实的代言者。

　　《滦阳消夏录四》记女巫郝老太经常装神弄鬼，假称狐神附体给人算命，揭人隐私往往一说一个准，因此信者甚众。其实她的手段是广布徒党四处刺探，将打听来的情况事先告诉她。一日她正要焚香"招神"，忽然真被狐狸精附体，开口便道："吾乃真狐神也。吾辈虽与人杂处，实各自服气炼形，哪有闲工夫和这老太婆搭手，过问别人家务事？这老太太诡计多端，以妖妄手段敛财，却让我等背黑锅担罪名，因此今天我狐神真来附体，让各位知道真相。"言毕，郝老太忽如梦醒，知道被狐狸精揭了短，便灰溜溜地逃跑了。

　　纪晓岚虽为鸿儒，却颇信因果报应，因此有些时候，他笔下的狐狸精恶作剧又成了对小人物干坏事的现世报应。

　　《如是我闻一》中的陈忠为主家办采购，从中渔利。伙伴说他最近获利，余钱不少，要他请客，他矢口否认。次日，藏钱的箱子里只剩下了九百文，陈忠纳闷：箱子锁得紧紧的，钥匙一直带在身上，钱咋就少了许多呢？他左思右想，认为是楼上的狐狸精干的好事，就去叩问，果然听见空中有人说话："九百钱是你应得的工钱，我不敢动。其余的钱非你所应得，我拿去买了鱼肉瓜菜，都放在楼下空屋里了，宜早做烹饪，时间长了会腐烂。"陈忠到楼下一看，屋子果然堆得满满的。他一个人吃不下这么多，只好请众人共餐，真是哑巴吃黄连，有苦说不出。

《姑妄听之一》的一则故事则讲纪氏自家事：其曾祖母八十大寿，宾客满堂，热闹非常。家仆李长孙掌管酒水，顺了半坛酒藏在屋里准备自己享用。晚上回屋就寝，听见酒坛里有鼾声，李长孙知道是狐狸精，于是很生气，使劲儿摇晃酒坛，鼾声却越来越大。长孙伸手往里掏，坛口忽然冒出一个人头来，渐如斗大。他一巴掌扇过去，大脑袋掉落地上，酒坛子也随之而碎，坛中之酒一滴不剩。李哥那个气愤啊，跺脚便骂，屋梁上忽有人语："长孙无礼，难道只许你盗，不许我偷？你既然舍不得酒，我也喝高了，现在就还你。"言罢一大口呕吐物倾泻而下，把李长孙从头到脚淋了个一塌糊涂。

六 狐 趣

"腹有诗书气自华"，狐狸精的优秀代表方方面面都会表现出雅致的审美品位。纪晓岚对于此类雅狐更是青眼有加，而且，他很愿意向大家介绍自家或者亲戚家的雅狐。

《阅微草堂笔记·滦阳续录五》介绍他长辈家的雅狐：外叔祖张蝶庄家有书室，院子里种着牡丹、芍药，开花时香气四溢。门客闵某携仆人住在里面，一夜就枕后，听见外面有女子声："姑娘致意先生：今日花开，又有好月，我邀三五个朋友过来赏花，不会打扰先生。也请先生不要开门出来，唐突我等，谢谢先生雅量！"闵某不敢吱声，在屋里宅了一整晚，只闻外面衣裳窸窣，私语窈窈，直到鸡鸣犬吠声起方才安静。清晨开门，唯西廊地面留下几行轻微的小脚印——狐狸精的赏花是何等雅致文明！至于他们为何要闵某回避，张先生认为闵某是个粗人，"莽莽有伧气"，无端出来会败坏狐狸精赏花的兴致。

《滦阳消夏录三》则介绍自家的雅狐：纪家院子的假山上有座小楼，狐狸精住了五十多年，人不上去，狐亦不下来，人狐两不相扰。狐楼的窗扉经常无风自开自合，夜晚还传出琴声棋声。家丁没文化嫌吵，觉得狐狸精越来越过分，跑去告诉纪家前辈。前辈不以为然，反而数落家丁："他们弹琴下棋，比你等饮酒赌博要好得多!"次日，长辈又告诫年轻的纪晓岚："海客无心，则白鸥可狎。我们与狐仙相安已久，最好的相处方式就是两不相扰。"就这样，纪家之狐与纪家之人一直保持着风雅的默契。

纪晓岚还声称自己在北京寓所曾与狐狸精有过一番诗画唱和。那些日子他寄住于朋友宅院，主人说楼上有狐狸精，不要随便上去。他便题诗于壁和狐狸精开玩笑："草草移家偶遇君，一楼上下且平分；耽诗自是书生癖，彻夜吟哦莫厌闻。"不久，丫鬟上楼取杂物，大呼怪事。他上去一看，只见一地灰尘上画满了荷花，"茎叶苔亭，具有笔致"。纪晓岚没料到狐狸精还真与自己酬和，大喜，又铺开纸写诗一首贴在墙上："仙人果是好楼居，文采风流我不如。新得吴笺三十幅，可能一一画芙蕖?"但狐狸精没再理会他。

雅狐是择人而居的，表面上是写狐雅，实际写了人雅——这可能就是纪晓岚要透露给我们的家族文化自信。

风雅的狐狸精即使要勾引什么人，也不会随随便便。纪晓岚又讲了一个故事：某处故家废园，往往见艳女靓妆，登墙外视。武生王某粗豪有胆，带被子住了进去，希望和狐妹妹来场艳遇。过了半夜也不见狐妹妹来，他就抱着枕头自言自语："都说这个宅子里有狐狸精，今天都哪儿去了?"窗外忽然小声应道："六娘子知道大哥你今晚会来，躲到溪边看月去了。"王某问："你谁呀?"答："我是六娘子的小婢。"王某很不爽："狐狸精还如此傲慢，为何不见我?"狐婢道："我也不知道。只听六娘子说，不想见这个武夫粗人。"

个别的雅狐对男人的相貌有特别严格的要求，是骨灰级的外貌控。《阅微草堂笔记·滦阳续录三》写某狐妹喜欢一小鲜肉，开门见山地说："俺是狐狸精，但不会害人，你不必害怕。本姑娘我为何没看上别人就看上了你? 我也不骗你说是什么前世姻缘，俺就是喜欢你长得帅!"于是两人相处十年，情同夫妻。小帅哥年过三十，胡须暴长。狐妹越看越不顺眼，叹道："这脸胡须像一地乱草，人何以堪! 看上去就令人烦躁，只怕缘分已尽。"帅哥以为狐妹说说而已，哪会因为男人长了胡须，缘分就尽了呢? 岂料狐妹真的就抛弃了他，十年的鱼水恩爱被一把胡须彻底毁了。

蒲松龄也特别认同狐狸精的品位，他笔下的雅狐勾引书生很注重文化交流。

例证之一见于《沂水秀才》。秀才在山中读书，两美女进来，含笑不语，各以长袖拂榻，轻轻落座。一美女拿出白绫诗巾放在桌子上，另一美女则摆上一个银元宝。秀才犹豫片刻，既没有扑向美女，也没有端详诗巾，而是拿起桌上的银元宝装进口袋。美女鄙夷不屑："俗不可耐!"说完手拉手走了，秀才口袋里的银元宝也不翼而飞。

例证之二见于《狐联》。也是两狐妹妹手牵手去勾引书生。谁知这哥们满脸胡茬却情窦未开，对美女没什么反应，要她们别打扰自己读书。狐妹妹没料到这哥们原来是一木头人，就想测试一下他的才华："你看上去也是个名士样儿，我出一联你对，对上了，我俩走人，再不打扰你：戊戌同体，腹中只欠一点。"书生想了很久对不上来，狐妹妹笑道："想不到名士就这水平！我们替你对吧：己巳连宗，足下何不双挑。"言毕一笑而去——不是说好对得出才走人吗，怎么对不出也走呢？显然是狐妹妹对这种既无才华又不懂风情的男人根本就没有兴趣。

狐妹撩书生还不乏高山流水的韵致：

《柳崖外编·鲍生》中的小官吏缪某，"家丰而性鄙"，请家教舍不得花钱，到夜店听小姐唱歌却出手大方。他的邻居鲍生是个风雅之士，家境困顿却十分注意仪表言行，而且擅长作曲弹唱。缪某也是一小曲儿爱好者，因此经常请鲍生饮酒、谈音乐。一晚，缪某独坐东院花厅，闻楼上琵琶声起，清音迷人。随即下来一个小狐狸精，"乃十五六岁垂髫女也，杏衫桃裙，丰姿绰约"。缪某除了看美女没有别的表现，狐女叹道："非可人也！"化为黑烟而灭。缪某将此事告诉鲍生，要他晚上也去花厅独坐，看看是何情形。鲍生携琴前往，夜深人静，楼上琵琶声又起。鲍生也弹起琵琶，与楼上和奏，琴音绕梁。小狐女又出现了，顾鲍生而笑，微叹道："可人哉！"鲍生一脸兴奋，说："你的琵琶弹得真是太好了！"狐女又道："狐鬼皆有假相，你就不怕我变化？"鲍生说自己也会变呀，随即唱起了小曲儿："变一面菱花镜，照着姐姐的貌。变一条鸳鸯绦，系着姐姐的腰……"小狐女被勾得灵魂出窍，轻启樱唇伴唱，一曲又一曲。没想到缪某一直在外偷听，兴奋得大喝一声："唱得好！"狐女随声消失，此番高山流水之趣戛然而止。

即便作为家庭妇女，狐女的插科打诨也极有文化含量且妙趣横生。《聊斋志异·狐谐》就写了这样一个狐狸精：她是书生万福的小妾，既漂亮又口才出众，尤其擅酒席间开玩笑，每一语即颠倒宾客。

一日，万家置酒高会，狐女又作弄朋友。在座的陈所见、陈所闻兄弟逞能打抱不平，起哄道："狐狸公在哪里？还不管管这个狐狸婆！"狐女乘机讲马生骡子的故事，巧妙地借出使红毛国大臣之口，说马生骡子是"臣所见"，而骡子生驹是"臣所闻"。另一人孙得言出联取笑万福："妓者出门访情人，来时万福，去时万福。"狐女应声对了下联："龙王下诏求直谏，鳖也得言，龟也得言。"众人莫不绝倒。

这个狐女作弄人的情节被解鉴在《益智录·巩生》中借用。巩生妾胡氏是个狐狸精，一日，友人在巩家聚饮，出联曰："金字旁，铜与铅，出字分开两座山。一山出铜，一山出铅。"另一友对："木字旁，柜与橱，林字分开两段木。一木为柜，一木为橱。"巩生对："水字旁，汤与酒，吕字分开两个口。一口饮汤，一口饮酒。"两个朋友要胡氏也对一对，胡氏便对："人字旁，你与他，父字分开两把叉，一叉伤你，一叉伤他。"

关于狐狸精的才情特点，纪晓岚说："狐能诗者，见于传记颇多，狐善画则不概见。"然而，这种"不概见"的事情，偏巧就让他遇见过。狐狸精能在地板的灰尘上作画，如果出于三家村冬烘先生之口，我们大可一笑了之，而以纪大学士的见识，当不至于把几行猫脚印看成荷花。那么，他看见的到底是什么东西，实在是个谜。但揣测他这番话的含义，应该是认为既然狐狸精能诗，那么擅画也是可以有的。他在《阅微草堂笔记·滦阳续录六》中，就讲述了一个狐狸精善画的故事。

周处士擅画松。有人请他在书房画壁，松根起于西墙，枝干横过北墙，最后树梢在东墙扫了几笔。松树栩栩如生，身处书房顿觉浓荫密布，长风欲来。主人很高兴，置酒邀友共赏。朋友们面壁赏松，赞不绝口。这时，突然有人大笑起来，众人凑过去一看，也哄堂大笑。原来松树下面有一幅惟妙惟肖的工笔春宫画，赤裸的一男三女，正是主人与其妻妾。主人恼羞成怒，指天画地，大骂狐狸精不要脸。屋檐上忽然也传来笑声："老兄你太伤风雅了！我一直听说周处士擅画松，未尝得见。昨晚参观他作画，看得入迷忘了避你，但也没把你怎么着，你竟骂我祖宗八代。我心里实在气不过，因此在松下加了几笔戏弄一下你。你不知反省，现在又骂我，信不信我把你家这点事画到门板上去，让路人都欣赏欣赏！"主人这才想起，前夜周处士画松时，他和家童秉烛进书房，忽遇一黑物冲门而出。他知道是经常在家里活动的狐狸精，便破口大骂了一阵，没想到今日遭此报复。但他担心狐狸精真把春宫图画到门板上去，心里有服软的意思，众人也在旁劝慰，要他与狐和解。于是他设宴招待，空一位邀狐狸精入座。隐形的狐狸精又喝又说，还谆谆教诲了主人一番，才叮咛而别。众人再看松下春宫图，已壁净如洗。第二天，书房东壁多出几枝桃花，衬以青苔碧草；花不甚密，有已开的，有半开的，有已落的，有未落的，还有七八片花瓣随风飞舞。旁边题诗两句："芳草无行径，空山正落花。"周处士叹道："都是神来之笔，我的水平远不能及！"

这种大俗而大雅的弄人法，只有狐狸精想得出，只有狐狸精做得到。一会儿精笔春宫，一会儿水墨桃花，说有就有，说无就无；而且饮酒高谈，亦庄亦谐，连个身形也不露——人间哪得这样的尤物！

第六章

狐鬼之间

一　亦仇亦友

现代人对于"鬼"这种东西，似乎有所了解，但又语焉不详。古人在这个问题上要认真得多，他们基本上相信鬼的存在，但解释起来也颇费周折，有时显得书呆子气十足，如：

> 人所归为鬼。（《说文解字》）
>
> 鬼有所归，乃为不厉。（《左传》）
>
> 鬼者，归也。精气归于天，肉归于地土，血归于水，脉归于泽，声归于雷，动作归于风，眼归于日月，骨归于木，筋归于山，齿归于石，膏归于露，毛归于草，呼吸之气归复于人。（《韩诗外传》）

以上每段释文里都有"归"字，这里的"归"，就是指的人死亡。这些解释尽管没怎么说清楚鬼究竟是什么东西，但至少明确地告诉了我们，鬼和人的死亡密切相关。古人的这个定性，与《不列颠百科全书》对"鬼"的解释是一致的：死者的灵魂或幽灵，通常认为住在阴间而能以某种形式重返人间。根据信鬼者的描述或描画，鬼可以活人形象出现，可以死者之模糊身影出现，有时也可以其他形状出现。中国古人以为鬼与死亡有关，其实也是这个意思。

至于狐狸精，古人以为是与鬼相似的东西，其性质处于人鬼之间。纪晓岚就持这种观点，他在《阅微草堂笔记》中有多处阐述。如：

> 人阳类，鬼阴类，狐介于人鬼之间，然亦阴类也。（《滦阳消夏录五》）
>
> 余尝谓小说载异物能文翰者，惟鬼与狐差可信，鬼本人，狐近于人也。（《如是我闻一》）
>
> 人物异类，狐则在人物之间；幽明异路，狐则在幽明之间；仙妖殊途，狐则在仙妖之间。（《如是我闻四》）

纪先生解释狐鬼，运用的不外乎中国的阴阳理论，笼统而模糊。生为阳，死为阴，鬼属阴类，这很好理解；但狐狸精为何不阴不阳地处于人鬼之间，他也没说清楚。估计纪公不过浸淫典籍，搜罗鬼神，发现鬼魂所在，狐狸精也经常光顾，因而才认定他们之间大有关联。而其中的所以然，确非纪晓岚这样的古代学者所能讲清楚。

狐狸精和鬼的诞生，远早于纪晓岚生活的年代，其理论源头是原始时期的泛灵论和灵魂转移的观念。泛灵论认为，人有灵魂，动物也有灵魂，万事万物都有灵魂。这些灵魂都可以离开躯壳存在，且以某种物质形式出现，这就是灵魂转移的观念。人的灵魂在人死后离开躯壳，变成了鬼；狐狸的灵魂经过修炼，在特定的条件下成了精，变成了人形，就是狐狸精。所以，鬼也好，狐狸精也罢，都是灵魂的存在形式。

在古代文献中，鬼的出现比狐狸精要早得多。《左传·宣公十五年》记载，秦桓公伐晋，晋大夫魏颗领军抵抗，与秦勇将杜回对阵，魏颗力不能支。战场上忽然出现一个老人，把地上的草打成结，绊倒了杜回的战马，杜回稀里糊涂地被俘，晋军反败为胜。晚上，魏颗梦见结草老人来访，道："我女儿是你父亲的小妾，你父临死时神志不清，要将我女儿殉葬。你没有照办，让她改嫁了。今天我结草绊倒杜回，是报你救命之恩。"这个结草老人显然就是鬼，因此后世言报恩一直有"生当衔环，死当结草"的说法。

狐狸精的出现，虽比"结草报恩"的传说晚了几百年，但甫一出世，就与鬼魂有关系。《搜神记·张茂先》"积年能变幻"的斑狐生活于燕昭王墓前，而《阿紫》中"作好妇形"的狐狸精也居于空冢。墓冢是鬼魂的居所，狐狸精也以此为家，让人觉得有鬼的地方，往往就有狐狸精。此后历朝历代，狐狸精居墓冢之事不绝于书，古墓的意象几乎伴随了狐狸精的全部历史。

狐狸居于墓穴很可能是古代常见的自然现象。在现实世界中，墓穴或者山洞，对于狐狸而言并没有什么不同。但在人的观念中，则涉及狐狸精和鬼的关系问题。古人既相信墓为鬼所，又认为狐狸精常以墓穴为家，他们就得有个道理解释鬼魂何以总是离开坟墓，以致巢穴被狐狸精侵占。

人死后尸身归葬于土，灵魂却不会死去。其白天蛰于墓穴，夜晚出来游荡，或为非作歹，或申冤报仇，或勾引男女，这就是鬼的基本存在方式。但在中国神秘文化的思想体系中，鬼只是一种过渡性产品，他们最终会转变成不同的东西。

其一是升格成为神，这是鬼魂最理想的归宿。生前有大功德大仁义，便可成为大神，如三国的关羽成了关圣大帝，宋代的林默成了妈祖。能为民请命，慷慨赴死，则可以成为各地的城隍，如会稽的城隍是唐将庞玉，南宁的城隍是宋代进士苏缄，杭州是周新，兰州是纪信，北京是杨椒山，等等。常人的鬼魂若能做些善事，也可以混个土地神当当。《聊斋志异·王六郎》就是一个这样的小鬼，他不愿以人之死换己之生，一念恻隐，上达于天，于是被授为招远县邬镇的土地神。这些成神的鬼魂都有专祠祭祀，也就不需坟墓了。

第二种情况是复活再生，这类故事从《搜神记》到《聊斋志异》都有。如《搜神记·李娥》写妇人李娥病卒，葬埋城外，十四日后有盗墓贼发棺，不料李娥却复活了。《列异传·谈生》写书生夜读，有美女相就，欢合之余，嘱咐三年不可用灯火照她。书生按捺不住，未到三年就乘她睡后点灯照看，见其"腰以上生肉如人，腰以下但有枯骨"。女鬼复活的希望被书生偷偷一照，完全摧毁。

第三种情况是转世投胎，这是佛教的轮回思想在中国世俗化的表现，而且，这种观念也成为中国古人解决鬼魂归宿问题最常见的方案。

还有种比较特殊的情况就是道教的所谓"尸解"。道士追求的本是长生不老，真实的人间却是人皆有死，长生不老太容易被证伪。为了自圆其说，他们便提出"尸解"一法。得此法者，看着是死了，其实却升仙而去，墓冢里只留有衣冠。

凡此种种，都会产生无鬼的空冢，狐狸精因此能经常性地获得无主的房产。另外，在古代还有一种说法，认为狐狸能搬走人的尸体，占领棺木或墓穴而受人生气,以便于成精,《耳谈类增·尸变》记录的便是此类事件:京城郊外的荒寺有一具寄厝多年的妇人棺木,后来,其家人决定运回收葬。搬运上船时,家人感觉棺木很轻,而且内有响声,于是开棺查看,里面不见女尸,只有四个衣着一致的小男人,加一块儿也不到十斤。大伙以为不祥,把破棺和小男人都沉到水里去了。但有人就说,这是狐狸搬走了尸体,而四个小男人正是还未完成转化的狐狸精。

由此可见,狐狸精虽经常居住在空棺墓穴,但一般情况下,他们与鬼的生活不会搅合在一起,故有"自古狐鬼不并居"之说。但偶发的产权纠纷也在所难免,《阅微草堂笔记·如是我闻二》就写了一场狐鬼间为争夺居所而发生的冲突:

东城一猎户,夜半睡醒,听见窗纸窸窣作响,便大声叱问。外面答道:"我是鬼,有事求你,请不必害怕。"猎户问何事,鬼说:"自古狐与鬼不并居,狐狸精住的窟穴都是无鬼之墓。我的墓居在村北三里许,前不久我外出旅行,墓穴却被一伙狐狸精霸占,让我有家难归。本想和他们争斗,无奈我是文人,打不赢他们。想去土地庙申诉,即便一时得胜,又怕他们以后报复。左思右想,觉得狐狸精最怕猎人,因此请你下次打猎时到我住处绕一圈,也许他们就逃走了。但也请你不要伤了他们,万一以后他们知道了原委,又会找我寻仇。"这个穷酸的文人鬼实在可怜,猎户便做了个顺水人情,打猎时在鬼墓边绕了一圈。晚上,那个鬼果然来谢,说狐狸精逃跑了。

这是狐鬼交往史上少见的狐欺鬼事件,此鬼之所以抵不住这伙狐狸精,原因一,鬼是文人鬼,善文斗不善武斗;原因二,鬼力单,狐狸精势众。所以,不能凭这次交锋就得出一般性的结论,认为狐鬼打架，占上风的总是狐狸精。这起事件倒可以引出一个有趣的话题：如果狐鬼单挑，谁的战斗力更胜一筹呢？

纪晓岚说，鬼魂是"有形无质"，狐狸精是"有形有质"，鬼魂的精妙程度要高于狐狸精，以无质对有质，鬼的胜算应该大于狐狸精。古人虽然没有专门讨论过这个问题，但从少量的故事中还是可以看出鬼强于狐的端倪。

如唐代《广异记·宋溥》记载长安尉宋溥年少时与人夜间捕狐，看见一个鬼戴笠骑狐而来，一边走还一边唱山歌。眼见狐狸就要走进宋溥等设下的圈套，鬼便打狐狸的脸颊，要它止步。此故事中的狐狸似乎还未成精，缺乏应有的灵性，但鬼与狐的主仆关系十分清楚。

《阅微草堂笔记·槐西杂志四》则写东光猎户以捕狐为生。一夜猎人正在埋伏，发现坟头上冒出一个秀才模样的鬼魂，对天长啸，群狐四集，狰狞号叫，齐呼抓住这恶人煮了吃。猎人无路可逃，爬到树上，秀才鬼便指挥群狐锯树。猎人惊恐万分，对着下面喊："放我一条生路，以后再不惹你们了！"下面的总指挥说："既然如此，你就指天发誓。"猎人立即对天发誓，鬼与狐很快就消失了。

两个故事都表现了鬼狐之间领导与被领导的关系。鬼能御狐，狐不能御鬼，是狐鬼能力对比的正常反映。因此，一般情况下，狐狸精遇见鬼，一对一地单挑，狐狸精必败；即便以众敌寡，狐狸精也不一定能占上风。《聊斋志异·长亭》就写了一个鬼入狐穴欺侮群狐的故事：

泰山人石太璞跟道士学法术，道士能驱鬼，也能降狐。但道士没教石太璞降狐，只教了他驱鬼，并告之学精此术，就不愁吃穿。石太璞果然凭此手段谋生，实现了小康生活。

一日有老翁上门，说女儿被鬼缠上，危在旦夕，请他救命。石太璞上门咨询病情，家人七嘴八舌地相告：白天总见一少年来缠女儿，与之共寝，赶又赶不走，捉又捉不住；时间一长，女儿就病得不省人事。石太璞说："要是鬼好办，如果是狐狸精，我就没办法。"老翁断然否定少年是狐狸精。

　　石太璞当晚就在老翁家作法驱鬼。夜半三更，一个衣冠整齐的少年进来。太璞以为是老翁家人，正要起身问候，少年却说："我就是你要驱赶的鬼。这老头家是一伙狐狸精，他们害人，我害他们，你犯不着以人的身份帮狐狸精的忙。"而且告诉他，被缠的女子叫红亭，还有个姐姐叫长亭，长得十分漂亮。如果石太璞放手不管这事儿，他可帮助石娶长亭为妻。

　　石太璞想，既然是一起鬼狐恩怨，自己的确没必要搅和，便答应了鬼的条件。次日，红亭苏醒，一家人非常高兴。石太璞趁机东张西望，果然见绣帘后面有一女郎，丽若天人，心想这一定就是长亭了。他卖了个关子，借口取药离开。这一去不打紧，鬼又在老翁家肆意横行，一家女人除长亭外都被淫惑。老翁百般无奈，再次登门请石太璞驱鬼。石太璞一会儿说烫了脚，一会儿说没老婆日子难过，推三阻四就是不去。老翁心里虽明白，但不愿这样被挟持。眼见鬼在家里越闹越凶，最后老翁只好答应，只要他将鬼赶走，保得一家平安，就把长亭嫁给他。后来虽然颇费周折，但石太璞最终还是娶得美人归。

　　狐狸精淫惑凡人，鬼却淫惑狐狸精，狐狸精遇见鬼，真是小巫见了大巫。

　　狐鬼相争之事大约不止寥寥数起，只是这两次事件都是借助于人的力量才得以摆平，才被写成了故事。但鬼和狐狸精并不是绝对的敌人，反之，因为习性相近，他们之间倒也有几分惺惺相惜，而且团结友爱的历史源远流长。狐鬼交好的记录最早出现于北宋刘斧所撰《西池春游》。

这是一个人狐相恋的故事。潭州人侯诚叔在西池春游，遇见狐狸精独孤氏，两人诗书对答，产生恋情。这本来只是狐狸精勾引男子的常套，节外生枝的却是两次约会都出现了一个王夫人，她是独孤氏的邻居。侯诚叔与独孤氏亲热之际，心里竟放不下这位王夫人。原来，独孤氏是居于隋朝独孤将军墓中的狐狸精，而王夫人则是鬼魂。在这组三角关系中，独孤氏与王夫人是闺密，与侯是恋人；侯与王的关系未及肌肤相亲，却颇有几分暧昧。三者间的纠结，不仅是人狐之恋、狐鬼之谊，还隐约浮现了狐女鬼妇共事一男的三角恋情。

鬼魂是墓穴的产权所有者，狐狸精是寄居者。所以，人间的房屋租赁关系，也出现于狐鬼世界。《聊斋志异·巧娘》的女主角巧娘是鬼，独居无偶；华氏母女是狐狸精，漂泊无家，于是寄居巧娘墓冢。狐鬼为伴，互相关照。后来巧娘和华氏之女三娘都嫁给了一个广东人。

艳鬼美狐比邻而居，很容易产生闺密般的友谊。《子不语·狐鬼入腹》就写一对狐鬼姐妹作祟害人，彼此的情义却生死不渝：

李翰林灯下读书，来了两个绝色美女勾引他，被他拒绝，于是怏怏而去。不一会儿，李翰林吃了点宵夜，刚放下碗筷，听见刚才女子的声音从肚子里传出："我们附魂在茄子上，现在已经在你肚子里了！"李翰林从此精神失常，时常扇自己耳光，头顶石块跪在雨中，见人就磕头作揖。人渐渐变得面黄肌瘦，形销骨立。

李翰林请来法师降妖，法师斋戒三日，又诵咒三日，方才动手。

他要李翰林跪下张开嘴，将两个指头伸进李的口中，似乎抓住一个东西往外一捵，一只小狐狸便从口里爬了出来，一边爬一边喊："我为姐姐探风，不料被捉。姐姐保重，千万不要再出来了！"

法师把狐妹妹封在坛子里，投到江中，李翰林神志稍许清醒了一些。突然腹中叹息之声大作："我与你有前世冤孽，因寻你不着，故拖了狐仙姑同来。不料她因此丧命，我于心何忍，更加饶你不得！"话毕，李翰林腹疼不已。此法师的道术正好与前面长亭故事中的石太璞相反，只能治狐不能治鬼。他拿出镜子照了照李的腹部，说："肚子里是翰林的前世冤鬼，不是狐狸精，我治不了她。"不久，李翰林病死。

《柳崖外编·翠芳》的狐鬼之谊则写得离奇而缠绵。明代李御史青年高第，奉旨巡察济南，见公署旁有废园，花木葱秀，亭观森列，遂问这么好的园子为何无人居住，衙役回答园中闹鬼，住人会出事儿。李御史以为自己德高位重，又年轻气盛，妖鬼奈何他不得，偏要进去住一晚。暑夜独眠榻上，李御史口渴欲饮，正要坐起，一支纤手在背后扶他。李公开眼视之，则二八女郎也，便问："狐耶？鬼耶？想干啥？"女子娇嗔："你猜呀！"这时，地下传出另一个女子的声音："今晚李公到此，我有苦相诉，你还有心开玩笑！"说完哭了起来。李御史一惊，又问这是谁，女子还要他猜。地下女声哭道："翠芳，你我亲如骨肉，为何就不帮我说句话！"翠芳这才长跪而告："她叫椒季，是个烈女子，这个园子本是她家。多年前济南兵乱时，她因不肯从贼被害。贼人痛恨，把她的尸骨装进坛子贴了封印埋入地下，因此魂不得出。数年来，我寄居于此，夜夜与她作隔坛语。"李问为何不放她出来，翠芳道："实不相瞒，我是狐狸精，哪里敢揭封印！而且，何时何人开启，乃是命定。"李公二话没说，叫来人手掘地，果然挖出一个大坛，封印上有两字"辛开"。他一算日子，今天正是六月十一，乃悟"辛开"之意。李御史吩咐手下取出白骨重新安葬，还请僧人做了法事，才离开济南。之后，翠芳一直跟随李公，成了贤内助。椒季则投胎再生，十几年后也成了他的小妾。

作为族类，狐鬼之间的对立关系比较明显，即所谓"狐鬼不并居"；但作为个体，他们的友谊是可以存在的。但狐鬼友谊只发生在女性之间，男鬼男狐则未闻团结友爱之事。究其因，或如纪晓岚所言，"鬼阴类，狐介于人鬼之间，然亦阴类"，而女性也是人类中的阴性，所以狐、鬼、女性之间有更多共性。再者，在古代文学作品中，女鬼女狐都是文人们内心深处的灵魂意象，是他们既爱又怕的梦中情人。《西池春游》中的独孤氏和王夫人已经隐约表现出一种妻妾关系，到了蒲松龄、长白浩歌子的作品中，狐妻鬼妾共事一夫的和谐场面就堂而皇之地出现了。让她们惺惺相惜，是男人的愿望。

二　狐死也为鬼

狐狸精不是千年之狐，就是百年之狐，没这把年纪就只能是狐狸而成不了精。但百年千年并不等于万寿无疆，狐狸精如果不提高档次成仙，仍有可能死去。所以，狐狸精或修行炼气，或参星拜月，或媚人采补，或读书悟道，莫不是为了成为长生不死的神仙。一部分狐狸精可能通过不懈努力最后如愿以偿，名列仙籍成为"狐仙"，大部分狐狸精却仍逃脱不了生死轮回，病亡于修仙的漫漫征途，暴毙于法师的符水、咒语之下，甚至还会死于内讧或意外事故。更不可思议的是，狐狸精还会自杀！

《子不语·狐仙自杀》讲的是南京张家有三间空屋，相传里面曾有人上吊自杀，所以没人敢住。一天，有少年来租房，老张说没房子出租，少年便扬言："你不租给我，我也会来住，到时你不要后悔。"老张听这口气，估计遇见了狐狸精，就把那三件空屋租给了他，心想：你不是横吗？那就去和吊死鬼做伴，看你们谁厉害！第二天，空屋里有了欢声笑语，连日不断，但半个月之后就鸦雀无声了。老张以为狐狸精走了，过去查看，结果发现一只黄色的狐狸上吊自杀了。

而由此产生的一个问题就是：死去的狐狸精会成什么？

我们不妨做一个推论：既然人死为鬼，那么在同样的观念中，死去的狐狸精也应该变成了鬼。无论是三家村学究蒲松龄，还是学界领袖纪晓岚，涉及狐狸精死后问题，并没有其他的解决办法，也只能让他们变成鬼。《阅微草堂笔记·如是我闻三》有一则故事，讲的是纪晓岚先师赵横山的经历。

赵少年时读书西湖，寺楼幽静，夜闻窸窸窣窣之声，如有人行，便大声叱问："是鬼是狐，何故扰我？"过了一会儿，听见一个迟缓的声音："我亦鬼亦狐。"赵先生甚感奇怪，又问："鬼就是鬼，狐就是狐，怎么亦鬼亦狐？"对方答，自己本是数百岁之狐，内丹已经炼成，很快就要成仙了，不料被同类谋杀，盗取了狐丹，所以成了狐鬼。赵先生说："那你去阴间打官司，找阎王爷评理呀！"狐鬼只好说出自己的苦衷："如果内丹由吐纳导引炼成，别人是盗不去的。我的内丹是通过采补炼成，手段不正当，如劫人钱财，而且害了人命。到阴间去打官司，也不一定能赢。"所以他只好住在这里修太阴炼形之法，打算再炼回狐狸精之形。

这个狐鬼明知自己理亏，被同类劫杀了也不敢喊冤。但有个狐鬼曾跑去阴间打了一场官司，而且打赢了，只是结局有点出人意料。此事见于《聊斋志异·董生》。

狐狸精媚杀董生，又勾引他的朋友王九思。王把持不住，和狐狸精交欢，没多久也将精尽人亡，一夜梦见董生来告："这个女子是狐狸精，已媚杀我，又来媚你，不要执迷不悟了。她若再来，你让家人在门外点一炷香，便可收拾她。"王九思暗暗吃惊，第二天便在外面点了一炷香。狐狸精很快警觉，跑出去把香拔掉，对王说："如果命当长寿，交欢也长寿，不交欢也长寿，你害怕什么！"

王九思贪恋狐狸精美色，没再点香，次日又梦见董生劝他一定得点香，如此方能救命。王这才觉得到了生死关头，于是又嘱咐家人点香。狐狸精知晓，再次跑出去拔掉。但家人见香灭便再点上，狐狸精这才知道是董生来索命了，叹道："我害了他又媚你，是我不对。但董生之死，他自己也有责任。等我去阴府和他对质，再来会你。望你念多日的情分，不要坏我皮囊。"说完，仆地而死。

王九思燃烛一看，果然是只狐狸。他唯恐其复活再来，急忙叫家人剥了皮，挂起来晾晒。不久，他梦见狐狸精对他说："我已到阴间打了官司。判官说董生贪色，咎由自取，死当其罪。我的责任只是不该去媚惑他，罪不至死。判官收了我的金丹，放我返生。你没动我的皮囊吧？"王九思告诉她，家人不知，已经剥了她的皮。于是，这个狐鬼虽然在阴间赢了官司，但尸身已坏，不能复活，只得抱恨而去。

幸好这个狐狸精没能复活。试想，她在阴间被收了狐丹，即便能复活，也只能复活为一只狐狸，而不能复活为狐狸精。狐狸不成精，还来找王九思干啥子？按照这个思路反推，狐狸精死后成鬼的问题就出现了一些麻烦。

人死为鬼，通常保持在世时的形象；尽管有时脸白舌长，满脸血污，但终归是个人形。狐狸精死后成鬼，以何种形象出现却有些不确定。对狐狸精而言，狐狸是本相，人形是幻相；本相是常态，幻相是非常态。狐狸精死时一般会原形毕露，那么，狐狸精如果成了鬼，是以狐狸的形象出现，还是以人的形象出现呢？如果狐鬼的形象是狐狸，则不管蒲松龄等人是如何妙笔生花，这故事总难以讲得生动了；如果狐鬼的形象是人，则人形本来就是狐狸精的幻相，死后成鬼无非再幻变了一次，狐狸精的死与不死就好像没有什么区别。

纪晓岚、蒲松龄等人显然也意识到了这个问题，对狐鬼的形象进行了一定的技术处理。手段之一，只闻其声，不见其形，赵横山的故事即为一例。手段之二，狐鬼以梦魂的形式出现，董生的故事就是这样。

古人以为，梦是鬼魂与生人沟通的重要方式之一，死去的狐狸精在梦中出现，既符合了鬼的特征，又免去了定形的麻烦。他可以是人形，也可以模糊不清，甚至还可以表现为狐狸的原形。有些狐鬼类故事，为了避免形象转换产生的麻烦，干脆从狐狸精阶段就淡化形象的确定性，而以"灵魂附体"的方式开始故事情节；死后成鬼，则直接转为梦魂。

袁枚《续子不语·心经诛狐》写钱塘郑秀才之妹被鬼狐烦扰，经常僵卧三五日，或作疯癫状，其时灵魂离体，随一鬼一狐外出游玩。后来狐狸精胡三哥被道士正法，郑秀才之妹梦见阴间解差二人，一人手持长枪，枪上挂着一个带血的毛头。次晚睡觉时，她见那个毛头滚地而来，在自己左臂上狠咬了一口，自此或昼或夜，毛头在脚边滚来滚去，闹得她不得安宁。郑秀才也经常在梦中与人打斗，对手形容模糊，只知是一个不满三尺的黑物而已。秀才信佛，觉得《心经》法力浩大，可以解冤释结，于是诵《心经》三百遍，超度胡三哥鬼魂，滚地毛头和梦中打架的黑物终于消失了。

在这个故事中，狐狸精胡三哥始终没有直接出场，而是通过郑氏和女鬼缪三姑的转述来表现。因此，胡三哥到底是人形，还是不满三尺的毛物，也一直模棱两可。

除了形象转换的麻烦，狐变鬼的故事还要处理的另一个棘手问题是狐狸精和鬼的技术能力等级。狐狸精那些伎俩，鬼都具备，而且有过之而无不及。狐狸精能干的，鬼都能干；狐狸精干不了的，鬼也能干。妖精成了鬼，岂不是越变越可怕？这情形如果出现在驱狐降妖的故事中，就颇有几分滑稽。高人好不容易处决了狐狸精，结果他成了鬼再来捣乱，高人要么就得使出更强硬的手段制服鬼，要么就受害于鬼。这样一来，高人们岂不浩叹：早知如此，还不如就让他一直是狐狸精呢！

这样的倒霉事还真被一个叫赵三公的术士赶上了。《萤窗异草·沈阳女子》写此人精于驱狐，且手段极为特别：不作法事，不画符箓，而是用银针刺手指。沈阳一女子被狐狸精附体，行为癫狂。家人请来赵三公降狐，三针下去，狐狸精投降，离开了女子家。

按照一般降狐故事的情节，这事儿就算完了。但赵三公给女子扎针时见她貌美，便动了一点歪心思，想把她配给自己的儿子做媳妇。等女子病好后，便上门提亲。女方家人正欲感谢赵三公，便欣然许诺。成亲之日，伉俪欢娱，公婆高兴。

不料没过几天，投降的狐狸精又来了，照样附上了那女子的身体，表现形式就是儿媳对赵三公乱骂："老畜生，你把我赶走，原来是为了你儿子娶这个女子做媳妇！我死也不甘，一定不让你们得逞。"赵三公自觉有些理亏，对狐狸精好言相劝："我上次饶你不死，你已发过誓不来捣乱，怎么说话不算数呢？"但狐狸精这次是铁了心捣乱，跳骂不休。赵三公忍无可忍，五针齐下。狐狸精大喊："五百年基业毁于一旦，赵三公你好狠心，我变成鬼也不会放过你！"

不久，狐狸精真的变成鬼找来了，在窗外又哭又骂，向赵三公索命。赵三公能降狐却不能制鬼，不久被狐鬼吵死。狐鬼还不罢手，又缠上他的儿子，儿子也快快而亡，家里只剩下一对老少寡妇。

表面上看，这场人、狐、鬼之争，似乎是狐狸精变成的鬼取得了最后胜利。但细想一下又不尽然，赵三公父子死后也成了鬼，岂不会在阴间找狐鬼寻仇，把阳间的恩怨延伸为阴间的决斗？如此，则人、狐、鬼的纠结，便会没完没了地发展下去。要防止阴阳间恩怨无休止地循环，就得设立一个第三方裁决，判定是非曲直，并给出解决方案。在中国神秘文化体系中，阴曹地府的判官就扮演着这样的角色。传说中的地府有十大阎罗殿，因此判官也是一个庞大的技术人员群体，他们掌冥刑，掌善恶簿，掌生死簿，以此维持阴间的社会秩序。判官的来源十分复杂，各色人鬼都可以充当，有时阴府还到人间去招聘，唐代《稽神录·贝禧》就是讲地府北曹招乡干部贝禧为判官的事。《聊斋志异》之后，狐鬼之说越来越多，阎罗殿里的狐判官也就应运而生了。

有个题为《狐判官》的故事也出自《萤窗异草》，内容可与《沈阳女子》互为表里。此文讲的是新城刀笔小吏杜梧公务繁忙，经常在单位值班，每每雨夜当值，就会有美女来与之共寝。杜梧知道这女子是狐狸精，却无法摆脱，时间一久，精气耗尽，奄奄一息。一天杜梧忽然昏死，魂游到阴间，遇到已死多年的同僚。那老吏看见他，惊问："你正值年少，如何也到了这里？"杜梧道出原委，请求老吏帮助。老吏说："这是狐判官司辖范围。"于是带着杜梧找到了狐判官。狐判官长得十分丑陋，须毛如猬。杜梧汇报了情况，老吏又在一旁求情，狐判官于是召来狐狸精审问，最后判杜梧罪不当死，发回阳间延医问药，并不失时机地教训他：妖由人兴，人不思淫，狐狸精其奈我何？

我们讲狐狸精变成鬼，是说狐狸精死后成了鬼魂式的存在。在极少情况下，活着的狐狸精也会变成鬼的模样出来行骗或媚人，《萤窗异草·苏瑁》所述就是这样一个故事。

苏瑁擅医术，家住城外，经常进城给人看病，晚间寄宿于上元道观。一夕苏瑁与道士对饮，相谈甚欢。道士告诉他，这地方晚上不安宁，东廊里有一具持拂尘的侍女塑像成精，常出来惑人；阎王殿的一具赤身女鬼像，也在夜间咮咮发笑。苏瑁不以为然，还奚落道士："你真是没福气，这可是艳遇啊！"

一晚苏瑁出诊留宿病者家，寂寞无聊，便出去走访亲戚，下半夜才回。他一个人拎着碗灯赶路，不觉到了上元观附近，经过观门，瞥见一个雪白的人影站在屋檐下。苏瑁想起了道士说过的事，不禁有些害怕，但还是壮着胆子举灯想看个明白。灯光下，一个赤身裸体的妇人挺身而立，阴森地对他说："痴男子，胆子芥子般大，还敢打着灯照我，不怕被吓死！"言罢，披发垂手朝他扑来。苏瑁扔掉灯盏，大叫着狂奔，巨大的动静吵醒了不少街坊。几个胆大的出来观望，只见苏大夫狂奔乱叫，状如癫狂。有人将他喝住，他回头一看，身后什么也没有。

众人怕他再被鬼扰，将他送回住处。苏瑁受此一惊，又累又困，和主人寒暄了几句，就进屋睡觉，不料揭开被子，却早有一人偎枕而卧——正是刚才追他的赤身妇人！苏瑁大惊，一边叫喊，一边返身拨门闩逃命。但手被抓住，挣脱不得，只得求女鬼饶命，却听见妇人温柔地说："我见你是个高雅之人，因而忘耻相就，岂能害你？"苏瑁不信，仍然哀求不已。妇人又说："你可能误会了，以为我是鬼。阴间的阎王厉害得很，哪能让鬼魂到处乱跑。实话告诉你，我是仙人，经常出来走走。这里人传说中拿着拂尘、衣冠楚楚的女子就是我。"苏瑁还是将信将疑，这一丝不挂的妇人便撒起娇来，秋波流情，媚言入耳；肌骨之柔软，意态之风骚，远非人间所有。苏瑁这才有相见恨晚之感，和这身份不明的妇人狂欢了一夜。

后来，苏瑁去道观的阎罗殿观看塑像，果然见一赤身女人伏在地上，旁边立一巨鬼，举着叉子准备将她叉进油锅。仔细一瞧，女人的模样和那晚上追他的赤身妇人很像。道士又告诉他，殿里还有一个狐狸精，经常变作阎罗殿女人的模样出去媚人。苏瑁这才恍然大悟，追他的妇人是女鬼，而躺在床上的则是狐狸精所化。那晚他以为遇见的是同一个女子，实为一鬼一狐。

狐狸精变成鬼的故事，清代以前少见。狐鬼的登场是在蒲松龄等人的创作年代，但未成为狐狸精故事的主体情节。到长白浩歌子的《萤窗异草》，刻画的力度就显然加大。狐鬼的出现，无疑丰富了狐狸精的题材，也使故事情节的发展更为曲折。

三　前世今生

　　狐狸精死后成了鬼，轮回的过程却没有完结，因为鬼这种形式并不是灵魂的终点，还会转变为其他的存在。

　　《聊斋志异·辛十四娘》的女主角辛十四娘是个狐狸精，嫁与广平冯生。她后来忽然厌倦了人间生活，于是迅速变老，患病，死去。冯生悲痛欲绝，安葬了妻子。但冯生的家仆后来在太华又见到了死去多年的辛十四娘，她骑着青骡，带着生前的婢女，对他说："告诉冯郎，我已名列仙籍。"言毕不见。

　　明明已经死去的辛十四娘为什么成了神仙？可能性有两种：其一就是道家所谓的"尸解"，假死真成仙，棺木里只留下衣冠，身体成为所谓"尸解仙"；其二是死后成鬼，后来又因某种机缘直接成了仙，也就是所谓"鬼仙"。

　　仙是长生不老，鬼是阴间幽魂，成仙不可能是鬼，是鬼则不可能成仙，仙与鬼是两不相容的。因此，"鬼仙"这个词，实则是把"死"与"不死"凑成了一个矛盾的概念。然而，在古人的观念中，"鬼仙"并不是个文字游戏，而是实有所指的存在。我们可以通过《聊斋志异·王兰》了解"鬼仙"的生成过程。

　　王兰暴病而亡，鬼魂已到阴间。阎王爷按照程序复审他的死案，发现他死期未到，是鬼卒勾错了魂，于是责令那个不负责任的鬼卒将他送还阳间。但复审耽搁了时间，那个"二百五"鬼卒做事又磨磨蹭蹭，王兰的鬼魂被送回阳间时，其尸体已经败坏了。鬼卒既不能送王兰还阳，又不能再带着他的鬼魂去阎王处交差，便灵机一动想了个主意，对王兰说："人而鬼也则苦，鬼而仙也则乐。现在有个法子可以让你直接成仙，干不干？"王兰当然答应。鬼卒说："这里有个狐狸精在修炼，金丹已成，我带你去把它偷来。吃下金丹你就成了仙，不仅灵魂不散，还可以为所欲为。"

于是鬼卒带着王兰到一处院落，看见一只狐狸在月下炼形：对月呼气，一粒红丸便从口出，直飞入月中；吸气，红丸又从月中飞回口里。狐狸如此一呼一吸，炼得十分认真。鬼卒乘其不备，一把接住从月亮飞回来的红丸，让王兰吞下。狐狸大怒，但看见对手是两个鬼魂，只能愤恨而去。王兰因此成了鬼仙，大摇大摆地回家去了。

鬼成为仙，本是一个逻辑上说不过去的问题。但阎王殿小公务员的一次工作失误，便可造就一个鬼仙，可见在中国神灵鬼怪的世界里，几乎没有什么不可能的事。

辛十四娘在阴间的经历可能没有王兰那么离奇，但毕竟也成了鬼仙，脱离生死进入了永恒。但这样的结局并非死去的狐狸精个个能有，大部分狐狸精也和人一样，死去就意味着进入下一个生命的轮回。

狐狸精的前世今生有时会以一种比较隐晦的方式表现出来。清代一个叫严秉玠的人在云南禄劝县做官，县衙东边有三间小屋，相传为狐仙所居。此间惯例，新来的官员都得祭拜狐仙，严秉玠也循例常去祭拜。他老婆跟着去看热闹，每次都被安排在门外等待，看不见他在里面干啥。

一次，严秉玠又去祭拜，老婆还是被留在门外。妇人很不高兴，满肚子狐疑，到处转悠，忽然发现屋里一个美妇人倚门梳头，心想：

这老不正经的总不让我进去，原来里面藏着狐狸精呢！于是她带了一帮奴婢冲将进去，对美妇大打出手，美妇变成白鹅绕地求饶。严秉玠似乎也要证明自己的清白，拿出官印在白鹅背上重重盖了一下。白鹅变成狐狸堕胎而亡，腹中还有两只小狐狸。严又拿出朱笔在小狐狸额上各点了一下，于是小狐狸也死了。

过了两年，夫人生下一对双胞胎，额上各有一个点红，如朱笔所点。夫妻俩想起一年前点死的两只小狐狸，大惊失色。不久，两人相继去世，一对孩子也没有养活。

有时候，托生转世的狐狸精能够预知自己来生的去向。《子不语·张光熊》中，男主角张光熊和狐狸精王氏的爱情被张父横加干涉，其父请来高僧、道士设坛降妖。狐狸精眼见在劫难逃，哭着对张光熊说："天机已泄，不得不告辞了！"张依依不舍，问："后会有期吗?"狐狸精答："二十年后华州相见。"

张光熊后来娶陈氏为妻，又进士及第，当上了吴江知县，不久，升任华州知州。在他官运亨通时，陈氏患疾而亡。他老爸于是在家乡为他续弦，娶了王家一个黄花闺女送到华州。张光熊一见这女子，简直惊呆了——她竟长得和二十年前的狐狸精一模一样！问她年龄，正好二十岁。张光熊无限感慨，问新妻记不记得二十年前的事，王氏一脸茫然。

对狐狸精王氏而言，与情人的生离死别，是她无法改变的命运结局。但"二十年后华州相见"的回答，不仅表现了她对人间爱情的追求，也似乎说明她在投生转世的问题上，具有一定的主动性。死固然不可避免，但投生到什么地方却可以自己选择。

《聊斋志异·刘亮采》写一个姓刘的人与胡姓狐翁为友，往来如兄弟。刘某无后，经常为此烦忧。一次，胡翁忽然对他说："你不用担心，我将做你的后人。"刘某不明白他的意思。胡翁又说："我命数已尽，即将投生转世，与其投到别人家，还不如生在老朋友家里。"刘某很奇怪，狐仙狐仙的，仙怎么会死呢？胡翁说："非你所能了解。"晚上，梦见胡翁来投胎，刘某惊醒，夫人当晚生下一个男婴。这孩子长大后，身材短小，言词敏捷，相貌极像胡翁。

转世轮回的思想来自印度。在这个理论中，生命的灵魂不会真正死去，而是在三界中以天、阿修罗、人、畜生、饿鬼、地狱六种方式转世存在，这就是所谓"六道轮回"；其中天、阿修罗、人为三善道，畜生、恶鬼、地狱为三恶道。众生因前世的业力决定后世的生存形态，作恶业者入恶道，作善业者入善道。

在佛教思想中，鬼是人转世后的形态之一。前世是人，来世则可能是鬼，也可能是畜生，还可能是另一个人；而人死到投胎之间这段时间里的灵魂称之为"中阴身"。在被中国人改造过的轮回观里，鬼却不是转世后的存在形态，只是前世今生之间的过渡，即所谓"中阴身"环节。中国式的轮回故事的后世不会是鬼，而是一个新生命的诞生，因此较多使用"托生""投胎"这样的词语表述。

按六道分类，狐狸精显然只能算畜生，转世为人是由恶道进入了善道，这就意味着此狐狸精生前积累了善业。六道轮回是一个可顺可逆的循环，狐狸精可轮回成人，人当然也可转世为狐狸精。人转世为狐狸精之事最早见于北宋的《小莲记》。狐狸精小莲是京师李郎中之妾，她前生是一富人家的小妾，遭报应转世为兽，且命中注定必死于猎人的鹰犬。至此，报应期满，她方能再次投生为人。

前世为人，后世成了狐狸精，显然是恶业所致。《小莲记》明确交代她遭报应的原因："前世尝为人次室，构语百端，谗其冢妇，浸润既久，良人听焉。自兹妾独蒙宠爱，冢妇忧愤乃死，诉于阴官，妾受此罚。"

遭报应而堕入恶道，本是轮回故事中常见的主题，目的无非是劝人行善。这种观念进入狐狸精故事，则是从《小莲记》开始的。清康熙年间的《扶风传信录》交代女主角胡淑贞前世为宋代宫女，得宠于君，性尤妒，宫中之人多被谗害，因此落劫，转世成了狐狸精。这显然是沿袭了《小莲记》的思路。

此类"寓劝诫之方、含箴规之意"（清人张维屏语）的人狐轮回故事，到纪晓岚《阅微草堂笔记》被发扬光大。前生作恶，后世受报，不仅堕为畜生，前世的恩怨也被带入来生，一一受报，不报则恩怨永不得销。

《如是我闻一》讲述弓手王玉射死拜月黑狐，回家后寒热大作。他听见哭声绕梁："我自拜月炼形，和你有何相干，你却将我射死，我死不瞑目，必到阴曹地府去告你，让你也不得安生！"过了数日，狐鬼又来，在窗外说："我昨日已到阴府告你，判官查找资料，方知你前生负冤告状，当时我为刑官，私下收人贿赂包庇对方，使你有理不得申辩，愤恨自杀。我也因此事转生堕为狐狸。你一箭射死我是报应，我不怨你。但当年你告状时我抽了你百余鞭，这笔账还未勾销。求你发一个愿，请阴曹免去我这项报应，我们就两清了。"谁知王玉根本不理会他那一套："这辈子的事还扯不清，哪顾得了上辈子？你爱怎么的就怎么的，老子要睡觉了。"狐鬼在冥府的官司没打赢，阳间的事主又是个二愣子，只能自认倒霉。

王玉的态度，貌似不把因果报应放在眼里，但狐狸精一死只是报王玉前生一死，冤受的鞭刑并未得报。狐狸精想投机取巧勾销孽债，这是根本不可能的。所以王玉之粗憨，不自觉地体现了有罪必报的因果关系。纪晓岚讲因果报应，几乎到了精密计算的量化水平，所谓"一报还一报"，不可多，也不可少。《槐西杂志二》中写另一个人狐转生的故事就表现了这种更加复杂的报应关系：

狐狸精化形为朱某的婢女，帮他经营持家，他因此成了富人。狐狸精临死告诉朱某："君九世前为巨商，我是你的会计。你待我很好，我却私吞了三千余金，因此死后成了狐狸，修炼数百年，方成人形。我再想成仙，却因欠你的三千金孽债未销，不能如愿。我为你持家数年，帮你赚的钱足够抵当年所欠。现在我可以尸解成仙了。我死后，你将我遗体交由仆人去掩埋，但他必定会将我裂尸剥皮。他四世前为饿殍，我当时还是狐狸未成精，吃过他的肉，因此这是报应。他剥了我的皮，冤债也就一笔勾销了。"言罢，化为狐狸仆地而亡。朱某念她平日的好处，不忍交给仆人，自己背出去埋了。但后来那个仆人还是挖出了狐尸，剥下皮卖掉。朱某知道后，长叹不已。

通常情况下，六道轮回是一种道德因果律，讲的是善恶报应，但有时这种故事模式也被用来表现爱情主题。以生死佐证爱情，本是中国文学的传统，如汉乐府《孔雀东南飞》结尾，刘兰芝、焦仲卿为情双死，合葬于华山旁，"东西植松柏，左右种梧桐；枝枝相覆盖，叶叶相交通。中有双飞鸟，自名为鸳鸯；仰头相向鸣，夜夜达五更"。这种写法显然已经超出了《诗经》的"比兴"范畴，具有强烈的象征意味。这种表现手法遇到轮回托生的观念，很容易相互融合，演绎出前世今生的爱情故事。

清代王士禛《居易录·徐生》载，徐生恋上光艳照人的狐狸精，还生下一个聪明绝顶的女儿。这场人狐婚恋的前世姻缘如下：狐狸精是唐朝开元年间的宫女，徐生为内侍。两人眉目传情，私下有了婚姻之约。不料事发，两人同被处死。内侍转生几世，成了徐生；宫女却投了狐狸胎，刻苦修炼多年，得成狐仙，然后辗转多年，才找到徐生，再续前缘。

宦官爱上了宫女，本来就是不该发生的事情，两人即便不被处死，又会有什么好结果呢？非常有趣的是，这个故事在清嘉庆年间又被一个叫金捧阊的人重写，金显然发现了《徐生》情节中的纰漏，他在《客窗偶笔·狐女》中，将男女主角的前世关系做了调整：宋代宦官与宫女两人偷偷相爱，未被人发现，也未被处死，而是彼此意识到这种爱情的无果结局，便私誓愿来世结为夫妇，后各转生，宦官成了宜兴男人许三官，宫女则成了狐狸精。

然而，有人堂而皇之地续写人狐姻缘，也有人明目张胆地解构这种道德家不屑的情事。在《阅微草堂笔记·姑妄听之二》中，一段人狐间的隔世姻缘完全成了黑色幽默：

一个老翁给人看守花园，和其他十几个打工者同住一室。一晚，油灯未尽，忽然听见老翁如女人般娇喘，身躯也一起一伏，似是与人做爱。此后，老翁便经常白天闭门，或突然躲到僻静处，神神秘秘地不知道干些什么。有人好奇前去偷窥，便遭瓦石飞击。久而久之，老翁隐瞒不住，便对大家说了一件离奇的事：

某日他浇园时，看见一位年轻人进来，只觉那人似曾相识，却又想不起在哪里见过。两人坐下闲聊，年轻人说：“我有事相告，请你听了不要惊慌。你我四世前是好朋友，后来你却巧夺了我的田地。我告于官府，不仅不得申冤，反遭鞭打。我忧愤而死，到阴府里告状。

谁知判官认为这种事情难断是非，没有判罚你，而是主张欢喜解冤，判你来世为女身，做我妻子二十年。不料我罪孽深重，二十年姻缘还差四年，我就转生成了狐狸。待我修炼成人，你女身已死，又转世成了男人，而且已经老了。找到你是前世姻缘，我不能再等你转世成为女人，现在就得了结四年未了之情。"

老翁惊魂未定，被年轻人对面吹了一口气，立刻变得迷迷糊糊，遂被奸污。此后，年轻人每天必来一两次。每次完事后，老翁都十分懊悔，但行事之时又完全忘了自己是男人，心甘情愿地让人摆弄，实在搞不清是什么缘故。

此事过于离奇，有人不信，以为是狐狸精想强奸这老翁，故意找个理由。纪晓岚却似乎宁信其为真："狐之媚人，悦其色，摄其精耳。鸡皮鹤发，有何色之可悦？有何精之可摄？其非相媚也明甚。"唯一可以解释的，就是生死轮回的因果报应："怨毒纠结，变端百出，至三生之后未已。"

狐狸精前世今生的爱情追求，经过纪晓岚的强力纠错，终于又回到了因果报应的正确轨道！

四　狐妻鬼妾

一夫一妻多妾是中国古代常见的婚姻形式，妻妾之间除了地位不同，还承担着不同的义务。妻的作用是持家事亲，讲究的是"德"；妾的作用更倾向于满足男人的性欲，强调的是"色"。因此，民间一直有"娶妻娶德，娶妾娶色"的说法。但对于盼望"书中自有颜如玉"的男人们，"两美一夫"的婚姻则更是心底的憧憬。

丽狐艳鬼很早就是读书人性幻想的对象。从《搜神记》开始，人娶鬼妻之事不绝于书，但在蒲松龄之前，似乎没人考虑过一个男人能够同时拥有狐妻鬼妾或者鬼妻狐妾。原因有二：其一，狐鬼虽经历代读书人的润色，呈现出不少温和的人性，却仍脱不掉害人之性；堂室之内，床笫之间，不是狐狸精就是鬼魂，伤身害命的风险实在太大。其二，如纪晓岚所说，"狐鬼不并居"，这种观念有一定的普遍性，多数情况下两类井水不犯河水，更不用说狐鬼共事一夫了。因此，狐妻鬼妾故事模式的出现是一次观念的突破。

康熙九年（1670）秋，三十岁的蒲松龄受同邑进士、江苏宝应知县孙蕙之请，南下做幕宾帮办文牍。他骑马南行，经沂州进苏北到达宝应。在那里待了一年时间，次年初秋辞幕，回到淄博老家，这是他一生中绝无仅有的一次出省游宦。南下经过沂州时，大雨阻路，他只好在旅馆休息。一个叫刘子敬的亲戚来看他，带来一份手稿《桑生传》。蒲松龄被其情节深深吸引，以此为基础创作了《莲香》。

《莲香》是一个丽狐艳鬼共侍一夫的故事。男主角桑子明性情静穆，平时在学馆读书，很少外出。女主角莲香是狐狸精，冒称西邻妓女，叩斋夜访。寂寞书生遇见倾国之色，两人登床成欢，自此，必三五日一会。

一晚桑生独坐凝思，有女子翩然而入。桑生以为是莲香，正要与她说话，却发现来者是一个十五六岁的陌生女孩，"髫袖垂髻，风流秀曼，行步之间，若还若往"。桑生大惊，以为遇见了狐狸精。女子告诉他，自己姓李，是良家女子，因慕桑生人品学问，故来相就。鸡鸣之时李氏离开，留下一只精巧的绣花鞋，说如果想她了，就拿出来玩弄，她就会很快赶来，但切不可以此示人——这个女子就是女鬼李氏。

桑生周旋于两美之间，夜不虚席，莲去李来，李去莲来，正所谓"两斧伐孤木"，没多久便累得神气萧索。莲、李二人都真心爱恋桑生，莲香年长，在欲望方面比较克制；李氏年幼情深，纵欲无度。而桑生一直以为李氏是良家女子、莲香是娼妓，因此对李知无不言，对莲香则有所保留。莲、李二人虽然分别和桑生幽会，但不久便彼此知道对方的存在，各自向桑生挑明对方的真实身份，莲说李是鬼，李说莲是狐。桑生耽于美色，左右逢源，以为两个女人为自己争风吃醋而中伤对方，不信她们真是狐鬼。

两个月之后，桑生一病不起，弥留之际，二女在床前碰面，为推卸责任而争吵。桑生此时方知，两个女人果然是一狐一鬼。莲香指责李氏只顾自己快乐，不顾桑生死活。李氏不服，认为莲香也脱不了干系。不过，危难关头，她们还是尽弃前嫌，联手救活了桑生。之后，李氏借富家女张燕儿尸身还魂，由鬼成人。但张燕儿身形比李氏胖大，于是，这个张燕儿和李氏的组合体昏睡数日，体肤尽肿，醒来后遍身瘙痒，皮脱之后，张燕儿的身体变成了李氏的模样。莲香从中撮合，使桑生娶张燕儿为妻，自己也和他们生活在一起。

不久，莲香生下一子，产后暴病，临死前拉着燕儿手说："我儿即你儿，请费心抚养。若有缘，十几年后当能相见。"狐狸精莲香病亡，尸化为狐。桑生夫妇悲戚不已，厚葬了原形毕露的莲香。留下的孩子取名狐儿，燕儿抚如己出，每年清明带着他去给莲香扫墓。

十四年后，门外有老妪卖女。燕儿想起莲香临终时的话，叫老妪将女儿带进来看看。这女孩姓韦，仪容态度果然和死去的莲香一模一样。在张燕儿的启发下，女孩子渐渐想起了前世之事。两人共话前生，悲喜交织。清明时，燕儿带韦氏到莲香墓前，只见荒草离离，冢木已拱。燕儿说："我与莲姊，两世情好，不忍相离，我们的尸骨也葬在一起吧。"于是，人世间的张燕儿、韦氏和桑生组成了一个幸福美满的家庭，而女鬼李氏和女狐狸精莲香的尸骨也被合葬于一个墓穴中。

《莲香》是蒲松龄用力最深的作品之一，通过人、狐、鬼之间的三角恋情，穿越了前世今生的时间跨度，表现了爱与欲、生与死的复杂主题。

莲、李二人的容貌、体态，反映了蒲松龄对于"色"的梦想。莲香是"倾国之姝"，李氏则"风流秀曼"。莲香评价李氏"窈娜如此，妾见犹怜，何况男子"；李氏评价莲香"世间无此佳人"。莲香的身体伴随着性的享受，"息烛登床，绸缪甚至"；李氏的身体则寄托着一种病态的审美，手冷如冰，身轻如草，"蜷其体不盈二尺"，三寸金莲"翘翘如解结锥"。二美合璧，姹紫嫣红，是一种参差错落的风情。

作为文学形象，莲、李二人的性格也大不一样。莲香温柔大方，善解人意，出场时就冒称"西家妓女"，对桑生投怀送抱的目的主要在于一种有节制的肉体乐趣。李氏聪明灵巧，脸薄心窄，自称良家女，"慕君高雅，幸能垂盼"。她爱恋桑生显然更多是出于一种情感追求，但强烈的精神渴望又导致她和桑生的肌肤之亲过于密切，反使桑生纵欲无度，几近丧命。李氏的精神世界远比莲香丰富，她是"已死春蚕，遗丝未尽"。她在阴冥世间孤独而寂寞，虽有泉下少年郎可伴，但"两鬼相逢，并无乐处"。因此桑生的爱与温存，是她心灵的莫大慰藉。但灵与肉在李氏身上被无情割裂，亲近桑生，固然温暖了自己，桑生却有性命之忧；而离开桑生，自己就是一个可怜的孤鬼。两难之下，她愤不归墓，随风漂泊，"昼凭草木，夜则信足浮沉"，最后借尸还魂，以张燕儿之身复活，和桑生成为恩爱夫妻。这个单薄寒怯的女鬼，身上蕴藏着一股超越生死的巨大精神力量。

莲香和李氏的不同还表现为狐与鬼的区别。当桑生还未弄清二女真实身份时，李氏问："君视妾何如莲香美？"桑生答："可称两绝，但莲卿肌肤温和。"狐狸精是活的生命体，所以身体是温暖的。鬼魂是死去的生命，所以"阴气盛也"。鬼与人正是生命的阴阳两极，古人认为人鬼交接，一方面阴必损阳，另一方面阳也能壮阴，只是在不同的故事中，写作者对这个问题的两面会有所侧重。《聊斋志异》里，《莲香》《连锁》《聂小倩》《小谢》等都是表现人鬼恋的主题，蒲松龄基本坚持了"断无不害人之鬼"这样的原则，因此，李氏、连锁、小谢等女鬼都必须复活或托生，然后方能与人结为长久夫妻。

狐狸精则既可以转世投胎，彻底成人后与人结合，也可以直接为人妻妾。《聊斋》名篇《青凤》《娇娜》等都讲人狐之恋，狐狸精都是直接嫁给了男人，并没有经过转世投胎的程序，莲香转世投胎成韦氏再嫁给桑生，看来似乎多此一举。其实，这恰恰体现出蒲松龄一种微妙用心。当莲香是狐狸精、李氏是鬼时，两者之间的地位是平等的，但她们都比人的地位低。李氏离开桑生，固然出于爱惜他的性命，但还有另一种心思，就是"徒以身为异物，自觉形秽"。因此，她以张燕儿身体还魂，与桑生成为恩爱夫妻，这既可使有情人终成眷属，同时也获得了心理上的平等。本来，在一夫一妻婚姻中，男人女狐的结构是可以接受的；在多妾婚姻里，狐狸精做妾也无不可。但莲、李本是一狐一鬼，而且莲香年长，被称为"莲姊"，对李氏也多有训导，一副做姐姐的样子。李氏成人嫁给桑生之后，莲香仍是狐狸精，是所谓"异类"，地位变得十分尴尬。所以，听了燕儿叙说由鬼变人的经历，莲香默默若有所思，下定决心向燕儿学习，通过转世投胎成为真正的女人。这一对狐鬼姐妹，终于成了人间妻妾。如此，则蒲松龄之笔墨，不负李氏，也对得住莲香了。

狐鬼之事往往只能说"大致如此"，而不能说"必然如此"。由于地域的不同或者创作者的主观故意，某些具有一定普遍性的原则也可能不被遵守。《聊斋志异》中还有一篇同类题材的作品叫《巧娘》，故事的发生地是海南岛。狐狸精三娘和女鬼巧娘先后嫁给广东人傅廉为妻妾，"二女谐和，事姑孝"，显然也是美满的婚姻。与《莲香》最大的不同是，三娘和巧娘始终是狐狸精和鬼；而且，巧娘是鬼却并不害人，还在坟墓里为傅廉生下一个儿子。

古代狐仙崇拜及狐狸精故事的传布中心，在蒲松龄、纪晓岚的家乡山东、河北一带。《中国狐文化》的作者李建国先生认为，从地域上看，清代狐仙信仰是以北方为中心向南扩散，最受影响的是江浙地区，愈远而愈微，两广、云贵地区明显呈弱势。"南方多鬼，北方多狐"的谚语在清代一直流行，说明越到南边，鬼的势力越强；且粤、琼之地远离中原，鬼神观念有着较独立的发展源流。北方人以为"断无不害人之鬼"，海南岛上的少数民族可能就不这样认为。《巧娘》故事的原型是蒲松龄听一个叫翁紫霞的高邮人说的，而翁紫霞又是从广东听来的。基本可以判定，在这个故事原型里，巧娘就是以鬼的身份嫁给了傅廉。蒲松龄保留了故事原型的这点异趣，但在写法上似乎又有意模糊。傅廉问三娘"巧娘何人"时，三娘明确回答：

"鬼也。"至于如何成了鬼,则又说巧娘曾嫁给一个天阉的男人,不能过夫妻生活,"邑邑不畅,赍恨如冥"。不直说"亡",而说"如冥",好像是故意要造成一种似死非死的效果。后来傅廉到李氏废园找巧娘,叩墓木而呼,巧娘抱着孩子从墓中走出,也完全是居家妇女的感觉,没有什么鬼气,与《聊斋》其他鬼故事的气氛大有不同。

狐狸精莲香有贤德,女鬼李氏有个性。从夫妻之仪的角度说,蒲松龄认可莲香;但从内心的感情看,他似乎更看重李氏。文以《莲香》名,显然莲香应是第一主角,但写到后面情形发生了翻转,李氏的分量超过了莲香。她不仅对爱情的追求更加主动,而且先于莲香借尸还魂,成为明媒正娶的大夫人。莲香则是受了她的影响才去托生,十几年后再次出场成了一个小姑娘,由张燕儿买进家门。张、韦二女虽能情如姐妹,不分彼此,但在婚姻中张正韦副的名分却无法更改,这种关系与狐鬼世界中的莲姊李妹形成落差。

如此的狐鬼妻妾美则美矣,但贤德大方的莲香最后成了妾,总令人心生纠结。后世的长白浩歌子有感于此,创作了一篇《温玉》,不仅重温蒲松龄的情色梦,而且纠正了他在《莲香》中表现出的重鬼轻狐的倾向。

《温玉》中的狐狸精就是温玉,女鬼叫柔娘。在遇见绍兴人陈凤梧之前,她们是闺密,音律相知,经常对月唱和。温玉吹笙,"声如和鸣之凤,共哕之鸾";柔娘擅笛,笛声若鹤之清唳,雁之哀鸣。至于两女容貌,一则玉润珠圆,嫣然百媚;一则花愁柳怨,笑可倾城。两人和陈凤梧的关系以及事态发展一如《莲香》,三角恋的结果是陈生憔悴不胜,命在旦夕。

陈生弥留之际,梦见温玉挥泪而来,对他说:"你不听我的劝告,致有今日！我为了给你治病，上嵩山采药，不料触犯山神，堕崖而死，现在和柔妹一样，也成了鬼魂。"陈生大恸，唏嘘不已。温玉又告诉他，自己虽已成鬼，但他命不当绝，有某医生可以治好他的病。

之后，也发生了借尸还魂后嫁给男主角的情节，但人物是死去的狐狸精温玉，而不是女鬼柔娘。陈凤梧远比桑生有出息，他带着老婆到处履新，先在新蔡做官，很快迁升为秦州知州，十年后又任安庆知府，赴任途中，遇见穷老太携一小女郎乞食——这小女郎就是转世投生的柔娘。温玉花钱买下她，带进家中，伤心叹息："妹何一寒至此！"这个故事于是又有了圆满结局，陈凤梧妻贤妾美，儿女绕膝，官也不做了，遨游于温柔之乡以终老。

长白浩歌子做了这番拨乱反正后，意犹未尽，还要声明其重温玉而轻柔娘的严正立场："若柔娘，独无可取，惟愿为女一节，聊可解嘲。然非温玉之淑，又乌能附骥尾以传也哉！"

从《莲香》《巧娘》两文看，蒲松龄是狐鬼并重，对鬼女的怜爱或甚于狐狸精；长白浩歌子则明显爱狐嫌鬼，《温玉》中柔娘还勉勉强强是个"能附骥尾"的小妾，而在另一个同题材故事《春云》中，鬼女春柳则成了忘恩负义、破坏别人婚姻的小三。

沔阳人毕应霖生性聪敏，科举考试不用功，词章诗赋却做得很好。秋日游菊圃偶遇狐翁，老头儿以为雅人相会，不谈俗事，定要毕应霖对菊吟诗。毕生在香山花海中喝了一下午茶酒，正想摆弄摆弄，便吟了两首菊花诗。狐翁阅后大喜，觉得眼前这少年雅致有才情，乘着酒劲儿拍他的肩膀许愿："真吾家快婿也！"数日之后，狐翁家那位丽容稚齿、玉润花妍的女儿春云就嫁给了毕应霖。

婚后不久，春云归宁，毕应霖同往岳家。狐翁之家疏竹倚墙，幽兰盈砌，果然是个远离尘嚣的去处。他告诉毕应霖，自己是狐狸精，但不害人，为爱女择婿，好不容易才找到吉士雅人。毕应霖心里有些害怕，请求先回去。狐翁不高兴，说女婿上门，哪有酒都不喝一杯就走的道理，于是吩咐设宴，又叫春云的姐妹们出来陪酒。这几个姐妹个个貌若天仙，狐翁又特指一女介绍："这是春柳，我的干女儿。"毕应霖眼神儿溜过去，发现这春柳风流妖娆，别具风韵，便有些心猿意马。

家宴开始，春云姐妹陪坐左右。香粉缭绕，口脂频吹，毕应霖几杯黄汤下肚，乐而忘形，竟然不顾岳翁在座，与众女划拳斗胜。狐翁没料到这小子居然也有俗不可耐的时候，不终席便拂袖而去。再喝了一会儿，众美女不胜酒力，也相继退去，席间只剩下毕应霖和春柳。毕醉眼蒙眬，更加觉得春柳风流动人。两人眉来目去，勾搭成奸，就在堂侧找个地儿云雨了一番。

事毕，春柳还挑拨离间："人与狐处，三月当有死道。老头儿说不会害人，那是骗你的。"毕应霖本来就有些首鼠两端，听了春柳的话更加害怕。他对春柳的身份也有些怀疑，这狐狸精的干女儿又能是什么好东西呢？春柳告诉他，自己是人，就住在山下，迫于无奈才在这里强颜欢笑，哪会真心做狐狸精的干女儿！

毕应霖于是跟着春柳私奔下山，没走多远就到了春柳家里。茅屋数间，围以竹篱，比狐翁家的光景差得很远。毕应霖觉得离开了狐狸窝，又抱得美人归，心里十分高兴，急忙铺床展衾。毕应霖在狐翁家与春柳交接后，便觉小腹隐痛，但不以为意。来春柳家再次贪欢时，他忽觉冷逼丹田，痛彻脏腑，没多久就晕死过去。

薄情郎苏醒时，发现春云伏在自己身上哭泣，其他姐妹站在旁边。春云一边给他穿衣，一边轻声数落："你以为我是异类，不念旧情，也得找个好人，奈何与鬼为婿？今日若不是我们姐妹，你就命丧九泉了。"毕应霖不解，春云指着岩下一堆白骨说："这就是你的可人儿。她本是宋代淮南一名妓，随商人至此，患心疾而亡。精魂不消，经常出来惑人。老父本来要整治她，她极口求生，老父不忍，收她做了干女儿。昨日家宴，老父本不想让她出来的，但念你是个高雅之人，必不会与淫鬼胡混，没想到……"毕应霖希望重修旧好，春云说不可能了，言罢挥泪而去。

狐妻鬼妾的婚姻是一出风险很高的爱情狂想曲，无论是《莲香》中的桑生，还是《温玉》中的陈凤梧，都差点因此丧命。只有当莲香、李氏她们的狐鬼之躯托生成人，有情人才终成眷属。所以，严格说来，这两个故事是以人狐、人鬼之恋开始，而以人与人之间的婚姻结束。狐鬼之性，即便在蒲松龄、长白浩歌子这等离经叛道的才子笔下，也不可能完全被颠覆，其间包含多少文化传统的强制和创作个体的无奈！至于《春云》，则完全是对这种性幻想的解构，不仅狐妻鬼妾不可得，雅人相配、共守白头的婚姻亦不可得，让狐鬼归于狐鬼，而俗人归于俗人。

无论爱情如何动人，以凡人的体能享受狐妻鬼妾的无尽艳福，对于讲究养元保精的古人，总是刀口舔血的危险事儿。蒲松龄和长白浩歌子的解决方案是让狐鬼最后都变成人，害命的警报也就解除了。温玉托生成人后再次嫁给陈凤梧，燕尔情浓，夕无虚度，比身为狐狸精时放浪得多。陈凤梧戏问："你现在就不怕我生病了？"温玉道："今非昔比。鬼狐都是异类，五夕一交你也受不了，而况夜不虚席！现在我以人身做了你的妻子，阴阳交接是天经地义，稍微过分一点也无大碍。"狐鬼世界的诡秘风流，最终变成了人间的男女恩爱。

俗谚道："石榴裙下死，做鬼也风流!"享乐抑或保命，男人的选择向来犹豫不决。想象一下生死冒险伴随着醉心蚀骨的感官享受，对于平淡的生活着实刺激。狐鬼变成真人之后，这种神秘情趣自然也就消失了。有没有一个比转世托生更好的法子，让艳鬼丽狐永远媚态纷呈，而左搂右抱的男人又无性命之忧呢?《益智录》作者解鉴通过《隗士杰》《翠玉》等故事提供了另一种解决方案。

同样是狐妻鬼妾的题材，解鉴笔下两则故事的男主角却都有一个人妻，狐与鬼只充当媵妾，人妻、狐媵、鬼妾张弛有度地陪伴在丈夫周围。男人平日和人妻生活在一起，跟狐鬼媵妾若即若离，她俩有事则来，无事则去。把男人梦想设计得这样完美无缺，连解鉴自己都觉得不好意思，又故意使个小手段破一破：《隗士杰》故事的主角隗公妻妾成群，家财万贯，却有大不孝之事，这些妻妾愣是没给他生个儿子。鬼妾范氏要他再纳一极丑的婢女为妾，方可生下儿子；而且，她觉得隗士杰艳福太盛，"纳之，亦可少折消受娇妻美妾之福"。隗士杰看惯了美女，不愿纳个丑婢，一拖再拖，年近古稀还膝下无子。最后不得已纳丑婢为妾，范氏果然生下一子。

五 谁是狐狸精的领导

狐狸精的生命形态分为三个阶段：狐狸—狐狸精—狐仙。狐狸是兽，遵从动物的本能，饥餐渴饮，穴居野外，雌雄发情便生一窝小狐狸。狐仙是仙，享受仙的生活，云游十方，长生不老，远离尘世却又受人供奉。狐狸精是妖精，妖精的定位就很是模糊：它不是兽，所以动物的生存原则不适合它；它不是人，所以不能服从人间的管理；它也不是神仙，所以不需要遵守仙界的秩序；它还不是鬼，也不能在阴曹地府谋个一官半职。于是出现了一个问题：狐狸精游离于所有现实的和想象的体制之外，又具备超常的能力，如果没有必要的约束，岂不是可以为所欲为？

从《搜神记》到《太平广记》，在这个漫长的历史阶段中，大部分狐狸精的确就是这样自由散漫。他们骗吃骗喝，欺男霸女，经常毫无道理地折腾平民百姓。人们对付他们的办法就是请来术士高人降妖，但道术妖术互有高低，有时降得住，有时降不住，人与狐基本上处于一种强力对抗的状态。这情形颇似花果山的孙猴子，不在现有的一切天界、人界、冥界秩序内，又总是翻筋斗云上天宫闹腾，弄得玉皇大帝、王母娘娘等天界的主要领导烦躁不已。玉帝当然可以发兵捉拿，但兴兵一次，即差四大天王，协同李天王并哪吒太子，点二十八宿、九曜星官、十二元辰、五方揭谛等十万天兵，布下十八架天罗地网，就为去抓一个毛猴，维稳成本实在太高。而且抓到以后还麻烦不断，玉帝要处决这猴头，将他绑在降妖柱上，不料刀砍斧剁、雷打火烧，就是不能损他一根毫毛。太上老君出来充能干，把他带回去扔进八卦炉里炼。结果让孙悟空炼成了火眼金睛，还跑掉了。俗话说卤水点豆腐，一物降一物，就是强调秩序。如果某物在任何秩序之外，没有任何对手，就只能毁灭，否则全世界人鬼神都没法玩。吴承恩笔头跑马，一路写到孙猴子踢翻八卦炉扬长而去，自己也有点害怕了，只好让如来佛出来收场，将猴子一掌压在五行山下，又让观音菩萨送他一个金箍，再让手无缚鸡之力的唐僧掌握了紧箍咒，大闹天宫的猴子就只好护送唐僧上西天取经去了。

既然神通广大的孙猴子都是这个结局，狐狸精又如何可能永远地放任自流呢？所以，他们在自由撒野了几百年后，也被归到一个管理秩序内。《阅微草堂笔记·如是我闻四》一场人狐对话讨论过这个秩序的管理问题。出场角色有三个：故事的讲述者刘师退先生、沧州的一位学究和一个狐狸精。此狐狸精"躯干短小，貌如五六十人，衣冠不古不今，乃类道士"。话题从狐狸精如何修仙讲起，狐狸精说成仙正途是炼形服气，媚惑采补是旁门左道，伤人过多就会干犯天律。这自然就引出了刘师退的提问："狐狸精也得遵守天律禁令吗？那么又是谁来执行赏罚呢？"狐狸精答："小赏罚统于其长，大赏罚则地界鬼神鉴察之。如果没有禁令，我们狐狸精来则无形，出入无迹，什么坏事干不出来呢！"

"统于其长"说明狐狸精内部已经有了一个自律性的管理体制。《阅微草堂笔记》和《子不语》等书中就有很多狐狸精家庭，老狐狸有时对子女的要求比人类的家教还严格。其中，《如是我闻一》写乡下人王五贤夜过古墓，听见墓穴里有老狐狸精课子："你不读书识字，不能明理，将来什么坏事干不出？到冒犯天律时，后悔就来不及了！"而《狐道学》则更是塑造了一个思想变态的狐家长：他家狐小孙调戏主家丫鬟，居然被他活活掐死了。

有了狐狸精家庭，当然也就会有狐狸精的社会组织，而高级管理者乃是狐祖师之类的角色。《子不语·狐祖师》记载了一个德高望重的狐狸精领袖为子弟讨回公道的故事。狐祖师不仅在狐狸精社会中享有崇高地位，而且连关帝也敬他三分。这个故事还透露出一个很重要的信息，即关帝对狐狸精有制约作用。

纪晓岚所谓"大赏罚则地界鬼神鉴察之",就是指关帝之类的神灵出面履行对狐狸精的管理职责。而关帝管狐狸精这种观念,在清代有相当的普遍性。《聊斋志异·牛同人》写牛同人家患狐,他非常气愤,写状纸告于玉帝,诉关帝失职。不久,关帝驾到,先责备牛同人不该越级告状,打了他二十大板,再派黑脸周仓去捉狐狸精。《清代野记·方某遇狐仙记》也写方家患狐,方某到关帝庙焚香告状,结果狐狸精被发配陕西。

同样是对付狐狸精,请术士道人降妖和进关帝庙告状是很不相同的两种方式。前者是私了,被请的人可来也可不来,钱多就来,钱少就不来;来了可能降得住,也可能降不住。被请的术士本来和狐狸精没有任何关系,只是因为有些手段,才为人所用,暂时成了狐狸精的对头。后者显然是通过法律解决,只要有人告,关帝就不得不受理,否则就是在位不作为,意味着处理这事儿本来就是他的职责所在,狐狸精的世界属于他的管理范围。

另一种对狐狸精有鉴察之职的神灵是城隍之类的冥神,而且,其履行职责的时间远在关帝之前,最早的记录出自前面提到过的《小莲记》。

小莲被李郎中收为侧室,颇得宠爱。李郎中半夜醒来,发现小莲不在身边,拿着蜡烛找遍厨房、厕所,还是不见踪影。直到天亮,小莲才回。李郎中大怒,要揍她。小莲只得道出真相:自己不是人类,每天夜半时分要去参见界吏,否则就会受重责。所谓界吏,就是指城隍之类的冥官,管理鬼界事务。李郎中不太相信小莲的话,第二晚开宴饮酒,灌醉了她,然后高烛四列,守了一晚。小莲醒后说:"相公爱我甚厚,不让我离开,我很感动。但我会因此获罪的。"次日半夜,小莲又不知去向，天晓才回，脱了衣服让李郎中看，果然满身青痕。李郎中方信，对她的夜半离开不再介意。后来，李郎中到别处做官，要带小莲同去。小莲泣告："我属于此地冥神管辖，实在不能相从远行。上次一夕不往，就被打得伤痕累累。如果跟你到别处，一定性命不保。"李郎中不再勉强，只好带着大老婆赴任去了。

在《夷坚志·张三店女子》中，这个管理狐狸精事务的冥神进一步被明确指出为城隍。一个叫李七的穷小子租住在张三客店，遇见一个狐女。狐女对他很好，给钱给物，还送酒送肉供他吃喝。但后来李七对狐女的身份产生了怀疑，便将两人间的私密告诉了店老板。狐狸精怨他不该泄密，使了些手段折腾他。李七于是请高人将此事告到城隍那儿。晚上，李七梦见自己和狐狸精被一伙刽子手带到城隍庙，有一紫袍金带官员升堂审案。李七将自己和狐狸精鬼混的情状述说了一遍，只听得上面一人厉声发落："李七是生人，先放还；狐狸精当死，押进大牢。"李七旋即被送出城隍庙，正往家赶，一跤摔到悬崖下，梦也醒了。平心而论，这个狐狸精并没有害人，倒是李七白白占了不少便宜。城隍爷如此判罚，实在有些不公。

城隍审人狐官司的情节，后来也出现于《续子不语·心经诛狐》的故事中，作者笔下的狐狸精叫胡三哥，女人郑氏被他迷惑，跟着他东游西荡。郑家念《心经》请观音菩萨降妖，观音于是拘禁了胡三哥。观音在神仙世界的地位大大高于城隍，但审理此案显然不属她职权范围，便将这一人一狐带到了城隍庙。城隍神恭恭敬敬迎接观音上殿正坐，自己坐在侧首，开始审案："孽畜何得扰害生人？"胡三哥辩解："我原在新官桥里住，因政府搞拆迁，暂借居罗家空楼。她不是生人，是个女鬼，跟着我觅食。"城隍爷叫判官一查，证实郑氏根本就没死，便喝令掌嘴，又打了胡三哥三十大板。但城隍爷的权力似乎也仅限于此，掌完嘴、打完屁股，就对胡三哥说："我处亦不究你，解往真人府去治罪。"最后，胡三哥在真人府被处决。

不仅人狐之间的官司，狐狸精内部的纠纷有时也告到城隍那儿解决。《槐西杂志二》写狐狸精告状：某狐狸精作祟，人之将死还不放手。其家忍无可忍，请来猎户伏击，狐狸精现原形而逃。但这家伙并没有逃回自家洞穴，而是跑进了另一个狐狸窝。众人追至，熏烟布网，几乎将一窝狐狸杀绝，犯事的狐狸精却又逃脱了。受到株连的狐狸精气不过，将肇事者告到了城隍处，罪名是嫁祸。下面是城隍庙法庭审案过程，很有意思：

城隍爷问："他犯事而你受祸，你来告他是理所当然。但你想想，你的子弟有没有犯过事？"狐狸精沉吟良久，答："也有过。"问："害死过人吗？"答："可能也有过。"问："害死了几人？"这时狐狸精心里开始犯嘀咕——我这是原告还是被告啊？是不是这爷们已经被逃走那小子买通了？狐狸精想着，没有回答。城隍爷一点儿都不含糊，命令小鬼们上来就是几个嘴巴。狐狸精被打得满地找牙，急忙答道："害死过几十人。"于是，城隍爷发落："你家杀人数十，现今偿命数十，没有什么不合理。这事儿是被你家害死的冤魂假另一个狐狸精之手来报应，你有什么好告的？"说着，城隍爷拿出阴府档案给狐狸精看了一遍，便打发他走人。狐狸精做梦也没料到会遇见这么一个匪夷所思的城隍爷，只好自认倒霉，泣号而去。

在中国的神仙世界，关帝号称"关圣帝君""荡魔真君""伏魔大帝"，乃是王侯级的大神，而城隍不过是县处级干部，两者地位相差甚远。关帝断狐狸精案往往直接就处以死刑，而城隍的惩罚多为掌嘴、打板子，一般不贸然处死。但关帝和城隍作为神，本质完全一样，即他们都是由人鬼变成的神灵。关帝是三国时蜀国大将关羽的英魂，城隍则多为死去的名人，在神仙系列中属于冥神，专管阴间事务。由此可见，所谓"地界鬼神鉴察之"，其"鬼神"实际上可以理解为"由鬼变成的神"，是他们在管理狐狸精，狐狸精的世界也是阴府的辖区。所以纪晓岚说："狐介于人鬼之间，然亦阴类也。"归根结底还是把他们当成了与鬼差不多的存在。

既如此，对付鬼的办法就可以用来对付狐狸精。在民间信仰中，最著名的捉鬼英雄莫过于钟馗，因此，他也经常被人们借来降狐。《香饮楼宾谈·湘潭狐》《埋忧集·钟进士》等文都记录了钟馗驱狐之事，而《如是我闻三》所记最为生动有趣：

赵家少年被狐狸精附体，经常听见他隔着衣袖与人说话，却不见其形。赵家于是贴了一张很小的钟馗图在墙上，希望能降住狐狸精。晚上，屋里有打斗追逐之声，赵家以为狐狸精会被赶走，谁知到了第二天，狐狸精还在闹事。赵家人就问狐狸精，难道没遇见钟馗吗？狐狸精说："钟馗固然可怕，但你们找的钟馗太小了，身高只有一尺，手上的剑只有几寸长。他追上床，我就跳到床下；他追下来，我又上床。他能拿我怎么办？"

钟馗在阴间并无官职，捉鬼降妖完全是行侠仗义。但以民间英雄的身份降妖，和术士道人降妖差不多，靠的是手段，力度不够，就可能降不住。在一些古代绘画作品中，钟馗身躯高大，怒目横髭，一手持剑，一手捉鬼，鬼的体形大不过他的手掌。《香饮楼宾谈·湘潭狐》中狐女所见钟馗形象更加恐怖：须髯似戟，口大如盆，齿龈龈若利锯，嚼鬼腿如啖甘蔗。可见钟馗捉鬼并不使用什么符箓、道术，靠的就是身强力壮，抓住鬼像嚼甘蔗一样吃掉。赵家请钟馗驱狐，办法是对的，但请的钟馗身形太小，以致捉不住这只狐狸精。有趣的是，钟馗自己也是鬼，还是个大鬼。据说他原是终南山读书人，因相貌丑陋导致考进士落第，一气之下触阶而亡，成了鬼魂。但此鬼的思想境界特别高，不仅不作祟害人，还立志除妖治鬼。所以，钟馗捉狐狸精，也是一场鬼与狐的纠结。

除了上述几位"地界鬼神"，在一些作品中，泰山娘娘也行使对狐狸精的管辖之职，但业务范围和关帝、城隍有所不同。关帝、城隍是执法干部，主要受理狐狸精的司法诉讼；泰山娘娘是行政干部，管理行政事务。

首先是科举考试。兹事体大，是明清士子升官发财的敲门砖；推而论之，狐狸精要修炼成仙，也得经过考试。《子不语·狐仙劝人修仙》就说：群狐蒙泰山娘娘考试，每岁一次，取其文理精通者为生员，劣者为野狐。生员可修仙，野狐不许修仙。汤用中《翼駉稗编·狐仙请看戏》也说：泰山娘娘每六十年集天下诸狐考试，择文理优通者为生员，生员许修仙，其他皆不准。六十年考一次，为一科。两说唯一不同是一年一考和六十年一考。汤用中是袁枚晚辈，《狐仙请看戏》这一情节很可能是沿袭《狐仙劝人修仙》，只是做了一点合理化的改编。一年一考太像人间，既然狐狸精是长命之狐，六十年为一周期方能显出妖仙之气。

其次，泰山娘娘还负责狐狸精的日常工作安排。《子不语·陈圣涛遇狐》中，狐狸精就自言"往泰山娘娘处听差"；俞樾《右台仙馆笔记》卷七的狐女吴细细，被上帝任命为"碧霞宫侍书"，也就是泰山娘娘的直接下属。泰山娘娘还会指派狐狸精去完成一些特殊任务，管世灏《影谈·洛神》中一个叫袁复的狐狸精，就奉命征调黄河水母。行政长官也有处罚下属的时候，《子不语·斧断狐尾》的一个狐狸精蛊惑妇女，泰山娘娘知道后，罚他修建进香的山路，永不许出境。

泰山娘娘即碧霞元君，是中国名气最大的三位女神之一。关于其来源有多种不同说法，有说她是东岳大帝的女儿；有说她是黄帝派遣的七仙女之一；更有说她是汉代民女石玉叶修道成神，而这个石玉叶实际上又是观音菩萨的化身。其实，泰山娘娘依于泰山，很可能是源于人们对泰山的地祇崇拜，后来被穿凿附会，添加了五花八门的出身。但泰山娘娘是地神，不是关帝、城隍之类的人鬼神，而且其神系历史似乎也和狐狸精没什么关系，她又怎么与狐狸精扯到一起了呢？

推断一：泰山娘娘是女神，而明清时期狐狸精的女性化倾向十分明显，女妖精的管理者总是关帝、城隍这些男神，有些事儿处理起来可能不太方便，只好由泰山娘娘出来管理。

推断二：以泰山神管理狐狸精符合神仙世界的逻辑。远在汉代，中国人就以为人死灵魂归于泰山，实则是以泰山神作为治鬼的冥神。《后汉书·乌桓传》说："死者神灵归赤山，赤山在辽东西北数千里，如中国人死者魂神归泰山也。"《博物志》也说："泰山一曰天孙。言为天帝之孙也，主召人魂魄，东方万物始成，知生命之长短。"泰山主神最初称泰山府君，后来被提升为东岳大帝。佛教进入中国后，地狱观念逐渐流行，阴府的主管是所谓阎罗王，但民间一直认为东岳大帝是阎罗的上司。这就说明，不论碧霞元君所司何职，总是出于泰山冥神系列，管理鬼域理所当然。而将狐狸精归于她管辖，正说明狐狸精的观念脱不掉鬼的影响。

第七章

恩与仇

一 妖精也要个说法

《搜神记·五酉》是一个戏说孔子的桥段。他老人家带着一帮弟子周游列国，落难于陈，但师生们精神头儿很好，在宾馆里唱歌。不料来了一个身长九尺的妖人搅局，大声呵斥他们噪音扰民。子贡同学出去交涉，被一把扣住，动弹不得。子路前去救援，与妖人大打出手。孔子现场指挥，妖人被擒，原来是条大鱼成精。孔子发表重要指示："夫六畜之物及龟蛇鱼鳖草木之属，久者神皆凭依，能为妖怪，故谓之五酉。五酉者，五行之方，皆有其物。酉者老也，物老则为怪。杀之则已，夫何患焉！"于是师徒们架锅烧水，把鱼精煮着吃了，但觉肉味鲜美，吃了之后身体倍儿棒。

虽是戏说，但也比较准确地表现了孔子"不语怪力乱神"的现实主义态度，从思想认识上把妖精妖怪还原为"龟蛇鱼鳖草木之属"，见了就杀，杀了就吃，吃了也没什么大不了的。《搜神记》对待妖精的基本方式就是不问缘由地打杀。

《搜神记·陆敬叔》写陆为建安太守时，指使人伐大樟树，有只人面狗身的怪物从树中钻出来，被打杀，烹而食之，味道跟狗肉差不多。另一则故事《白衣吏》写山阴人王瑚为东海兰陵尉，晚上总是有一个白衣黑帽的小吏敲门，开门迎接又不见人影。王瑚派人暗查，发现该小吏是只白狗成精，便设伏打杀了。《高山君》记齐人梁文好道，家中常设神祠，拉着布幔。一次祭祀，忽听幔中有人说话，自称高山君。梁文不知是何方神圣，事之甚恭。高山君能吃能喝，还能为梁家看病开药。某日，高山君喝得有些飘飘然，梁文便说："你老人家在这里住了几年，我一直未睹真容，是否能让我看上一眼？"高山君唤他进去，让他伸手摸脸。梁文摸到一把胡子，便揪住顺势一扯，扯出来一只老山羊。梁文全不念几年的交情，把羊杀了。

三个故事分别写树精、狗精、羊精，结局都是被杀。这几个妖精都不是作祟之辈，树妖只是长得较丑，狗妖搞点小恶作剧，羊精虽然骗了一些酒食，却也为主家看病问疾，但人们杀妖毫不心慈手软。从这些故事中不难总结出《搜神记》作者对待妖精的基本认识和态度：其一，妖精是客观存在的；其二，物老成精只是自然现象，没什么神秘可言；其三，对付妖精最简单直接的办法就是杀掉，甚至烹而食之；其四，杀妖不会有什么不良后果——"杀之则已，夫何患焉"。

狐狸精作为妖精的一种，自然逃不了被打杀的命。《狸婢》讲述村民黄审在田间耕种，一陌生妇人带着小丫鬟于垄上经过。黄便问她从何而来。妇人笑而不答，继续赶路。黄审疑心其是狐狸精就操刀追杀，临动手时又有些犹豫，不敢砍妇人，只砍了丫鬟，妇人果然化为狐狸逃走了。《张华》讲述一老斑狐变成翩翩书生，求见名士张华，与之谈学论道。老狐才情绝世，辩锋无碍，张华于是将其扣押，千方百计将其整死。在《搜神记》这两则故事中，狐狸精平白无故被杀，理由只有一条——他们是妖精。

这种对狐狸精格杀勿论的态度一直延续至唐宋时期。《宣室志》记一个叫尹瑗的人，进士不第，退居郊野以文墨自娱。一日，有白衣男子慕名来访，自称吴兴朱氏子。两人交谈融洽，成了朋友。此人辩才纵横，词章典雅，尹瑗深爱之。朱生住处离尹瑗不远，因此经常来往。尹瑗觉得他是个人才，劝他出去求官，不要沉沦乡里。朱生叹道："并非我不愿拜谒公侯，只恐有旦夕祸福啊！"尹瑗见他情绪不好，还说了很多安慰的话。到了重阳节，友人送给尹瑗一坛好酒，他便请朱生同饮。朱起初推说有病，不能饮酒，旋即又说："佳节相遇，岂敢不尽主人之欢！"于是两人对饮，饮罢大醉欲归，没走几步就仆倒在地，变成了一只狐狸。尹瑗毫不犹豫，抽出刀就把这只狐狸斩了。

但从《太平广记》收录的唐代狐狸精故事看，无端杀妖事件较之《搜神记》还是少了很多，人们对狐狸精总体上已表现出"人不犯我，我不犯人"的理性态度。最常见的人狐关系变成了狐狸精首先骚扰、侵犯人类，然后人类才想办法制服他们。如《长孙无忌》《上官翼》《李元恭》等故事，都是写狐狸精媚人妻女，才招致人的报复；《杨伯成》《沔阳令》等故事，则写狐狸精上门逼婚，事主被迫反击，请人捉妖；《大安和尚》《曾服礼》《叶法善》等故事中的狐狸精，因变成和尚或菩萨招摇撞骗，最后被道士或高僧所降。而且，即便狐狸精作祟为害在前，对他们的处置也经常会网开一面。如《广异记·杨伯成》写自称吴南鹤的男狐上门求亲，杨伯成不许，狐狸精便在杨家闹事，搞得鸡犬不宁。一日有法师上门求水喝，见伯成忧心忡忡，便问缘由。伯成如实相告，法师说这好办，书了道三字符，要书童拿去找吴南鹤。吴南鹤正在屋里调戏丫鬟，见书童持符来，立马瘫倒于地，爬着去见法师。法师骂："老妖精，见了我还敢扮着人样儿！"吴南鹤遂变成一只皮毛不全的老狐狸。杨家被这狐狸精闹得够惨，恨不得立即打杀，但法师说："狐狸精也是天神驱使的仆役，不能随便打杀。但他犯了事，也不可不惩罚。"说着拿出一根棍子，打得老狐血流满地，然后赶走了。

人们对狐狸精态度的转变，实则有很深的思想根源。《搜神记·五酉》中孔子的一番高论固然是托言，但的确反映了儒家道统一种心理定式，即以人为贵，以人为尊，有学者称之为"人贵论"。正统思想中，关于人为天地之尊的表述随处可见，如：

惟人万物之灵。(《尚书·泰誓》)

水火有气而无生，草木有生而无知，禽兽有知而无义，人有气有生有知亦且有义，故最为天下贵也。(《荀子·王制》)

人之超然万物之上，而最为天下贵也。(《春秋繁露·天地阴阳》)

倮虫三百，人为之长，天地之性，人为贵，贵其识知也。(《论衡》)

这种观点在先秦两汉时期尤为盛行。从积极方面讲，"人贵论"肯定人的价值，强调人的尊严，是一种优秀的人文主义传统。从消极方面讲，这种思维方式也容易忽视其他生命的价值，从上面的一些表述中，我们就能明显感觉到古人对禽兽草木的不屑。那么，依附禽兽草木而生的妖精自然也不在话下，杀之除之就是顺理成章的处理方式。

随着佛教在中国的传播，众生平等的观念也渐渐深入人心。佛家所谓众生并不仅指人类，而是包括畜生、饿鬼及地狱等有情。因为众生的"业力"各不相同，在轮回中的位置也不一样。人这一世做恶业，下一世就可能变成畜生；畜生这一世积德，下一世也可能变成人。可见六道中的众生本质上是相同的，否则，畜生、阿修罗、人、天等之间就不能互换角色，所谓的今生为人、来世做牛做马的说法也就没了理论依据。

在这种观念中，生命物种（不包括植物）在本性上是相同的，没有高低贵贱之分。《长阿含经》明确指出："尔时无有男女、尊卑、上下，亦无异名，众共生世故名众生。"正因为如此，佛教强烈地反对杀生，杀戒被列为重戒之首；戒杀对象不仅指人类，也包括畜生妖鬼，因为轮回中的畜生妖鬼，也许就是前世的人，还有可能是自己的亲人。故《梵网经》云："一切男子是我父，一切女人是我母，我生生无不从之受生，故六道众生皆是我父母，而杀而食者，即杀我父母，亦杀我故身。"

众生平等以及戒杀的观念是对"人贵论"的反冲，两种观念此消彼长的结果也在狐狸精故事中表现出来，且越往后发展，慎杀不杀的态度就越明显。《聊斋志异》《阅微草堂笔记》等书中，捣蛋闹事的狐狸精不少，蒲松龄、纪晓岚等人的态度却都比较友善，承认妖精存在的合理性，主张人与妖应该恪守本分，共同生活于这个阴阳更替、因果相随的世界。《阅微草堂笔记·姑妄听之四》中有场法师与狐狸精的争吵，争的就是这个理。

某书生四十无子，买了个小妾，大老婆不能相容，对她经常辱骂。一年后，小妾肚皮争气，生了儿子。大老婆更加吃醋，最后竟背着书生将小妾卖到远方。书生是"妻管严",知道后也只能忍气吞声,一个人坐在书房里怅然若失。夜深,小妾忽然掀帘而入。书生惊问:"你从何而来?"小妾笑答:"逃回来的。"书生喜而转忧——即便回来,又如何见容于悍妻呢!小妾宽慰:"实不相瞒,我是个狐狸精。上次是以人的身份来,人有人理,被大老婆诟骂,也只好忍着。她既然不把我当人看,我这次就以狐狸精的身份来,变幻无端,出入无迹,她能拿我怎么样!"

后来,这事还是让大老婆知道了,她高价请来术士降妖。狐狸精被捉后,很不服气,跳起脚和术士论理。术士怒曰:"尔本兽类,何敢据人理争?"狐狸精道:"人变兽,心是由好变坏,阴间阳间都有刑律治他。兽变人,心是由坏变好,不鼓励也就罢了,为何还要问罪?法师据何宪典治我?"法师业务不精,举不出法律条文,只能来硬的:"我只知诛杀妖精,不知其他!"狐狸精大笑:"妖亦为天地之一物,如果不犯罪违法,天地也会养育。上天尚且不诛,法师难道想将我们斩尽杀绝吗?"术士理屈,只得饶了狐狸精。

对于如何惩治狐狸精,蒲松龄、纪晓岚等人大约有几点共识:第一,强调要有理由,不能平白无故地杀狐;第二,应有适当的力度,不能太过;第三,狐狸精"亦为天地之一物",不可能彻底消灭,因此,人狐之间应维持一种平衡。

至于杀狐之事,任何时代都在所难免,蒲松龄那般爱狐,《聊斋志异》仍有杀狐故事。但分析以下两个故事中的杀狐事由和杀狐者的结局,则可以发现作者"以理惩狐"的用心。

《贾儿》写某人在外经商,老婆被狐狸精媚惑,歌哭叫骂,日夜宣淫,百计不得解。最后是她十岁的儿子设计毒死了三只狐狸,才妖除病愈。而这个少年英雄后来当了总兵。

《遵化署狐》描述了杀狐事件的全过程。遵化官衙后院的一座旧楼里有很多狐狸精，经常出来捣乱，新官到此都得祭拜以求平安，这已成为惯例。邱老爷到任后，听说此事非常愤怒，决意剿灭。狐老大知道这位邱爷不好惹，变成一个老太太对他家里人说："请转告邱老爷，不要把我们当仇敌。宽限三天，我们收拾收拾东西搬到别处去。"邱某知道后默不作声，第二天吩咐众人扛着几十门大炮冲进后院，对着旧楼乱轰。楼房顿时被夷为平地，狐狸皮毛血肉雨点般落下。浓尘烟雾之中，一道白气冲天而去。众人大喊："逃走了一只狐狸精！"

灭狐英雄邱老爷在遵化当了两年知府，想运作升官，叫部下进京送银子。因没见着受贿对象，就把银子寄存在熟人家。不久，有一个老翁突然到京城衙门告状，说邱某杀人妻子，克扣军饷，还指明了赃款的藏匿处。皇上下旨速查，衙役跟着老翁到了某家，果然搜出了银子，邱某因此下狱。

贾儿和邱老爷的不同结局，明显表达了蒲公的态度：《贾儿》中狐作祟在前，且手段特别恶劣，后果特别严重，被毒杀完全是罪有应得。《遵化署狐》里狐狸精也有扰民前科，但情节并不严重；关键是邱公甫一到任，狐狸精便慑于其威严，主动请求撤走。在这种情况下邱公仍然对狐族大开杀戒，明显是处置不当。蒲松龄对此有几句评论："狐之祟人，可诛甚矣，然服而舍之，亦以全吾仁。公可云疾之已甚者矣！"纪晓岚在《阅微草堂笔记·姑妄听之二》也对一起过杀事件有说法："夫狐魅小小扰人，事所恒有，可以不必治，即治亦罪不至死。遽骈诛之，实为已甚，其衔冤也固宜。"——两人的观点高度一致。

虽然都是杀狐，但《聊斋志异》和《阅微草堂笔记》中的案例，与《搜神记》和《太平广记》里面那些毫不怜悯、全无理由的杀狐故事，已经很不一样了。人狐之间有了是非曲直，就可以比较平等地讲理。在纪晓岚看来，妖精也是懂道理的，对于那些品性不太恶劣、行径也不特别出格的狐狸精，完全可以晓之以理。

　　《阅微草堂笔记·如是我闻四》就记录了一个跟狐狸精讲道理的故事。交河老儒刘君琢某年参加科考回家，途遇大雨，想在一处民居借宿。主人说：“空屋倒有两间，但经常闹妖闹鬼。你若不以为意，就请便。”刘君琢实在找不到其他躲雨的地儿，只好住下。半夜，天花板上轰轰震响，似万马奔腾。刘老穿戴齐整，长揖道：“一介寒儒，偶然宿此，实为不得已。诸君若想害我，我与诸君无仇无怨；若想戏弄我，我也从未与你们开过玩笑；若想赶我走，则今晚必不能走，明天也必不能留。诸君何必如此骚扰！”过了一会儿，从上面传来一个老太太的声音：“客人说得有理，你们不要在这儿胡闹了！”接着稀里哗啦的一阵脚步声远去，屋里顷刻安静下来。

　　这就是纪公所谓的“以理屈狐”。推而言之，对于占理的狐狸精，人类也不妨礼让三分，《如是我闻四》中的另一个故事就体现了这一点。故事的主人公叫刘景南，他在某处租房，入住之夜狐狸精来捣乱。刘呵斥：“我出钱租房，与你等狐狸精有何关系！”狐狸精厉声答道：“如果你先住此，我们过来与你争，那自然是我等无礼。事实上谁都知道我们在这里已经住了五六十年，房子多得很，你哪里不可以租，偏偏要租到这里相扰？这分明是欺人太甚，我等岂能善罢甘休！”刘景南想想狐狸精说得也有道理，第二天就搬走了。如此“能屈于狐”，方表现出人高于狐的思想境界。

纪晓岚还喜欢以人狐关系为君子小人之喻，他的态度是："君子之于小人，谨备之而已；无故而触其锋，鲜不败也。"对于那些无故而触其锋的"君子"，他特别不以为然，甚至反感。其笔下就有多起此类道德君子无端撩狐而自取其辱的事件。

《滦阳消夏录四》里写一老学究夜居凶宅，忽闻窗外异响，便大声呵斥："邪不干正，妖不胜德，我讲道德学问三十余年，难道会怕你吗？"外面有女子说话："先生讲道学，我早有所闻。我虽为异类，也颇读诗书。《大学》的主旨在诚意，诚意扼要在慎独。您一言一行确实遵照古礼，但这样做都是为了修行吗？是不是也有博取名声的动机呢？您写的那些与人辩论的文章，条理分明，完全是为了探究义理吗？难道就没有些争强好胜的念头？您口口声声邪不干正，妖不胜德。请您扪心自问，难道心里就没有些邪心妖气？"老学究汗如雨下，无言以对。外面之人又道："您不敢答，说明还能不欺本心。我也不打扰了。"哗啦一声，掠过屋檐而去。

《滦阳消夏录五》中的一则故事，则是写狐狸精对道德君子的报复。海丰僧寺有狐狸精扰人，常常抛砖掷瓦。教书先生在东厢房开私塾，听说此事后跳出来伸张正义，到佛殿里呵骂狐狸精。此后数夕，僧院果然清静无事。老先生以为自己的德行着实了得，连狐狸精也服了，颇为嘚瑟。一日，有学生家长来访，老先生作揖迎接，举手之间，袖内飘落一幅画卷。家长连忙拾起递给他，顺便瞅了一眼——居然是幅春宫图！老先生错愕不解，百口难辩。家长默然而去。第二天，学生都不来了。老先生不仅失业，还落了个品行不端的丑名。

二 人狐官司始末

狐狸精一直都有"贱类"的自我认知，虽然作祟媚人，调皮捣蛋，但心理上还是属于弱势群体。一般情况下（特别是在早期），他们无论咎由自取或无故被杀，都只会保持沉默。但其族类中也不乏先知先觉者，对于同类遭受的这种"非人"待遇心怀不满，由此走上一条抗争申诉之路，试图通过法律手段解决问题。

据《广异记·李参军》记载，兖州的李参军娶狐狸精肖氏，在他外出办事时，同僚王颙牵着一只猎犬过其家门，因李妻和丫鬟见狗惊慌，便认定这伙娘们是狐狸精，遂纵犬行凶，将几个女人咬死。案发后，李参军岳父肖公把凶手告上法庭，要求开冢验尸。事经一波三折，最后证实被杀女人的确是狐狸精，连前来上诉的肖翁也是狐狸精，他最终也被犬咬死。

这个故事中的狐狸精似乎都没有犯罪前科，嫁给李参军也无害人之意。王颙多管闲事，白日行凶制造灭门惨案，本是惊天大罪。但在此案的审理过程中，死伤了多少人、手段是否残忍、社会影响是否恶劣等等，都不是讨论的要点，法庭只关注一件事——被害者是不是狐狸精，如果不是，凶手难免牢狱之灾；如果是，则李参军上诉无理，还涉嫌娶狐狸精为妻败坏社会风气，胆大妄为的王颙不仅无罪，还可能除妖有功。

《广异记·谢混之》也写了一个狐狸精诉人的官司。唐开元年间，有两人到中书令张九龄处，状告东光县令谢混之杀其父兄。张九龄吩咐御史张晓前往东光查案。张晓是谢混之朋友，动身之前将信息透露给了谢。谢混之虽然为政严酷，但并没有杀过什么人，因此一头雾水，问遍下面的干部，也都说没有到中央上访的。谢混之感觉上访者可能是骗子，只待张晓到来当面讲清楚。这天，一乡干部开完会回家经过寺庙，忽听得有人在破殿里对金刚像祈祷："县令凶残，杀我父兄。我派两个弟弟进京告状，中央就要来人了，愿大神保佑，还我公道。"乡干部刚从谢县长那儿听说有人上访，还弄不清谁呢，居然就撞上了，于是就守在屋外查探究竟。不一会儿，祷告的人从门缝中钻了出来，神色慌张地跑进寺去，到厕所附近就不见了踪影。乡干部一肚子狐疑，跑到谢混之那儿汇报。两人一合计，认为此人行为诡异，像是个妖精，此时谢混之恍然大悟："开春时外出打猎，杀了很多狐狸。这告状的人该不会是狐狸精吧！"不久，张晓带着原告到了，谢混之和县里的人果然都不认识这两人。原告在庭上言辞激烈，谢混之完全不知所云。他的那些部下在外面商量后，放了只猎犬冲进去，原告看见猎犬，跳上屋顶化为二狐逃掉了。

两起诉讼中，狐狸精都是讲理的一方，人却是不讲理的一方。案件的最后解决也完全不是依靠法律手段，靠的是放狗搅局的盘外招。

《夷坚志·宜黄老人》讲述南宋绍兴年间，抚州宜黄县发生的一起狐狸精诉人案。此案狐狸精依然没有胜诉，但执法者对案件的处理却明显与上述两案有所不同。宜黄徐知县坐堂，有老人侯林哀哭呈状，说家居祭坛之旁，遭弓手夏生纵火焚烧居所，三个儿子被烧死。徐县长看过状纸，真是满纸悲愤，心想这还了得，大白天杀人放火！他立马命令逮捕夏生，进行刑讯逼供。夏生不知所云，只不停地哭着喊冤，还绝食抗议。县衙的同事见夏生可怜，出来替他说情："夏生平时老实巴交的，怎会干这种白昼放火杀人之事呢？侯老头既然说房屋被毁，大老爷不妨派个人去查查，也许就可以搞清原委了。"徐知县显然是当官不久，审案方式简单粗暴，正弄得骑虎难下，于是就派人实地查看，结果真没发现侯老头住址有火烧之迹。徐知县只好再提审夏生，问他到底在祭坛附近干过甚。夏生说因为准备祀社，领导吩咐他打扫祭坛，他把大堆枯枝败叶塞在一个洞穴中焚烧，谁知这洞穴是个狐狸窝，三只小狐被烧死了。讲到此处，徐知县和夏生恍然大悟——这告状的老头是那三小狐的老爸！最后，夏生得以无罪释放，老狐狸精不知所终。

这里虽然也是狐狸精败诉，但徐县长显然比较讲道理，也更讲究法律的程序。但判案逻辑还是一致的：只要上诉者是狐狸精，就没什么是非对错可言。以狐狸精的地位争人权，关键是不能暴露身份。身份一旦败露，整个诉讼就成了骗局，有理也成了无理。上述三个故事中，老狐肖公似乎离胜诉最近，却因那只可恶猎犬的出现而功败垂成。

那么，以妖精的真实身份和人类论长短可不可能？"我就是妖精，我就是狐狸，人类为什么可以对我们想杀就杀？"狐狸精这样去法庭高喊可不可能？不可能！此时的狐狸精还没有这个勇气，人类也还不具备这样的心理宽容。

《湖海新闻夷坚续志》有一则故事叫《妖狐陈状》，表现出一些新的情形。青年才俊周居安出任江陵松滋簿尉（相当于法院院长），他家老爷子梦见真武神来告诉他："你儿子去松滋赴任，不日会有七个狐狸精变的女人来告状，你得提醒他留意，到时整治狐狸精。"老爷子将此事告诉了儿子。周居安到任不久，果然有七个女人来告状。

周院长装模作样听讼，女人们七嘴八舌闹得不亦乐乎。周院长的戏实在演不下去，把脸一抹，喝令早已埋伏的衙役抓人。两个反应快的狐狸精撒腿就逃，五个被擒，悉现本相。她们威胁周院长："不可杀我，杀我不祥！"周不理这一套，令人将五只狐狸精乱棍打死。不久，周居安因杀妖有功升职，辞别家庙时忽见一只老狐坐在厅堂，对他说："你杀我五人，本该杀你；念你富贵在前，且饶你一命，但必从你家取五条人命！"周居安一不做二不休，举起棍子又将这个老狐打死。但此后两年内，周家二弟死，二妹死，老父亲也死了。当时就有人认为，这是杀死狐狸精的报应。

仅从案件本身看，这起诉讼比前面几例更不成功。狐狸精貌似声势浩大，一下去七个告状，堂上也颇逞口舌之快，实则技术水平低，且上访之前已被管闲事的真武神告密，因此，一场貌似热闹的官司完全变成了狐狸精的自投罗网，六个狐狸精被杀，结局惨不忍睹。但失之东隅，收之桑榆，老狐预言周家必死人抵命，周家后来果然死了几个人。这个结果是对狐狸精不幸遭遇的一种心理补偿，因为周家丧事与狐狸精被杀有明显的因果关系，这是一个警示——在法庭上草菅"狐"命是要承担后果的。

狐狸精有上公堂状告人的，人类也有去狐狸精上级部门维权的。大约从宋代开始，人们意识到狐界也有社会组织，他们的管理者是城隍爷、关帝或泰山娘娘这些神仙。到了明代，这种观念就更为流行。既然弄清了狐类的组织关系，人们对付狐狸精也就多了一个办法——自己打不过，法师也降不住，还可以到城隍庙、关公庙去讨公道。明代笔记小说记录过人诉狐狸精事。如《说听》卷上记乾州人唐文选吹牛说大话得罪了狐狸精，被狐妖侵扰，他一纸诉状告到城隍庙，结果二狐被铰去舌头。《燕山丛录》卷十记山东章丘狐狸精媚惑人妻，继而霸占。窝囊的丈夫力不能胜，告到县令那儿。县令也觉得棘手，写了一纸诉状转呈城隍庙，狐狸精不怕官只怕管，知难而退了。

这个情况很有意思。狐狸精到人类公堂争人权，不是被杀就是落荒而逃，几百年没弄出个结果。人们为了对付狐狸精将他们告到城隍庙，却往往能取得胜利。但这种行为的副作用就是从法律层面把狐狸精摆到了平等的地位，致使狐狸精能坦然以妖精的身份成为被告了。既然如此，狐狸精也就可以名正言顺地开始争取"狐权"。

狐狸精争取"狐权"的过程当然很漫长，而且一定有很多失败的经历，有一天，他们终于创造了历史。那起官司大约发生于乾隆年间，地点是江苏盐城一个乡村的北圣帝祠，事载《子不语·狐祖师》：

狐狸精纠缠良家妇女，被受害人家属告到圣帝祠，圣帝指示邹将军处理。该将军疾恶有余，断理不足，三下五除二斩掉了犯事之狐，接着又击杀了一伙前来讨说法的狐狸精。没想到狐祖师一纸诉状把邹将军告上法庭。邹将军认为自己为民除害，没有过错，于是招呼村民来声援，控辩双方在圣帝祠展开激烈争论。

原告狐祖师说："小狐扰世当死，但您的部将灭我族类太多，涉嫌滥杀，也是罪不容恕！"被告代表周秀才义愤填膺地回击："老狐狸，白发如此，纵子弟淫人妇女，反过来还向圣帝说情！我看你也罪该万死！"狐祖师笑而不怒，从容答道："人间通奸该当何罪？受什么处罚？"周秀才吼叫："大板子打屁股！"狐祖师又微微一笑："可见通奸非死罪吧！我子孙以异类奸人，即便是罪加一等，也不过充军流放，何致被斩？况且邹将军不仅斩我一子，还斩我子孙多人，这不是滥杀是什么?"

周秀才还想争辩,圣帝的判决下来了:"邹将军疾恶太严,杀戮太重,念其事属因公,为民除害,情有可原。罚去一年口粮,降级任用。"

先是人诉狐,再是狐诉人。狐诉人的部分,以狐狸精完胜结案,且狐祖师在法庭上的气度风采也远超周秀才。邹将军是北圣帝手下小神,居然因此受罚,若无为民除害的减罪情节,一顿皮肉之苦只怕难免——人狐权利平等的新常态出现了。

狐告人是狐狸精的抗争,人告狐也反映了人对于狐狸精态度的转变。不是动辄打杀,而是对簿公堂,这就是给予了狐狸精讲理论法的权利。因此,清代乾嘉之后的笔记小说中,在神间或人间对簿公堂遂成为处理人狐纠纷的常见手段,如《咫闻录·治狐》讲述的这个故事:

汶上县卢贡生有一子一女,子已娶而女未嫁。家道小康,人少屋多,空房子里有狐狸精借居,时间久了,彼此相安无事。

一日,女儿收拾衣物,发现一个三寸小儿在衣服上睡觉,急忙喊嫂子过来看。这时,突然出来一只大猫,叼住小儿跑了。岂料狐狸精却以此事为由寻衅,在卢家胡闹。卢某没去找法师,也没施下套放毒的阴招。他听说邻居家也住了一个叫九姑的狐狸精,从不捣乱害人,还为人排忧解难,调停纷争,于是要老婆去找九姑,请她出面调解。

九姑听了情况介绍,笑道:"这个畜生叫黑胡同,小儿不是他的,不过借个由头闹事。他老婆在麒麟台下迷人害命,已被雷击身亡。他躲在比干墓里才逃过一劫,没想到又出来作祟闹事!且待我去找他,再给你回话。"

次日，九姑托人带来口信："事没办成。这个畜生死了老婆，非要占你家女儿为妻。就住你家后楼，还要你家在楼中供奉大仙黑胡同之位，日献鸡酒香茶，方能免祸。"

卢翁怒道："狐狸精就不讲天理王法了？听说城隍专门管理他们，我现在就去城隍庙告状！"忽听得黑胡同在房上喊："你去告，我正要你去告！"是夜三更，外面有人大喊："城隍爷来了！"卢氏父子急忙出去迎接，只见厅上磷火荧荧，中间坐着一个穿红袍的，直呼卢之名，指手画脚。一听他说的话，都是黑胡同平日里所骂之词。卢某知道是狐狸精装神弄鬼，扔石头就砸，假城隍和喽啰一哄而散。卢某女儿正在室内，忽然倒地哀号。母嫂赶紧扶起，只见女儿遍体青紫。卢家上下胆战心惊，不知拿这事怎么办。

守到天亮时，县令召集众绅士议事，卢某也是参与人员。会议完毕，县令留下卢某单独问话："年兄神情恍惚，该不是有什么心事吧？"卢某只好把家里的事情一股脑儿说了。县令是资深纪检干部，立马有了对策。为了稳住黑胡同，县令故意指责卢某："凡人岂可与神仙争执？狐仙死了老婆想娶你家女儿，可谓理正情顺。只是你女儿跌摔未愈，一二日不能成礼，奈何？这样吧，你先回家，将楼上房间整理好，供上大仙黑胡同之位。待你女儿伤愈，择期成婚吧。"看着卢某迷迷瞪瞪不甚明白，临别时又对他使了个眼色："别担心，我不是迂腐之人。"

卢某归家后一切照办，黑胡同乐不可支。县令沐浴斋戒，闭门一日，神神秘秘不知干些啥，傍晚召集衙役，只言要亲自带人赴西乡捕盗。行至城隍庙，县令入拜，从怀里取出拘捕申请烧了，然后发令："出北门到卢某家！"县令一进卢家便问："供仙之楼安在？"卢某带引众人上楼，县令手指黑胡同牌位怒喝："妖狐竟敢在此作祟害人？"一把抓过牌位扔到楼下，命人用秸草包成人形杖击。打了几十杖，草人忽然跳起逃跑。众衙役围住一顿乱棍，直打得草散木烂，然后点火焚烧，一股毛发烧焦的臭味升腾而起。

处理了黑胡同，县令又回城隍庙谢神，高声祷告："还望城隍爷恩准，三月内尽将城内狐党驱逐，以保一方平安，谨代表全城官民感谢城隍爷庇佑！"此夜，满城狐狸呜呜声四起，有的哭黑胡同，有的骂卢某，对于县令却无怨言。凡县令所到之处，哭声顿息。三个月后，城里果然再无狐闹。

黑胡同即便在狐族中也可谓泼皮牛二，寻衅滋事，强占民女，冒充神灵，严重扰乱社会治安，而卢某的处理方式却很注意分寸。首先庭外调解，不成则上诉神灵，再不成才请政府官员出面。县令治狐也讲究法律程序，办案前后都到城隍庙请示汇报，因此黑胡同被法办，满城的狐狸精也没一个说不公的。县令事后谈心得："吾非王道士，何以能捉妖？不过本之以诚，诚则有灵，邪不胜正耳。"

三　报　恩

动物报恩是中国民间故事中经常出现的母题，涉及面很广。德国学者艾伯华在《中国民间故事类型》中特别提到的三种动物是虎、蛇和燕子。翻检古代典籍，最早出现的报恩动物是蛇和黄雀。

蛇的报恩故事和隋珠这件宝物有关。隋珠即"灵蛇珠"或"明月珠"，是与和氏璧对举的稀世之宝，《墨子》云："和氏之璧，隋侯之珠……此诸侯之所谓良宝也。"汉代《淮南子》也说："譬如隋侯之珠，和氏之璧，得之者富，失之者贫。"但在这两部书中，隋珠和蛇还没发生关系。到了东汉末年，高诱注《淮南子》时才说隋侯看见一条大蛇受了伤，他给治好了，后来蛇就从江中衔大珠以报答他的救命之恩，所以这颗明珠就叫"隋侯之珠"。高诱的这个说法从何而来，已无可考证。

鸟的报恩即成语"结草衔环"中的后半个故事，主角是东汉时期的杨宝。这个故事在《搜神记》和南朝人吴均所著《续齐谐记》中都有记载，讲的是东汉人杨宝少时到华阴山玩耍，见黄雀被鹰抓伤，坠落树下，又被一堆蚂蚁噬咬。杨宝将黄雀带回家，放在巾箱中用黄花喂养。百余日之后，黄雀伤愈飞走。晚上，有黄衣童子向他再拜谢恩："我是西王母使者，谢谢你的救命之恩。现以白玉环四枚致意，希望你的子孙都像玉环一样心性洁白，官运亨通。"

隋珠传说的发展过程比较有意思，东汉之前的文字记载都没有江蛇报恩之事，到了东汉末这种附会的故事才出现。两者之间有一个关键的节点，就是佛教的传入。因此，学术界一般认为，动物报恩的观念是随着佛教故事传入中国的；而在此之前，中国文化中虽然存在动物和人的特殊关系，如瑞兽、人兽婚配等等，但动物对人的报恩观念却未出现过。从六朝之后大量出现的动物报恩故事看，其基本主题不外乎善恶报应，似乎也能说明此类故事和佛教文化有不解之缘。

同是动物报恩，"隋珠"与"衔环"却有很大的不同。隋珠故事中的蛇始终是动物，受恩时是动物，报恩时还是动物；而衔环故事中黄雀受伤时是动物，报恩时则是黄衣童子。两个故事代表了动物报恩的两种类型："动物受恩—动物报恩"是 A 型，"动物受恩—变成人报恩"是 B 型。从一般原理上分析，A 型应该更原始。但具体到文献的记载中，两类故事并无时间上的继承关系，无论是《搜神记》还是《聊斋志异》，A 型和 B 型都是存在的。

狐狸精的报恩都是 B 型，而且在"动物受恩—变成人报恩"的这种叙事结构基础上，衍生出更加丰富的内容。不同的是，狐狸精在报恩故事中登场时，并没有隋珠之蛇、衔环之鸟那样幸运地获得人的呵护。作为妖魅，它们是人类憎恶的对象，根本谈不上去救助。偶尔，狐狸精被擒而未被杀，就得报这"不杀之恩"。因此，狐狸精报恩是从不杀之恩开始的，最早的故事即《搜神记·陈斐》，该故事的报恩形式后来一直流传民间，在《太平广记》收录的故事里，《袁嘉祚》的情节几乎与之一模一样；《郑宏之》的情节稍有改良，多出了一只无尾黄犬，最后出面报恩的不是狐狸精，而是这个犬精（貌似狐狸精的部下）。

唐代一些故事说到狐狸精圈子里流传着一种天书，乃性命攸关之物，一旦失去，非得千方百计地找回不可。索之不得，狐狸精便会展开报复。达成协议，拿回天书，狐狸精也不忘报恩。《河东记·李自良》从这番夺书还书开始，狐狸精的厚报则是让李自良当上了工部尚书兼太原节度使。狐狸精运作此事的手段独特而富有幽默感：当时马燧为太原节度使，李自良是他的部将。贞元四年秋，李自良随马燧进京觐见唐德宗，跟随进京的十几个将领中，自良资历最浅，名位最低。朝堂之上，德宗突然问马燧："太原是北方重镇，谁可替代你为节度使？"马燧脑子一阵发蒙，除了李自良的名字什么也想不起，便脱口上奏："李自良可。"德宗道："太原的功臣名将多了去了，你都不推荐，只推荐了李自良，这人我听都没听说过，你还是再考虑考虑吧!"马燧随口就答,嘴巴好像不听自己使唤:"以臣所见,非自良不可!"德宗问了三次,马燧都说的是李自良。德宗觉得这事儿不太靠谱,没当场拍板,要他回去再想想,容后再议。马燧出门,忽然清醒,怎么也弄不明白为何只推荐了李自良。见到部将后,马燧汗流浃背,表示次日见皇上一定会推荐德高望重的人。次日上朝,德宗问:"想好了没,到底是谁呀?"马燧又立刻脑子发蒙,只记得李自良一人。德宗没想到马燧还是这样说,就要他先退下,待与宰相商量后再定。不日宰相入朝,皇上问马燧的部将谁可担当大任,宰相居然也像马燧一样晕头晕脑,只说了李自良的名字。于是,李自良就这样官拜工部尚书、太原节度使。

让人升官发财是报恩最常见的套路,但《太平广记》所载《姚坤》,男女关系首次作为报恩的要素出现,情节也更加曲折复杂。

姚坤是个处士,不求闻达,闲居以琴瑟自乐。住所附近经常有猎人经过,并带着狐兔之类的猎物。姚坤心善,常买下活物放生,几年下来,救了很多狐狸、野兔的性命。后来,姚坤被一伙凶僧陷害,困于井下,万般无奈之际,听得井口有人叫他,且说:"我是通天狐,感谢你过去经常救我子孙性命,现在特来救你。你照着我教的法子练功,不多久就可以从井口飞出来了。"姚坤依而行之,果然飞了出去,但他一直没见着那个千年老狐。

过了十几天,有美女上门,自称天桃,说被人诱拐至此,回不了家,只要给口饭食,愿以身相许。姚坤见这女子容貌靓丽、举止得体,就答应了。没料到此天桃不仅能持家操劳,还会吟诗作赋,这可让姚坤大喜过望。有这样的红袖添香,姚坤的学问自然长进飞快,于是他带着天桃进京应试。谁知路上遇见一只猎犬,冲过来就咬天桃。

美女天桃忽然变成了狐狸，跳上犬背抓它的眼睛。猎犬大惊，驮着狐狸狂奔而去。姚坤跟着追赶数里，见犬毙于地，而狐狸已不知去向。

姚坤猝失红颜，心情惆怅，应考的心思也没有了。晚上，有老人带了一坛美酒拜访他，说是旧相识，可姚坤怎么也想不起在哪里见过此老。对饮一夜，老人长揖告辞："我已经报答你了，现在我的孩子也安然无恙。"说罢就不见了身影，姚坤这才明白，老人应该就是救过自己命的狐狸精！

故事自始至终未挑明天桃与千年老狐的关系，但天桃上门以身相许显然是狐翁的安排。明清时期，随着狐狸精形象的女性化趋势加剧，以身相许遂成为最常见的报恩方式。

"恩"这个概念最基本的含义是"给予"，如《说文》所解"惠也"。养育之恩是恩，救命之恩是恩，一饭之恩也是恩，在"惠"的含义里，恩与报恩实际上就是给予和回馈的关系。但"恩"的另一层含义，则和男女之情联系在一起，即我们通常所言"恩爱"。因此，以情报情，也是狐狸精报恩故事中多见的类型，这种故事往往还夹杂了前世因果的纠结，如前面所举《子不语·张光熊》就是讲生死轮回后的以情报情，而《聊斋志异》里《甄后》《褚遂良》两篇，更是把人或狐的前世与历史上的名人联系在了一起。

《甄后》的男主角叫刘仲堪，勤奋好学，脑子却不太灵光。一天正看着书，忽闻异香满室，来了一个美人，和他促坐对饮，谈古论今，刘郎这也不知那也不晓。美人叹道："没想到我往瑶池赴一回宴，你生历几世，聪明尽失！"于是叫人准备热水，洗得刘仲堪身心澄净，接着就吹灯解衣，曲尽欢好。次日天未亮，美人起床梳妆，不再理他。刘仲堪莫名其妙做了一夜快活神仙，总想问个明白。美女只好说："不告诉你吧，你会问个不停；告诉你吧，又怕你不相信。我是三国时魏文帝曹丕的皇后甄氏，你前世是宫里的工作人员，对我痴情，因此获罪。我一直于心不忍，今日一会，就是来报答你这个情痴！"

《褚遂良》的情节与此类似，只是狐狸精一出场就向男主角赵某亮明了身份，说自己是狐仙，特来做他的老婆。赵某又穷又病，根本不想癞蛤蟆吃天鹅肉，狐狸精就说赵某前世乃是唐代著名书法家褚遂良，对她有恩，故特来报恩。这对人狐组合的结局比刘仲堪好——狐狸精不堪赵某邻里的骚扰，搬了把梯子往大树上一架，带着老公、书童上天做神仙去了！

蒲松龄写这类故事，似乎很喜欢将"情"作为报恩的起点。他总是塑造这样的狐狸精，为了一点真情——哪怕是段朦胧的单相思或男女之间的一夕之好，也会千方百计去报答。《聊斋志异·小梅》是一个情节曲折、感人至深的报恩故事，故事从狐狸精和一个男人的一夜情开始：世家子王慕贞偶游江浙，看见一个老妇人在路边痛哭，便上前询问。老妇说先夫早逝，只有一个儿子，犯了死罪押在大牢，想请人救命。王慕贞心软，出手也向来大方，就花了不少钱从中斡旋，把人犯从牢里救了出来。但那人知道王慕贞救了自己时，茫然不解其故，就到了王的住处，一边感恩，一边问其所以。王慕贞告诉他："很简单，我只是可怜你的老母亲！"那人更是吃惊，说自己的母亲已经去世多年了。这让王慕贞也感到奇怪，不知发生了什么事。晚上，老妇人也来谢恩，王很不高兴，责备她说谎。老妇只好说："实不相瞒，我是东山老狐，二十年前曾与这小伙子的父亲有一夕之好，故不忍他家断了后。"

东山老狐挖空心思借王慕贞之手救出死刑犯，就是为了报答二十年前的一夜情。而王慕贞本来与此事毫无关系，救人犯一命又是对老狐狸精造恩。这一环节中，情是第一层恩由，救命是第二层恩由，恩情的分量越来越重，老狐狸精于是遣女儿小梅出场，完成一项艰巨复杂的任务。

小梅在王家现身颇为奇幻。王慕贞妻子患病，卧床两年，弥留之际对他说："我死之后，你可娶小梅为继室。她伺候我两年，关系很好，我已经把这话对她说了。"但王家从来就没有过小梅这么个人，过去也没听妻子说起过，所以王慕贞就当是妻子病重时的胡言乱语。守灵之夜，忽然听见灵柩后面有啜泣声，王慕贞大惊，以为来了鬼，带了几个人到后面察看，发现一个身着缟服的二八佳人。他这才意识到妻子临终说的话并非妄言，便对女子说："如果亡妻的话是真的，就请你上堂，受儿女们一拜；如果你不愿意，我也不敢妄想。"小梅便大大方方地上堂受拜，成为王家主母。

小梅持家十余年，张弛有度，内外和顺，不仅田地连阡，仓储万石，还为王家生了一个小儿子。一日，小梅忽然说要带孩子回娘家看看。王慕贞觉得奇怪，小梅来十多年了，与娘家人从无往来，现在怎么突然要回娘家呢？正迟疑不决，外面车马已到，说是小梅娘家来的，小梅便让王慕贞送一程。两人共乘十余里，她握着丈夫的手作别，说自己是当年东山老狐的女儿，入王家十几年只为报答他的救人之恩。现王家衰运将至，在劫难逃，只有把幼子带往他处，才能逃过此劫。还说家中一旦死人，王便有血光之灾，免灾之法唯有次日鸡鸣时赶到西河柳堤，见挑桃花灯者路过，挡住苦苦哀求，自可得免。说罢，不顾王慕贞泪流满面，小梅乘车急驰而去。

七八年后，瘟疫流行，王家婢女病亡。王慕贞想起小梅临别时的交代，准备第二天清晨赶往河边。但当晚来了朋友，主宾饮酒大醉，王慕贞一觉醒来，鸡鸣已过。他跌跌撞撞赶到河边，见挑桃花灯者刚刚过去，约在前方百余步。于是急追，但越追距离越远，挑桃花灯者渐渐消失了。他失魂落魄地回到家里，没几天果然病逝。

王家留下一妾一女，孤苦无援。乱七八糟的族人很快将家里的东西瓜分得一干二净，卖了丫鬟，还合谋把宅子卖掉分钱。王妾和女儿抱头痛哭，其状惨不忍睹。这时，有人抬着一顶轿子进门，小梅带着一个男孩从中走出，见家中如此纷乱，便问都是些什么人。王妾一五一十哭述缘由，小梅大怒，叫随行仆人关门落锁，把这伙人关在院里。众人一不做二不休，准备动粗，但顿时浑身无力，只能束手就擒。小梅进屋，拜了王慕贞灵位，伤心痛哭，对王妾说："这是天意！本来一月前就要来的，但因母亲的病耽误了。今天过来，想不到已经阴阳两隔。"接着便一一追缴财产，又请来王慕贞父亲的一位朋友，证明她带来的男孩是王的亲子，继承了王的所有财产。将一切安排妥帖，小梅往王慕贞墓前祭扫，但半天过去都没回来，家里让人去找，只见祭拜的东西还摆在坟前，小梅却人影杳然。

这个东山老狐，为了二十年前的一夕之好可谓仁至义尽！她似能洞见过去未来的所有因果，却无法改变人的命运。自己不能救人，则费尽心机假慕贞之手救之；自己不能报答，就派女儿小梅去报答，为王家保留下一根独苗。小梅和王慕贞看上去是恩爱夫妻，但她与王本无丝毫关系，更谈不上感情，嫁给他完全是替母亲尽义务。这个故事由"情"开始，由"义"结束。小梅虽然长得漂亮，但性格内敛而精明，缺少风情，以冰雪之姿而忍辱负重，是典型的"义狐"而非

"情狐"。

　　情可以报之以义，义也可以报之以情。不杀之恩、救命之恩也能生发出一段刻骨铭心的爱情。《小豆棚·刘祭酒》中的刘孩儿，家里世代以酿酒为业。他幼年失怙，十二岁就持掌家业。有段时间，酒窖里的酒每晚总会空一坛，却找不出原因。酿酒师傅说，可能是狐狸精偷喝了，查也白查。刘孩儿不服，偏要查个究竟。夜深不眠，在酒窖外巡视的刘孩儿听见里面有细微的喝酒声，于是轻轻地进去，发现声音是从一个开了封的酒坛里传出来的。他脱下一只鞋把坛口盖住，坛子里便没动静了。

　　到了下半夜，坛子里有说话声："我为何在这里？"刘说："谁让你自己进去的？"发觉情况严重，里面停顿了一会儿，告求："放我出去吧！""谈何容易！放你出去，谁赔我十几坛好酒？""这容易，我出去后加倍赔偿你就是！"刘毕竟是个孩子，对钱财并不十分计较，但不耐孤独，玩心重，就说："我也不要你赔酒了，你若以后每晚都来陪我玩儿，我就放你；否则，就把你闷在坛子里，拿去煮了！"里面之人急忙发誓，刘孩儿便放了他。

　　第二天晚上，刘孩儿吃了饭就坐在门外等待，果然来了一个十四五岁的俊美少年，头绾双髻，身着花绣短衣、云纹丝裤，脚穿小红鞋，脖子上戴金络索圈，手上还戴着玉镯。他说是来赴约的，自己姓于，十五岁。刘喜出望外，称他为兄，两孩子就一块儿玩耍。美少年是个文艺全才，会跳舞会唱歌，会讲故事会做游戏，还会剪纸在窗户后面演皮影，没几天两人就成了形影不离的好朋友。

　　一次，于哥剪了片纸影，吟道："一片热肠，空费裁成为纸戏。"要刘弟对下联，刘孩儿惭愧地说："我没读过书，不会对。"于哥乘机道："老这么玩也不是事儿，得读书呀！"刘孩儿说想读书，但没人教。于哥便告诉他，自己白天在家就是读书的，以后可以每晚把白天学的知识都教给他。自此刘孩儿收敛玩心，跟着于哥读书，因天性聪慧，进步很快，不几年竟连中了秀才、举人。

刘孩儿成了刘举人，满腹诗书，会写八股文，心里也有了一些特别的想法。一日他忽然对于哥说："我看天下女子，真还没有一个比你长得漂亮的！"于哥说他少见多怪，告诉他自己的妹妹特别漂亮。少年刘举人眼睛一亮，问能否见见。于哥说："这有何难，我现在就给你叫来！"说完掀帘而出，一转身又进来了，却成了个绝色女子，宝髻云鬟，娉婷如画，侧立不语。刘举人拿着蜡烛凝视良久，如梦如痴地问："你不是于哥吗？"女子笑道："傻子，你于哥也缠足？"刘举人往下面一看，果然是裙下双钩，翘然三寸。"那么我的于哥呢？""你于哥回去了，叫我来陪你！"女子说罢，到帘外取了一双男鞋进来，"喏，这就是你于哥留下的鞋子。"

刘举人看着这双鞋，不觉泪如雨下。美女只好安慰道："别伤心了！我就是你于哥，不是他妹妹。"刘哭着说："我也知道，但是你为何不早点让我知道啊！"于姐从袖中拿出手巾为他拭泪，解释道："非我不让你早点知道，是你年纪太小了。现在告诉你也不晚啊，这几年我俩不一直就像小夫妻吗？"刘举人破涕为笑，拉着美丽动人的于姐要做真夫妻。于姐说："且慢，几年前出的那个对子你还没对出来呢！"此时的刘弟弟已非吴下阿蒙，脱口而对："几回苦口，漫劳点拨助膏灯。"于姐欣慰点头，两人遂成夫妻。

刘读书有成，酿酒的生意也不做了，带着妻子赴京赶考，但连考几场都名落孙山，便问妻子自己有无中进士的命。妻子不答，写了几个字："进士二字，恐怕不成。"刘举人守着这样可人的妻子，家里也不缺钱，对科举不是太在乎，便说："既然如此，那咱就不读书了！"妻子说："恐怕不成，才更要读书，怎能荒废学业呢？"

一天，于姐忽然伤心落泪，对老公说："我俩的缘分今晚尽了！"刘如雷轰顶，泣不成声，问有什么办法可想。于姐道："此是命定，无可更改！"刘举人于是设席饯别，两饮两伤，且酌且哭。刘问："你要去什么地方？"妻子说，要去上清宫轮值，一去就是五百年，那时也不知道世界是何模样了。刘想知道自己的官禄，妻子道："天机不敢泄露！"说罢举杯浇地，要他记住这个暗示。东方既白，鸡鸣三遍，于姐大哭而去，刘亦晕倒于地。

此后，刘举人再不沾杯，唯恐对酒怀人，情不能堪。戊戌年他又去赶考，高中进士，后来还当上了国子监祭酒。他方知于姐早年所说"恐怕不成"的"不成"，指的就是"戊戌"；而以酒浇地，则是暗示他要做国子监祭酒！

狐狸精受人之恩还有一项比较特殊的内容就是躲避雷劫，《子不语·吴子云》就是讲述一个因避雷劫而报恩的故事。吴子云是桐城一个秀才，一年乡试前在园中赏月，听见空中有人语："吴子云今年当考第四十九名！"接着朗诵了一篇题为"君子之于天下也"的八股文。吴子云记不住内容，但觉得文题很好，就预写了一篇备考，没想到这年的乡试正是此题，他也果然考了第四十九名。不久，他又中进士，督学湖南，满载而归。

归途夜宿旅店，吴子云欲取夜壶小解，忽然有人双手捧上，十指纤纤。吴惊问是谁，答曰："我是狐仙，与您有缘，特来侍奉。"吴子云点亮蜡烛一看，果然是个绝色女子。狐狸精说自己曾有雷劫，躲在他的车子里才得免一难，此番特来报恩。吴子云全然记不起啥时候救过一狐狸精，稀里糊涂地成了恩人，不仅官运亨通，落宿荒郊野店还有美人投怀，好不惬意！狐狸精还告诉他，前途有难，如此如此便能免灾。

第二天上路，吴子云到了一户吕姓店家，果然如狐狸精所言，店家有一个九岁的小女孩。他按照前夜狐狸精的吩咐认了这女孩为干女儿。夜半三更，店主把他叫醒，说自己是响马头儿，本欲谋财害命，没想到你这么一有范儿的大人物也看得起咱，认了咱女儿为干女儿，那咱们就是亲戚了。说罢取下墙头铃鞭敲了敲，一伙喽啰跑了进来，吕头儿说："吴学院是我的干亲家，你们不得无礼，急为我护送到家。"吴子云凭狐狸精的指点得免此劫，带着财物衣锦还乡了。

狐狸精报恩，并不是除了福禄寿喜就是软玉温香，老辣的狐狸精能洞见过去未来，送恩人一个好死也是种特殊的报恩形式。纪晓岚在《阅微草堂笔记·滦阳消夏录三》中记载他任兵部侍郎时听人说起的一个故事。部里有个小吏为狐狸精所媚，形销骨立，眼见性命难保。此人到处求治，请来了一道张真人符，结果还真的镇住了狐狸精，身体一天天康复。忽一日，他听得屋檐间有声音和他说话："可惜！你为吏非法贪财，命中当受刑而死。因前世于我有恩，故我以美色诱你，好让你精尽人亡，也算得个好死！没想到你找了张真人符箓治我，乃知你罪孽深重，不可救药。我现在要离开你家了，望你珍重，努力积善，或许还有改变结局的机会。"小吏病愈后不思悔改，盗用印信私盖公章牟利，最后被判死刑问斩。

呵呵，狐狸精也有多少对人世的无奈呀！

四 复仇

　　《聊斋志异·九山王》讲述了一个狐狸精的复仇故事。清顺治时期，盗匪横发，动辄啸聚万人，官方莫之奈何。曹州李某家财厚人多，生怕盗匪打劫，整日忧虑。此时村里来了一个自号"南山翁"的算命先生，李某便请至家中，要他算一卦。谁知南山翁一进家门，不问凶吉，只恭维他有帝王之相。李某开始还谦虚了几句，但经不住一番劝进，心里真就萌生了帝王梦。南山翁自告奋勇，愿做诸葛孔明辅佐他成就大业。李某大喜，要他去招兵买马。南山翁离开数日，果真带了几千人回来。李某于是拜南山翁为军师，揭竿而起。县里派兵镇压，被南山翁指挥喽啰打败；府里再派兵来，又中了他的埋伏。两仗下来，李某声名大震，队伍也很快发展到一万多人。李某遂自立为"九山王"，封南山翁为"护国大将军"，以为黄袍加身指日可待。谁知树大招风，朝廷再派精兵围剿，旌旗蔽日，喊声震天。李某急招护国大将军商量退兵之计，南山翁却不知去向。于是，九山王束手就擒，满门抄斩。临死前，他想起一件事来：

　　李家原来有个荒废的园子，某日忽来一老者出百金求租。那只是个荒园，里面并无房屋，出这么高的价，李某虽觉得不靠谱，但最后还是收了租金。第二天，村子里人都问他家来了什么贵客，大车小车直往里运东西。他心中疑惑，回家查证，见院子里并无异常。几天后，老人上门拜访，说刚搬过来忙着收拾，今天才登门拜访，很是失礼，准备了一顿饭菜，请主人赏光。李某随他到后院一看，后院已经焕然一新，舍宇华好，陈设芳丽，酒鼎沸于廊下，茶烟袅于厨中，一派欢歌笑语。李某是个心理阴暗的人，凡事不往好处想，认定这就是伙妖精，一边吃饭喝酒，一边竟盘算如何下毒手。此后，他陆续将一些硫黄、硝石之类可燃物偷偷埋进后院，一日乘狐翁外出时点火引爆，顿时黑烟弥漫，烈焰冲天，烧得死狐满地，焦头烂额者不可计数。狐翁回家，见状神色惨恻，责问李某："彼此从无嫌怨，给你的租金也实在不少，为何下此毒手！此仇不报，天理不容！"言罢愤然而去。死牢中的李某幡然醒悟，那个忽悠了自己起兵造反，关键时刻却不见踪影的南山翁，不是狐狸精又会是谁！

狐狸精复仇的特点仍然是用智不用力，玩的是三十六计中的借刀杀人。当然，借刀杀人也不一定都是这种战争大场面，有时只要制造一起凶杀案就可以达到目的，如下面这个《古今怪异集成》的故事所述：

同治庚午三月，浙江嵊县发生一起血案，知县严思忠和妻女及一个佣人被杀，严思忠父女身中七十余刀，血肉模糊，惨不忍睹。凶手庞某当日就擒，但此人懵懵懂懂，对发生的事情一无所知。捕役还原案发经过：庞某父亲是个木工，在嵊县开小店铺，庞某自己却在邻县新昌习武。清明时庞某回家省亲，途中忽发癫狂，烧了自家的房子后失踪。邻人以为他自知犯了事不能收场，逃走了。谁知他怀揣凶器，从后门进入知县住处，逢人便砍。作案后，见床后有条花裙，他便扯出来系在身上，又佩上知县的官印，还从箱子里拿出一锭银子，才离开作案现场。出门时天刚亮，路边一豆腐店正开门，他又持刀扑杀，店家抄起门板抵抗，击落庞某菜刀和官印。庞某逃逸，潜藏水中，不久即被抓获，最后被判死刑，但此案的离奇之处一直无解。

凶犯那天发疯，当晚即砍杀严思忠，事后对案发经过全无记忆。而严思忠与庞氏父子毫无过节，严为官颇有政声，算得上是清廉有为的好官。于是，关于这起凶案的原委，便有了一个故事，给出了符合当时人们观念的解释。

严思忠年轻时，父亲是山东博山知县，严在县衙外魁星阁读书。楼上没有住人，却似乎经常有人活动。严怀疑是妖精，要仆人暗中侦察，果不其然是狐狸精，仆人还找到了他们的洞穴。他面告母亲，准备动手杀狐。可巧的是，其母夜梦老者来访，告诉她："吾族与郎君素无嫌怨，两不相害。他却居心阴狠，必欲灭杀我等。这是劫数，只怕会遭其毒手。但我们以后一定会报此大仇，因此，我也先告诉您一声。"老太太梦魇未消，正心惊胆战，儿子便来说要灭狐，她一百个不答应："彼虽异类，于你无害，为什么要灭杀他们！你若下此毒手，便不再是我的儿子。"严思忠慑于母威，没有马上动手，消停了几个月，但止不住年少轻狂，偷偷买了火药埋进狐穴，乘夜引爆，炸得死狐枕藉。因此，同治年间严家的灭门凶案，就是狐狸精的报复，而庞某不过是复仇的道具，附体作祟本就是狐狸精的拿手好戏。

佛教的轮回思想，对于确定狐狸精复仇的合理性有至关重要的作用。但古人讲述这些故事，其主要目的并不在于为妖精伸张正义，而在于劝诫世人不可无端作恶。因此，人造孽于前，狐报仇在后，遂成为此类故事的固定模式，人所领受的惩罚都是自作自受的业报。

既然狐狸精的复仇被纳入了因果报应体系，那么，有现世报应，就会有来世报应。明末清初西周生所著百回长篇小说《醒世姻缘传》，就写了一个漫长的轮回报应故事：

周家庄雍山洞有只千年雌狐，修炼成精，经常变成绝色佳人迷惑男子。某日，遇纨绔子弟晁源带着一伙男女上山打猎，她便动了心思，变成一个身穿缟素的女子，不紧不慢地在前面行走，三步一回头，五步一招手，撩得晁大哥魂不附体，心想咋就这么好的运气，出门打猎就遇见漂亮寡妇，不妨弄回家玩玩，也不枉一世风流。不料意外情况突然发生，晁大哥带的鹰犬嗅出了妖气，冲着美女直扑过去。白衣寡妇一紧张现了原形，犬在后面追，鹰在空中飞，眼见得无路可逃，她干脆钻到晁大哥的马肚子下躲避，指望晁源救她性命。晁源是个愣头青，跑了半天还没见着一个猎物，见美妇变成了狐狸，也没什么怜惜之意，扯出雕弓搭上羽箭，对着下面就是一箭，只听得"嗷"一声，老妖狐四脚朝天，一命呜呼。晁源把狐狸带回家后，见死狐毛皮温厚，便吩咐家人剥皮做个马背垫。

当晚，晁源梦见一个白须老头儿对他说："源儿，我是你爷爷。今天打猎遇见的那个狐狸精，你不该将她射杀。她是雍山洞里千年狐妖，今天你见了她就不该起那邪心；你动了这个心思，就是与她有缘了，她指望你搭救，你不救也罢了，反把她一箭射死，还剥了皮，叫人拿去做马背垫！我刚才来你家受供，就见那狐妖夹着一张狐皮坐在村口石头上，她将你杀害她的原委告诉我了，说你若不是动了邪心，她也不会勾引你。你把她哄到跟前，害了她的性命。这个仇她一定得报！你现在家道兴旺，屋里又供着《金刚经》，她想报仇也不敢来，但以后的事就很难说了，你好自为之吧！"

老爷子虽然做了预警，但报应还是如期而至。不久，晁源与皮匠小鸦儿的老婆唐氏淫乱，被小鸦儿双双切掉脑袋。小鸦儿还把两颗人头结在一块，背到县城告官。县官升堂审案，认为小鸦儿是捉奸杀人，不仅无罪，还赏了他十两银子再娶。

晁源惨死如此，报应却仍未完结。他死后托生为狄希陈，被他射死的狐妖却托生为邻居的女儿薛素姐，嫁与狄希陈为妻。狄哥极端顽劣，谁也管不住。薛素姐貌美如花，在娘家时极温顺娴静，入狄家后立马变成悍妇。狄希陈呢，却变成一个极端怕老婆的人，经常被关在门外不能进屋，还被施以种种家暴，绑在床脚上棒打、针刺、炭火烧。薛素姐不仅折磨狄希陈，还气死公婆，甚至气死了自己的父亲。狄希陈对这个丧门星简直毫无办法，惹不起也躲不起，跑到天涯海角都会被找到，活受了三十年折磨，最后被她一箭射中，差点丢了性命。幸得高僧胡无翳点明了他们的前世因果，又教狄希陈念《金刚经》一万遍，才得以消除冤业。

有人读了《醒世姻缘传》后，发了一通这样的感慨："原来人世间如狼如虎的女娘，谁知都是前世里被人拦腰射杀、剥皮剔骨的妖狐；如韦如脂如涎如涕的男子，尽都是那世里弯弓搭箭、惊鹰绁狗的猎徒。辏拢一堆，睡成一处，白日折磨，夜间挝打，备极丑形，不减披麻勘狱。"——这正是作者写这段人狐冤报所要达到的效果。狐狸精报仇故事大多情节曲折，悬念重重，颇有可读性，但其主旨无非宣扬因果报应，劝人行善。

在这些复仇故事中，狐狸精都是作为有理的一方出现，而血仇血报、以命偿命，也体现了结局平等的原则。因此，人类对狐类的侵害如果不严重，狐狸精也不可报复过当。《阅微草堂笔记·姑妄听之三》中的报仇故事，貌似也是一起命案，实则是以非常手段让事主陷于贫苦而达到报复的目的：

河城县农村秋收时，一个少妇抱着孩子在田间行走，忽然失足倒地，再没爬起来。远处农人见了觉得蹊跷，赶过去查看，发现妇人已死；手中抱着的孩子，也因瓦角刺穿脑袋而亡。农人大惊，急忙把情况告诉了田主，田主报告了里胥。这几个人组织乡邻辨尸，却无人认识，都说方圆几十里内就没见过此人。妇人与孩子都穿金戴银，显然是大户人家。里胥觉得问题严重，一边用席子盖好尸体，派人轮番看守，一边把案情上报县衙。第二天，县官下来查案，翻开席子一看，里胥和田主目瞪口呆：一直有人须臾不离看守着的两尸首已经不翼而飞，只有一束秸秆。县官大怒，将田主和守尸人拘捕回城。但刑讯逼供多日，也审不出个结果；折腾了一年多，只好以疑案上报。上面的领导又以案情不清，发回重审；又调查一年多，还是不了了之，但田主经过两年多官司，家产荡尽，成了赤贫户。

田主及知情人对案件本身百思不得其解，想来想去，归结到一个原因：村子里一直传说南边墓地里有黑狐拜月，见过的人还不少。田主的儿子喜欢打猎，曾经夜伏守候，见黑狐出来，一箭射中其大腿。黑狐化为火光西逃而去。这哥们又搜查洞穴，抓获两只小狐带回家，但不久小狐也逃走了。过了一个多月，就发生了妇人猝死案。此案扑朔迷离，只有狐狸精变幻报冤一说方能解释得通。

可见狐狸精的复仇，分寸要拿捏恰当。田主家人虽然射伤老狐、抓捕小狐，但终未伤生害命，狐狸精的报复也就止于让他虚惊一场后耗尽家产。因此，狐狸精的复仇故事，还是在传导"报应不爽"的价值观。

五　狐　友

相对人狐异性之间的爱情，古代文学作品中对人狐同性之间的友谊描写是个弱项，出现的时间也较晚；而且，所谓"狐友"似乎只是男性世界里的事。

第一个故事是《广异记·崔昌》。崔昌在庭院读书，进来一个漂亮的孩子，坐在榻边玩，还翻他的书。崔昌漫不经心地问："谁家的孩子？来干啥？"孩子答："喜欢读书，知道你有学问，来找你玩儿。"两人聊天，孩子对答如流，崔昌就喜欢上了，要他常来。于是，两人成了忘年交。数月后，孩子忽然扶着一个醉酒老人进来，说让老人坐着歇歇，自己出去倒杯水给老人醒酒。孩子刚出去，老人就吐了，呕吐物里有人的毛发指甲。崔昌心头一紧：莫非这老头是个妖怪，咋吃人呢？于是抽出利剑就砍了他的头，老人倒地变成了断头狐狸。孩子回来，发现老人已成死狐，指着崔昌大骂："为何无缘无故杀我家长？要不是看这段日子的交情，我也杀了你！"边骂边出门而去，后来也没找崔昌寻仇。

另一个故事便是前面提到的《宣室志·尹瑗》，情节和《崔昌》有些类似，不过俊美小童成了风雅朱公子。他与考进士不第的尹瑗谈诗论道，情投意合，后来醉酒现原形，被尹瑗所杀。

这两个故事貌似点到了人狐友谊，其实是人狐仇怨——两个狐狸精与人成为朋友，是因为崔昌、尹瑗根本不知道对方是狐狸精，把他们当成了同类；一旦知晓了对方的真实身份，则再好的交情也止不住要抽刀害命。这两个故事明确地告诉我们：那个时代离开性关系的基础，人类和狐狸精不可能友好相处。

只有《广异记·李苌》稍许透露了一点人狐友情的端倪。李苌家中患狐，借来鹰犬降治，捕获数只狐狸挂在屋檐下示众。夜间有人喊他："你家闹狐，是某某狐婆捣乱，跟我家没关系，为何杀了我的老娘？几天之后，那个狐婆还会来捣乱的。明日你备些菜肴请我喝杯酒，我教你个对付狐婆的好法子。"李苌颇感奇怪，想弄个明白，便说家中正好有酒，希望他明早过来。第二天早上，酒菜摆好，狐狸精来了，只闻其声，不见其形。主人端杯，对面的酒杯也凭空升起，然后翕然而尽。这场人狐对饮，狐狸精喝了三斗，李苌喝了两升。狐狸精说："今天喝多了，恐失礼仪，就此告辞。狐婆不足虑，明儿我告诉你法子治她！"翌日，李苌到衙门上班，听见屋檐上有喊声："接住，这法子可以治狐婆。"李苌接住一个纸团，打开一看，是份治狐说明书，要他席上摆盏灯，并在灯后面书符。李苌依法而行，狐狸精果然再没捣乱。

严格来讲，这个故事也不能说李苌与狐狸精之间就有了真正的友谊，狐狸精为人出力这种事在《搜神记·陈斐》《纪闻·袁嘉祚》都出现过，所不同的是，那几个出力的狐狸精都是为了感谢不杀之恩而为之。这个故事的奇怪之处在于，李苌不仅对狐狸精无恩，还错杀了狐狸精的老娘，结果狐狸精不仅没寻仇，反而帮他出谋划策对付捣乱的狐婆，似乎要以此自证清白，所取报酬不过一顿酒食。这说明此时的狐狸精总体地位还是作祟的贱类，犯事固然该杀，不犯事被枉杀也没什么大不了的。

上述三个故事中，有一个共同的、特别重要的道具——酒。酒的意义，一方面能使狐狸精原形毕露，一方面也能使人与狐形骸俱忘，在醉中模糊了地位、身份的差异。三个狐狸精的修为也因此分出了等级：朱公子最差，酒后完全现出原形，被杀；狐小孩的家长次之，未现原形，但呕吐物透露了秘密，也被杀；修为最高的就是李芠的酒友，自控力极强，喝了三斗，主动止饮，一直隐身不现。这个狐狸精不顾杀母之仇帮李芠治狐，或许也因他是狐类中的贪杯之徒？友谊凭酒，情爱靠色，酒与色是人狐关系的重要媒介。

蒲松龄显然受到了这类故事的启发，笔下的人狐友谊也是从饮酒开始。《聊斋志异·酒友》中车生好饮，每晚至少喝三大杯才上床睡觉，床头经常备酒。一次深夜醒来，发现身边有只狐狸醉卧，车生笑道："此我酒友也！"不忍惊醒狐狸，还给他加盖一件衣服。不久，狐狸翻身打哈欠，车生说："睡得真香啊！"掀开衣服，狐狸已成儒冠俊人。狐帅哥显然已知发生了什么，惊出一身冷汗，起拜榻前，谢不杀之恩。车生不以为意，反而安慰："人说我是酒痴，我就喜欢以酒会友。如不见疑，我俩可结为兄弟，欢迎常来对饮。"次日清晨，狐友不辞而别。傍晚，车生备酒菜以待，狐狸精果然如约而至。两人促膝欢饮，相见恨晚。狐狸精海量，且十分幽默，喝得车生慨叹不已："酒逢知己千杯少呀！"

这个故事几乎是《宣室志·尹瑗》的反写——尹瑗发现朋友饮酒后变成了狐狸，毫不犹豫就杀掉了它；车生发现一只狐狸偷饮了自己的酒，却引为知己。蒲松龄通过《酒友》确定了一种新型的人狐友好关系。

故事再往下发展，狐友感念车生真情，很想报答。然车生与狐交友，只为饮酒，没有别的想法："斗酒之欢，何足挂齿！"这让狐友更加感动，说："话虽如此，但你是贫寒之士，我帮你赚些酒钱还是应该的！"于是告诉他什么地方可以捡金子，什么地方可以挖窖钱。后来狐友又教他做生意，贱买贵卖。车生因此成了富人，家有两百多亩肥田。狐友一直往来其家，呼车妻为嫂，视车生子如己出。车家一切种植都听狐友安排，种麦则麦贵，种黍则黍贵。车生去世后，狐友才不再往来。

在两者交往过程中，车生虽然得到了厚报，然而蒲松龄写人狐之谊，是很注意重情轻利的。正是车生平等以待，心无所求，才使狐友感动，自愿报答。蒲松龄生性敏感而又际遇坎坷，对人情冷暖有切肤之感。《聊斋志异》自序有这样一段文字："门庭之凄寂，则冷淡如僧；笔墨之耕耘，则萧条似钵。每搔头自念，勿亦面壁人果吾前身耶？……知我者，其在青林黑塞间乎！"于是，在人间得不到的真情，蒲松龄俱寄之妖鬼。他在《胡四相公》叙人狐之谊，更是到了形骸俱忘的境地。

故事也是从饮酒开始。山东莱芜人张虚一，性情豪放不羁，听说某家宅子有狐狸精，居然带了名片登门拜会。门扉无人自启，虚一兄正冠肃衣而入，见堂屋里桌椅整齐干净，阒寂无人，便对空作揖道："仙人既然同意我进来，为何不现真身？"空中有人回话："先生光临寒舍，真是难得。请坐！"即见两张椅子移动，相对摆放，一个红漆盘托着两盏茶凭空而来。两人各取对饮，吱吱有声，另一侧却始终不见人。狐狸精自称姓胡，排行第四，人称胡四相公。茶毕是酒宴，各种佳肴也是凭空而至。杯盏往来不断，张虚一只觉得有不少仆人在伺候。更妙的是，他刚想要吃什么菜，这菜立即就上来了。两人酬酢议论，志趣相投，不觉酩酊大醉。这情节显然是移植于《广异记·李芪》。

此后两人成了好友，经常小聚，或张家或胡家。张虚一外出远行，胡四也派小狐随行保护。但这些小狐也和胡四一样，只闻声不现形。胡四告诉他，凡独行在途，有细沙散落衣襟，就表示有小狐在旁护佑。虚一因此旅途安稳，不畏虎狼强盗。如此交往年余，张虚一始终未见过胡四的模样。一日相聚，他终于忍不住说："有你这样的知己，我人生无憾。但从未目睹真容，心有不甘！"胡四道："交情好就行，何必一定要见面？"

又一日，胡四邀饮，席间相告："我家在陕西，明天要回去了。交往多时，你一直没见过我的容貌，深以为憾。我今天就让你看看，以便他日相认。"张虚一四处张望，还是一无所见。胡四说："你推开寝室门，就可以看见我了。"张推门一看，果见里面有位英俊少年，衣冠楚楚，眉目如画。然而转瞬之间，美男子又消失了。张虚一依依不舍，喝了很多酒。深夜，一盏朱纱灯笼引导他回了家。

多年后，张虚一前往四川看望兄弟，路遇骑青驴的英俊少年，两人结伴而行，相谈甚欢。此少年不仅貌美，而且谈吐文雅。至歧路处，少年拱手而别，告诉张："前面不远处有人等，会把故人一些东西交给你，望你笑纳。"张虚一想问个明白，少年已驱驴而去。行不多远，果然见一名老仆等在路边，老仆递给他一只沉重的竹篮，说："胡四相公敬致先生。"他启篮一看，满满的全是银子。一转眼，老仆也不知去向。

古人相交甚深，谓之"形骸俱忘"，这个说法，在人间朋友只是夸张的修辞，而发生在人狐之间就显得煞有介事了。形骸不现，在蒲松龄笔下是表现情的相忘，到纪晓岚笔下却变成了理的劝诫。《阅微草堂笔记·滦阳消夏录五》一则故事讲的也是人狐之谊，狐狸精也是不见其形，直面的却是人间的悲凉：

这也是一群酒友，狐狸精为其中之一，隔三岔五就聚饮。狐狸精每饮必至，饮食笑谈，与人无异，但只闻其声不见其形。有人说："对面不见人，还谈得上是什么朋友！"狐狸精答曰："相交者交其心，非交其貌。人心叵测，险于山川。现在大家交友，以貌相交者认为是密友，以心相交反被认为疏离，很是可笑！"因此，他最终也没像胡四那样让大伙看他长什么模样。

狐狸精有各种法术，可以预知未来，可以点石成金，真金白银也能凭空摄来，因此，如何对待人狐友谊中的钱财关系是一个敏感问题。蒲松龄似乎有情义洁癖，特别重视君子之谊，但他并非不食人间烟火，反而因生活的困顿深知钱财的重要性。人狐欢聚也要喝酒吃菜，没有钱财又如何进行下去？《酒友》《胡四相公》都牵扯到钱财问题，车生由于狐友的帮助而富甲一方，冰清玉洁的胡四相公最后也送给张虚一满篮银子。

但是，情与利的分寸如果把握不到位，一切便成竹篮打水。《聊斋志异·雨钱》讲滨州一秀才夜读，有老翁来访，自称姓胡，是狐仙，仰慕秀才学问，特来交流交流。秀才与之交谈，对方果然博古通今，名理精湛。秀才难得遇见这样的学友，留他住了很久，天天谈经论道。忽一日，秀才对胡翁说："咱俩关系这么好，你看我这么穷，但你举手之劳就能来钱，何不周济我一些？"胡翁沉吟片刻，笑道："这很容易，但你得拿出十几枚钱做引子。"秀才大喜，取出十几个铜币。胡翁邀他进入密室，禹步作法，俄顷，数不清的铜币如暴雨般自梁间锵锵而下，地面很快铺了三四尺厚的铜币。胡翁袖子一挥，钱雨骤停。秀才暴得大富，心里甭提有多美。他想进屋拿钱取用，却发现除了自己的十几个铜板，一地钱币已化为乌有！秀才大怒，骂胡翁是个骗子。胡翁也不示弱："我本与你是文字之交，不想帮你做贼。你的这个想法，只合去找梁上君子，老夫不能奉陪！"言罢拂袖而去。

交狐友只为钱财，有时便会遇上狐骗子。《阅微草堂笔记·滦阳续录三》记：某人求财心切，尤其相信狐狸精助富之事，千方百计想交个狐友。后来他还真的交上了，狐狸精说自己年岁大胃口好，要他多准备些酒食相待。此人便摆下丰盛的酒席请狐狸精吃。到傍晚时分，酒食被一扫而光，狐狸精也醉后现形，东倒西歪地躺了七八个。没过几天，狐狸精又呼朋引类来吃。几顿下来，招待费甚多，连衣物也典卖出去了，于是此公只好向狐友透露求财的意图。狐狸精吃饱喝足，抹一把嘴笑道："我们正是没钱供酒食，才和你交朋友。如果我们自己有钱，早就自醉自饱了，何必找你呢！"说罢一哄而散。纪晓岚评说此事："此狐可谓无赖矣，然余谓非狐之过也。"——谁叫你贪财来着！

作为潦倒文人，蒲松龄当然怀有对于锦绣生活的向往。人间富贵之交难得，便只能寄情于狐鬼。在他的内心深处，狐狸精便是潜在的富贵之友。只是如何在君子之交中摆正利与情、义的关系，蒲松龄十分纠结。他写《酒友》《胡四相公》《雨钱》等故事，虽说立场坚定，原则清楚，但过于黑白分明。因此，在《真生》这个故事中，他再次深入探讨了这个问题。

狐狸精真生与长安人贾子龙之间的友谊，也是从饮酒开始。喝着喝着，壶中酒已尽，真生拿起空壶往杯中注酒，居然源源不断有酒流出。贾子龙惊异之余，求真生教授此术，指望着掌握这个法子，以后再也不用花钱沽酒了。真生道："我之前不愿与你交往，就因为你比较贪心。这是神仙秘术，怎能随便教人！"贾子龙申辩："冤枉啊，我怎么就贪心了！只不过是太穷，想搞些酒钱而已。"

此事一笑而过，二人依旧饮酒，依旧做朋友。真生虽未教授秘术，但还是经常帮贾子龙，每到他实在缺钱，就拿出一小块黑石，念几句咒语，放在瓦砾上磨几下，瓦砾就变成了白金（也可能指白银）。但每次变的金仅够所用，没有多余。贾子龙求财心切，总想多要些。真生笑道："我说你贪心吧，如何？"贾子龙求术不得，想多要些金子也不能，就来邪的，趁真生不备做梁上君子。真生发觉，割袍而去。

故事讲到此处，也就和《雨钱》差不多，而贾子龙的偷盗行径，显然比滨水秀才还要恶劣许多。后来发生的一件事，使真、贾二人的关系发生了戏剧性的变化。

不久，贾子龙在河边捡到一块石头，看上去很像真生的宝石，就藏了起来。没几天，真生果然找上门来，说石头是仙人的点金石，借给他用，不久前丢了，掐指一算知为子龙所得；还说石头万万丢不得，请交还于他。贾子龙说："你与我相处那么久，当知我不是欺友之人。石头的确在我这里，可以还给你，但你知我一贫如洗，也得给些回报。"真生提出以百金为谢，贾不同意，非要真生教他口诀，让他用点金石变一次金子。真生担心鸡飞蛋打，教了口诀还取不回点金石，颇为犹豫。贾子龙道："你是仙人，难道算不出我的诚信！只变一次就还你。"真生无奈，只好把口诀教给他。贾子龙拿出点金石想往一块巨大的砧石上磨，真生拉住他，不让他靠前。贾子龙就捡了半块砖，放在砧石上，说："像这个，不算多吧？"真生就允许他一试。

结果贾子龙不磨砖却磨砧石，真生来不及阻拦，砧石已变成金子。真生道："罪过罪过！妄以福禄与人，必招天谴。但事到如今，也无可挽回。望你以后一边享用这金子，一边施舍，施足一百具棺木、一百件棉衣，方能免去我的罪过。"贾子龙如约归还了点金石，并牢记真生的劝诫，一边做生意，一边施舍，三年后施满双百之数。

一天，真生忽然来了，握住贾子龙的手说："哥们，真讲信义啊！我弄丢点金石，又擅自做主让你变了一块巨金，被福神上奏天帝，削去仙籍，眼看就要加罪，老兄你的施舍到位，因此我才免于处罚。"贾子龙拿出酒食，二人痛饮畅谈，成了生死之交。

这个故事与前述几则相比，情节较为曲折，主角的性格也更加复杂。贾子龙与狐狸精交往，一开始就动机不纯，狐狸精真生对此也心知肚明，因此刻意与他保持距离，饭照吃、酒照喝，也适当给他补贴些酒资，却不教点金术。然而，点金石失而复得事件，表现了贾子龙品性的另一面——他信守承诺，变了一次金子就如约交还点金石，之后还施舍三年，直到完成真生交代的任务。贾子龙的"贪"通过"信"完成了升华，友谊关系的基石"情"转换成了"信"。贾子龙贪财且行为不端，但贪而不吝，贪而守信，因此不失为可交之人，真、贾二人的友情通过层层考验而最终确立。

狐友，可与之治酒相欢，可与之谈天说地，也可因之获取富贵，有些狐友还能用意想不到的方式帮人解决重大难题。《阅微草堂笔记·姑妄听之二》有一个两世狐友的故事：老儒与狐狸精相交三十余年，老儒死后，狐友仍住在他家仓屋，与其子往来。两人开始还相安无事，渐渐地却闹腾起来。其子也是秀才，承父业教书为生，但脑袋瓜比父亲活泛，经常帮人写状纸打官司。然而他操守不严，有时难免颠倒黑白。他给学生批改的作文，放哪儿都好端端的；但为人写的状纸，则不是被涂鸦，就是被撕毁。他教书所得总是分文不少，讼事所得则经常不翼而飞。事主上门议事，也会被暗处飞来的砖瓦打得头破血流。秀才被这狐狸精闹得够呛，只好请来法师劾治。法师登台打醮把狐狸精招来问责，狐狸精侃侃而答："老先生不以异类视我，我也把他当作兄弟。但其子不认真教书育人，做种种恶业，只怕不得善终。我一再骚扰他，无非是想让他改邪归正。取走的钱财，都埋在他老父坟里，一旦他犯事，也好用来周济他妻儿。不料我一片苦心，居然惊动了您。我的所作所为都讲清楚了，要杀要剐，任凭发落。"法师来捉狐狸精，没想到遇见了活雷锋，一把握住他的手说："有亡友如此，太感人了！我也做不到你这样啊！"秀才驱狐不成，却受了一场人生观教育，从此痛改前非，不再刀笔害人，最后考上了进士。

蒲、纪二人一处江湖之远，一居庙堂之高，人生观不相同，写作立场也不一致，但对狐友的评价都很高，有时还以狐友的品性反衬人的低俗。二人的内心深处，显然都隐藏着对人间的某种失望。

六 狐 财 神

关于民间淫祀供奉狐神以祈福求财，唐代已有记录。到了明清时期，把狐神、狐仙当作财神供奉已经成为中国北方的普遍现象。晚清薛福成在《庸盦笔记》中说："北方人以狐、蛇、猬、鼠及黄鼠狼五物为财神。民家见此五者，不敢触犯。"当时及此后的一些外国人也注意到这种现象，如欧文神父和日本学者永尾龙造都在他们的著作中记录过中国人供奉狐狸等五仙（或四仙），并称之为"小财神"之事。

但这种事情如果像道教鼓吹长生不老一样，只是空喊而拿不出任何实例，那就根本玩不下去。因此，供奉狐狸精致富的愿望，在古人的笔记小说中就变成了现实。

据陆延枝《说听》记录，明弘治初，汴城有个张罗儿，过年时在家里摆上食物祭祖。过了两天，食物少了许多。张罗儿知道祖宗是不会真来吃供品的，便怀疑来了贼，晚上埋伏在桌子下侦探。下半夜，发现一只白狐进来偷食，张罗儿急忙起身迎接，白狐也立马变成了白发老人。张罗儿将错就错，"爷爷""爷爷"喊个不停，还端出好酒好肉让他享用。老狐狸精心里美滋滋的，一边吃一边赞扬："吾儿孝顺！吾儿孝顺！"酒醉饭饱后，决定留下不走了。从此，张罗儿家缺什么东西，只要告诉老狐狸精，他就会给弄来。三年过去，张家已有万贯家财，盖了新房，儿子也当了干部。

作为例证稍微有些不圆满，因为张罗儿并不是供奉狐仙致富，而是供奉祖宗时意外撞上了狐狸精致富。但关键的问题还是解决了——让狐狸精住在家里，哄得他高兴，就可以发财致富！因此，下面的两则故事就顺理成章地出现了。

一则发生在山东德州。明嘉靖年间，周某妻子被狐狸精迷媚，周某当然很不爽，但也没有什么办法。时间长了，他干脆来个将计就计，心想狐狸精不是小财神吗，自己对老婆出轨睁只眼闭只眼，去问狐狸精要些东西，总是可以吧！于是，他通过老婆把想法告诉了狐狸精，狐狸精果然就把他想要的东西给办来了，但手段很不光彩，是"偷他家物给之"。过了很多年，周家居然由此成为巨富。周某感念狐狸精的好处，在屋后堆了两个巨大的禾垛供其居住。后来，周某的孙子搞扩建，想拆迁禾垛。狐狸精不干了，指着这孙子骂："我让你家世代富有，现在你忘恩负义要驱赶我，小心老子一发飙又让你家变得赤贫！"周某孙子大吃一惊，急忙改弦易辙，不仅不拆禾垛，还增其体积，使它看上去就像两座山丘。周家也因此几代富甲一方。

另一则故事发生在河南上蔡。狐狸精私通袁某儿媳，被擒获后狐狸精告饶："放我一条生路，能让你发家致富。某处地下埋有黄金，你去看看；如果没有，再杀我不迟。"袁某到那地点一挖，果然挖出了金子，于是便放了他。狐狸精也不食言，不断偷别人家的东西送来。袁某因此致富，被当地人称为"袁生金"。但作为交换条件，袁家后来所娶的媳妇都得与狐狸精保持不正当关系。

这两个故事出自明人徐昌祚的《燕山丛录》。从写作手法看，作者是在做记录而非搞创作，因此有些情节写得非常实在，让我们感觉不到狐狸精应有的媚、魅二气。两个故事都涉及狐狸精与人的性关系，但写得根本不像人妖间的诱惑迷媚，更像是人间男女的偷情通奸。至于狐狸精的招财手段，就更加让人无语，无非是做梁上君子，偷东家补西家。把狐狸精写得如此人性化，把事件写得如此明白真实，无非是要为"狐能致富"的观点提供铁证。

这些故事发生在不同的时间、地点，却都说狐狸精能带来财富，而且它们的东西都是偷来的。看来，狐狸精并不创造财富，只是人间财富的搬运工。正如《萤窗异草·于成璧》中所述："凡狐之供具，皆以术摄取于人间，故丰俭因乎其地。"就是说，在丰饶富裕之乡，狐狸精可以大展身手；到了一贫如洗的地方，他们也难为无米之炊。

狐狸精的致富手段是如此低端且人性化，以至于现在的学者很容易进行现实主义的还原，美国哥伦比亚大学康笑菲博士的《说狐》是这样解构的：在这里，女性的经济价值和女性身体，也许使得华北地区为贫困所苦的家庭，在实际上以性交易谋生。通过租售妻女和媳妇的方式，利用家庭女性的经济价值来养活自己，是一个重要的生存策略。只要把不正当的性关系和财富都归咎到狐狸精身上，家里的男性成员就可以合法享用狐狸精／女人带来的财富。一言以蔽之，就是古代农村地区贫困家庭的性交易（也许还有小偷小摸行为）被包装成了狐狸精故事。

这些交织着谎言与梦想的素材在小说家的笔下逐步升华，盗窃于是变成了凭空摄取（现代特异功能大师喜欢称"意念搬运"或"意念致动"），手法之灵巧完全表现了狐狸精的神仙范儿。如《聊斋志异·狐妾》写山东莱芜人刘九洞有个狐妾，刘过生日大宴宾朋，事先约请的十多个厨子只来了两个，刘急得团团乱转。狐妾出手解难，干脆把两厨子也打发回去，将厨具及鱼肉姜椒移至里屋，自己一手操办。只听得里面刀砧之声不绝于耳，转眼间就喊人进去取饭端菜。十几个人来回跑堂，足足摆满了三十桌。这时，有人忽然提出要吃汤饼，老刘又犯难：原料都没预备，仓促间哪里弄得出汤饼？这时听狐妾在里屋说："稍候，我想想办法。"不一会儿便叫人进去端，一共端出几十碗热气腾腾的汤饼。宴罢客散，狐妾对刘九洞说："得派人去偿还汤饼钱了。"城中一家饼店此时正因汤饼不翼而飞百思不解，刘家的汤饼钱送来了，方知自家的汤饼为狐狸精摄取。某日，刘九洞夜饮，忽然想喝老家的乡酿。狐妾出门片刻，回来说："门外一坛可饮数日。"刘九洞舀来一尝，果然是家乡的翁头春。这个狐妾不仅是技术能手，而且是道德模范，摄取店家汤饼救急，事后还不忘立即还钱！

狐狸精的意念摄取与人工搬运相比，档次高了 N 个级别，空间的隔阂，时间的长短，规模的大小，统统都不是事儿了，狐狸精可以想啥有啥，说来就来。《聊斋志异·褚遂良》写长山赵某贫病交加，本来是等死的光景，偏生来了个美丽的狐狸精要做他老婆，赶都赶不走。赵某只好把她带进家门，土炕无席，灶冷无烟。赵说："没想到我贫寒至此吧？即便你愿意跟我受穷，瓮底空空又如何养得活你呢？"狐狸精说了句："没关系！"话音刚落，絮褥锦衾已经铺到了炕上，家具器物也焕然一新，连菜肴酒饮都摆到了桌上。

狐狸精的摄取之术虽然高妙，却终究是一种超级偷盗术，说到底还是上不了台面。因此，蒲松龄一边表扬狐狸精能干，一边还忘不了让她偿还汤饼款；但若摄取太多，就偿不胜偿，对于物从何来也只好不做交代了。那么，狐狸精有没有什么招数，既能让人的发财梦成真，又符合社会道德及商业精神呢？有的，狐狸精能掐算未来！这一招作为获利手段，放之古今中外普遍有效，试想现在的股市、期货交易中，有人能准确预测股票涨跌，那么他不想发财都难。

唐代著名狐狸精任氏，就是一个这样的"股神"。案例见于《任氏传》：

首先，任氏说需要一定的本金，郑六于是向人借了六千钱。接下来是选股，任氏要他去市场上买一匹屁股上有暗斑的马。郑六去马市一看，果然就发现一匹这样的驽马，牵回家，亲戚朋友都笑掉了大牙，不知他为何要买一匹废物回来，但他不动声色。不久，"股神"任氏说："现在牵马到市场卖掉。记住，低于三万不要出手！"郑六牵马入市，很快就来了顾主，开价两万，郑六说不卖。旁边看热闹的比他俩还急，有的说郑六贪，有的说买者傻。郑六不知所措，干脆骑着马回家。那人竟一路跟来，慢慢加码到了两万五，郑六还是咬牙挺住，非三万不卖。谁知老婆、小舅子们不干了，围着他骂。郑六熬不过，只好二万五抛售。但这样一匹烂马居然被别人哭着喊着高价买去，郑六自己都想不通，事后打探，方知长安郊县一个小吏喂养御马，三年前死了，但并没有销户；最近官府估值，那匹死马值价六万，所以小吏急忙要买一匹长得像的马充数。而这一切都被狐狸精任氏掐算得清清楚楚。

《聊斋志异·酒友》中的男狐也有这番掐算能耐。他与车生以酒交友，见车生贫穷，就帮他搞钱，告诉他这里有遗金、那里有埋银。车生喜不自禁，以为有了这么多钱，可以慢慢喝酒了。狐狸精却不以为然："这种无源之水哪能长久呢？还得另作打算。"几天后，狐友对车生说："市上荞麦便宜，多买些囤积，到时奇货可居。"车生于是买了四十多石囤在家中。没多久当地大旱，禾豆尽死，只有荞麦可种。车生将囤积的荞种卖出，获利十几倍。车生用这笔赢利买下很多田地，种收全听狐友安排，种啥啥值钱。没几年，贫农车生就成了土豪。

除了经营马匹、麦粟，狐狸精偶尔也涉足艺术品市场，一幅不起眼的字画转手便有千金进项，而且把亲情友情、过去将来都包裹其中，掐算得滴水不漏。《夜谭随录·杂记五则》中的这个故事就颇具代表性：

某县学教授与狐翁交往年余，对狐家颇多关照。后来，狐翁送给教授一轴画以为留念。画极平常，就是一翁一妪并坐，教授也不认识，便顺手放进抽屉。不久年老退休，因囊中羞涩回不了老家，只好天天坐茶馆消磨时间。岂料遇着一个特有钱、特高调的张太学与他攀谈，对方越谈越兴奋，把他邀至家中登堂拜父。教授一见张父就傻眼了——这不就是画中那老头吗？但他没吱声儿，觉得不过是巧合而已。十几天之后，张父突然去世。张太学思父心切，请人给父亲画张像，但连续请了几个画师都画不好。教授只得相告自己有幅画，画中人与张父很像。张太学不看则已，一看惊得魂飞天外，又拜又哭："天下哪有此等奇事！不仅家严形象惟妙惟肖，家慈已经辞世二十多年，何以也画得栩栩如生！"教授便交代了画的来历，张太学叹曰："这是狐翁欲假我之手厚赠你以报德啊！狐翁于我也有此大恩，我岂能不报？"于是花了千两银子将画买下，教授靠这笔钱带妻儿回到了故里。

狐狸精招财进宝的另外一招就是点石成金。这种法术在不同的狐狸精手里也会有技术性的不同，如《聊斋志异·真生》中的狐狸精，是对一块小宝石念几句咒语，然后拿宝石在砖瓦上磨，砖瓦就变成了金银。《夜谭随录·小手》里狐狸精的点金术就要复杂一些，多了个提炼的过程：

京城海公家的壁龛里常供狐仙。一次，海公外出公干，坠马跌伤左腕，成了残废，被免去职务。没多久，家里就入不敷出了。狐仙安慰说这是命定，正可以休闲游玩，有何不好。家里人都怪狐仙站着说话不腰疼，没米下锅了岂能不愁！狐仙便要海公购买了大量南铅放进地窖，嘱咐家里人切不可偷看。此后每夜三更，屋里就响起拉风箱的声音，五更方止。过了七七四十九天，狐仙叫海公到地窖前，取出一锭纹银给他。海公仔细审视，果然是真银，于是叫家中男女搬运，足足搬出了五千两。海公犹不放心，问银从何来，是真的吗？狐仙道：

"你供我多年不容易，所以略施仙术炼银相赠，既不是偷来也不是假货，放心使用吧！"狐仙赠银后便离开了海家，而海公凭这五千两纹银营运多年，财雄一乡。

意念摄物（包括偷窃）、掐算未来和点石成金是狐狸精的致财三术，由此而来的金银财宝都是真的。不过，狐狸精擅长幻术，经常搞些恶作剧，有时会把枯枝败叶变成华裳美饰，把牛粪马溲变成美酒佳肴。此类事件也不绝于书，如《宣室志·韦氏子》写杜陵韦生傍晚遇见一素衣妇人，说被乡干部欺负，请他帮助写状子打官司。韦生应承，妇人便拿出杯盘请他饮酒。韦生刚举杯，从西边来了一伙猎人，妇人惊慌失措往东逃，没跑多远就变成了一只狐狸。韦氏大恐，手上的酒杯顿时变成了骷髅，酒也变成了牛尿。《湖海新闻夷坚续志·狐精媚人》则记温州人季公喜为狐狸精所惑，他累得黄皮寡瘦却扬扬得意，还对人自夸艳遇，拿出狐狸精留在家里的手帕、包袱及首饰炫耀。但别人见他手上的东西，都是些枯枝败叶。这些事件对狐狸精的声誉造成一定的负面影响，以至于人民群众对他们的财物一直抱有怀疑，贺兰进明的家人就曾把狐狸精给的礼物烧毁，而海公对狐狸精炼纹银的真假也一问再问。

狐狸精把钱财给谁不给谁是有讲究的，他们通常只在三种关系中施财或帮人谋利：一是受人祭拜，如《张罗儿》《小手》；二是友情，如《酒友》《真生》；三是爱情（或性关系），如《任氏传》《狐妾》。这些条件如果发生变化，狐狸精也会翻脸，把送出的钱物取走或损毁，并予以不同程度的报复。如前面故事中的张罗儿靠认狐狸精做祖宗致了富，他对这种天上掉馅饼的事心里没底，担心狐狸精哪天不高兴会把财富取走，就设计想把它杀了。谁知三天后张家便发生火灾，资产付之一炬；不久，次子因杀人罪入狱，后死于狱中；又过一年，张家其他人也死于瘟疫。

七　狐　居

狐狸精的历史总体上表现为一个脱魅成仙的过程，但仙的本质是人，并不是鬼神之类的精神性的存在。因此，袁枚、纪晓岚等人笔下的狐仙，较之晋唐时代的狐狸精，反而具备更多的人性，其行为方式也有了更多的人间烟火气。

《太平广记》中的狐狸精，要么不交代所从何来，要么就是居于洞窟墓穴。到了《阅微草堂笔记》和《聊斋志异》，虽然还有些不成器的狐狸精继续生活于洞窟墓穴这种场所，但不少的狐狸精已生活在人间了。如《阅微草堂笔记·姑妄听之二》提到的老先生家的狐狸精，在空仓里一住就是三四十年，与人相安无事。在《滦阳消夏录三》中，纪晓岚还曾一本正经地说："余家假山上有小楼，狐居之五十余年矣。人不上，狐亦不下，但时见窗扉无风自启闭耳。"《聊斋志异·遵化署狐》也说遵化官衙最后一栋楼房为狐狸精所居，他们经常出来捣乱，官吏们无奈，只得好吃好喝地供着，以求平安。

因为这种分别，有人把晋唐时期的狐狸精称为"野狐"，而把明清时代生活于人间的狐狸精称为"家狐"。野狐成为家狐，是狐狸精仙化的一个结果，也和人们对狐神、狐仙祭祀方式的改变有关。

据《朝野佥载》的记载，唐代民间已普遍祭祀狐神以"乞恩"，但语焉不详，对于祭祀的形式没有任何交代。根据《太平广记》收录的故事中狐狸精的栖息地多为野洞荒窟判断，当时祭祀狐神应该不会在人们的生活场所。宋金时期，则已有专庙供奉，文献对此已有记载：

> 王嗣宗真宗朝守邠州。旧有狐王庙，相传能与人为祸福，州人畏事之，岁时祭祀祈祷，不敢少怠，至不敢道胡字。（《吕氏杂记》）

庙的建制如何，离村落城市多远，都没有具体交代，但有一点似乎可以肯定，狐神庙为独立祭祀场所，不是人们居所的一部分。而到了明清时期，祭祀狐仙活动多在家庭中进行。

祭狐由野外进入家庭，一方面，可能反映了狐狸精作为能施祸福的小财神在人们心目中的地位从模糊到确定的变化；另一方面，则很可能是国家政权对淫祀加强管控造成的结果。

对狐仙的祭祀是典型的所谓"淫祀"之一，而古代的淫祀既能为迷信群体的动乱提供信仰依据，又能为人们的聚集提供机会和基础，因而统治者认为其与社会动乱之间有必然的联系。从汉代张角的太平道，到隋末的弥勒教、宋代的方腊左道，直至元末的白莲教和红巾军，都是以民间宗教迷信为指导思想组建的武装暴动势力。因此，历代统治者对于这些民间宗教活动一直严加管控，而明代尤甚。何至于此？元末刘福通等人起兵造反，是依靠白莲教、明教（两者的关系一直就扯不清）的旗号，明太祖朱元璋靠投奔红巾军发迹，与明教关系微妙，后来建国即以"明"为国号。而明教、白莲教等民间宗教本来就是头绪混乱且没有严密组织结构的庞杂系统，你可以用，别人也可以用。刘福通、韩林儿等人利用它"挑动黄河天下反",以至于朱元璋顺势而为,推翻蒙元,夺取天下。但他登基建制后,载舟的洪流遂变成覆舟的祸水,白莲教转而成为别人造反的工具,明初陕西高福兴暴动和唐赛儿的武装活动,以及之后山东田斌、四川蔡伯贯、浙江李福松等人的暴动,无不以白莲教相号召。因此,明代统治阶级对此类活动的严防死守,较前朝为甚。如洪武三年禁左道,白莲教、明尊宗、白云宗三者并列;洪武七年刊布的明律,亦禁妄称弥勒佛、白莲社、明尊宗、白云宗等会。

一方面是统治阶级对淫祀管控的加强,另一方面则是民间狐仙信仰的高涨,这就导致公开的庙祀减少,而秘密的家祀越来越多。家祀的狐仙多了,文学家笔下的狐狸精也就越来越有人间生活的样子。明代已有狐住人间的记录,《耳谈类增》记山东临清、东阿之间,有狐兄弟二人,都是雅士,"具姓号,住街市",与居民士人交往。家中经常留客宴饮,衣冠华丽,馔肴精美。而且他们多有善举,救急救穷,颇得邻里赞誉。狐狸精就这样过起了人间生活。他们也遵守人间的礼仪,享受宴乐,体验烦恼。

《子不语》中的狐道学家对子孙奴仆管教甚严,竟日不苟言笑。一天,情窦初开的狐孙子在巷子里抱住主家婢女亲嘴,婢女诉至狐翁。狐翁安慰她:"别生气、别生气,我会打这小子。"第二天到了中午,狐翁家门不开,使劲儿敲也无人应答。主家觉得情况不对,叫人翻墙进去探看,里面人物俱空,书桌上摆了三十两银子,下面压一纸条,上书"租金"二字。再四处找找,发现台阶下有一只被掐死的小狐狸。这种严酷到变态的道德楷模即便人间也很少见,袁枚于是大发感慨:"此狐乃真理学也!世有日谈理学而身作巧宦者,其愧狐远矣!"

《阅微草堂笔记·槐西杂志三》记载,一士人夜坐纳凉,忽然听见屋檐上有人吵架,急忙起身张望。说时迟那时快,两美女扭打着从屋檐掉了下来,大声问道:"先生是读书人,给评评理,哪有姊妹俩共用一个男人的?"这哥们吓得浑身乱颤,哪敢回答,两狐狸精却逼着他断断是非,他只好嗫嚅道:"在下是人,仅知人礼。鬼有鬼礼,狐有狐礼,非在下所能知。"狐狸精很失望:"这人的书白读了,什么道理都不懂,我们再去问别人!走走走!"二女拉扯着走了。

《阅微草堂笔记·如是我闻四》记载,守墓人朱某,一日进城未归,其妻独宿。深夜听见园中树下有打闹声,朱嫂点破窗户纸一瞧,原来是爷儿仨打架呢!两儿子扭成一团,老父亲举杖隔劝;但儿子越打越凶,倒地变成了两只狐狸,滚来滚去把老头儿也给撞倒了。老头儿大怒,翻身跃起,一手按住一只小狐大喊:"逆子,逆子!朱大嫂快来帮我!"朱大嫂伏在屋里大气不敢出,哪还敢出去帮忙?老狐狸不见朱大嫂出来,只得放开两狐子说:"人间不能评理,咱找土地神评理去!"父子仨气冲冲地走了。

在狐狸精的家庭,有姊妹争风吃醋,有父子反目为仇,至于夫妻间的矛盾就更少不了,妻管严也在所难免。《阅微草堂笔记·滦阳消夏录四》记载,纪晓岚的叔叔纪仪庵在西城有一座库房,楼上隔间住着狐狸精,人狐之间长期相安无事。狐家每晚语声欢杂,显然小日子过得不错。一晚,传出阵阵鞭笞声。楼下的人不知发生了何事,都竖起耳朵听。忽然,上面有人负痛疾呼:"楼下诸公都是明白事理的人,你们给评评理,世界上哪有老婆打老公的道理!"正巧下面就有一个怕老婆的,日前才遭受家暴,脸上伤痕累累。被狐狸精这么一问，大伙哄堂大笑，对上面喊了一嗓子："这种事情人间多了去了，不足为怪！"楼上狐狸精听了，也大笑起来。

这个故事在当时肯定广为流传，因此袁枚在他的《续子不语》中也有一篇雷同之作，取名《狐仙惧内》——人间怕老婆之事就是茶余饭后的优质谈资，而况是狐狸精怕老婆呢！

第八章

斗　狐

一 以力胜狐

中国古代的城乡，似乎到处都有狐狸精，此即"无狐魅，不成村"。狐狸精作祟扰民，管控他们就成为一项重要的维稳工作。狐狸精是如此之多，人们须时时防范，这种氛围容易使人疑神疑鬼，荒郊野外的不期而遇也可能变成一场麻秆打狼式的冲突。

唐传奇《纪闻田氏子》载，田某家仆外出沽酒，大清早出门，深夜才回，脚还受了伤，一瘸一瘸的。田某问是啥情况，仆人说："走山路时遇见一狐狸精变成女人追我，逃跑时摔的。狐狸精一直紧追不放，我只好反击，打伤了她，这才逃脱，好险好险！"次日，一个蓬头垢面的妇女过门讨口水喝，说晚间走山路，遇见老狐变人。但她不知是狐，想与他结伴而行。不料老狐突然攻击她，下手特狠，她命大才没被打死。田某作声不得，这才明白两男女昨晚彼此以为对方是狐狸精，打了一架；暗地里吩咐家仆躲着别让人发现，这边让妇人喝了水就打发她赶紧走人。

上述故事虽然是场乌龙，但反映了当时人们遇见狐狸精的一种应急方式，就是简单的拳脚打斗。所谓以力胜狐，即基于狐狸精的生物性特点，采取简单粗暴的物理手段加以制服。

《搜神记·宋大贤》载，魏晋时南阳西郊有个亭子，据说里面闹鬼，人进去就会遭殃。城里的宋大贤素来胆儿大，偏不信这个邪，晚上抱了一张琴在里面自娱自乐。刚过半夜，来了个面目狰狞的鬼物，和宋大贤搭讪。宋不搭理，只管弹琴。那家伙出去，不久拿了一个死人头回来，扔在宋大贤面前。宋淡淡地说："很好！我睡觉没枕头，这个正好用得着。"鬼物没想到这大爷如此心大，傻了眼，又出去想招儿。鬼物寻思很久也没想出什么好招，心头的一股闷气憋不住，噔噔噔地跑回来向宋挑战："咱俩打架如何？"宋大贤答："行啊！"说着直接就扑过去。没拆几招，宋大贤抓住对手的腰部。鬼物疾呼："要出事儿！要出事儿！"之后没几下就被宋大贤弄死了。次日一看，鬼物原来是只狐狸。

宋大贤事件之后很久很久，《续子不语·安庆府学狐》又记录了一起人狐斗殴事件：

田某负责看守秋祭贡品，一天守夜，来了两个狐小伙，大概想偷祭品，被田某发现，于是双方交手。田某孔武有力，狐狸精不能敌，一个被擒住扔下台阶，哭号着化狐而逃；另一个坚持片刻，也被修理了。田某以为全胜，回屋睡觉，不久，忽听得外面人声喧闹，急起应对，见一白眉老头带着十几个少年冲了进来，不由分说，直接命令狐小伙们动手。田某以一敌十，勇不可当。十几个狐小伙应手而倒。老头实在看不下去，亲自出马，一记铁头功撞向田某左臂。田某受重创，倒地不起，老头喝令将其拖到柴房。田某寻思，这一被拖走怕是要没命，于是拼命抱住挂铜钟的大木架。老头抓住田某的手肘拽拉，连着木架拉出数米。田某死活不放手，狐老头没料到这小子如此顽强，只好叫狐小伙就地将他狠揍了一顿，扬长而去。田某被打得遍体鳞伤，呕血不止，第二天才被人救醒。

表面上看，这场斗殴狐方占了上风，实则是狐狸精以众敌寡，胜之不武。如此看来，狐狸精与人类较量拳脚功夫，完全没有优势。

狐狸精是狐狸变的，它们成精成人甚至成仙成神后，内心深处始终保留着狐狸的一些特性。在古代社会，狐狸因为皮毛珍贵，是猎户们的猎杀对象，因此，作为猎物的恐惧感任何时候都潜伏在狐狸精的心底，成为它们的"阿喀琉斯之踵"。

《子不语·猎户除狐》讲的是海昌元化镇某家，楼上的三间卧室被一伙狐狸精占领，他们虽然不作什么大恶，但每天要主人供食，还经常围着桌子敲盘起哄："主人翁，主人翁，千里客来，酒无一杯！"主人不胜其扰，先后请了几个道士降妖，都败于狐狸精，落荒而逃。此后，狐狸精更加肆无忌惮，为所欲为。主人全无办法，在闹腾中忍气吞声地过了半年。冬暮大雪，有十几个猎户来借宿。主人说借宿不难，只怕不得安宁，便将家中闹狐狸精的事告诉了他们。猎户说："我们就是猎狐的！你拿几瓶烧酒让我们喝好，我们为你驱狐。"主人大喜，沽酒备宴，燃烛张灯，招待猎户们痛饮。这些汉子喝得酩酊大醉，拿出鸟铳对空鸣放，一时间烟尘障天，地动山摇。天明雪止，猎户们告辞。主人忽然心神不宁：这下要是还制不住狐狸精，他们岂不变本加厉！但几天过去，楼上还是静悄悄的。主人蹑手蹑脚上去看个究竟，只见一地狐毛，门窗尽开，狐狸精果然逃走了，再也没有回来。

古人狩猎，犬是助手而狐是猎物，犬狐之间便构成了明显的天敌关系。在狐狸精的全部历史中，其对犬的畏惧一以贯之，女人若是长得妖艳又特别怕狗，就会被怀疑是狐狸精。《聊斋志异·甄后》中的司香容貌绝世，自称是犯小过而谪居人间的仙女。但小美女看见要饭的老太太手牵黄犬，便吓得魂飞天外。其夫刘仲堪于是怀疑她是狐狸精："卿仙人，何乃畏犬？"

所以，放狗也是经常使用的治狐之法。但再好的狗也只能识别狐狸精与非狐狸精，不能识别美狐狸精和丑狐狸精，也不能识别好狐狸精和坏狐狸精，犬狐对决中就有几个良善的狐女遭了殃，如任氏、小莲和阿稚姐妹；《聊斋志异》中的青凤和《萤窗异草》中的住住也曾被犬攻击，几乎丧命。

然而，并不是随随便便拉只犬过来就可以对付所有的狐狸精。犬的体形有大小，性情有温猛，攻击力也有强弱；狐狸成精后道力有高低，防御力也有强弱。如《搜神记》中的那只犬，就拿千年斑狐没奈何；《广异记》王颙的猎犬攻击李参军的妻妾绰绰有余，对付萧公则完全不灵。如果犬的战斗力一般而狐狸精又特别勇敢，胜负的结局很可能会逆转。《姚坤》中的狐狸精天桃也曾面临任氏的险境，她随老公姚坤入京，路遇犬攻，但她没有像任氏那样落荒而逃，而是突然变成狐狸跳上犬背，伸出爪子抠它的眼睛。该犬猝不及防，号叫着跳腾而去。姚坤追了很远，发现犬已毙命，天桃变成的狐狸却已不知去向。

这只犬是千余年犬狐相争中少见的烈士，但较之《集异记·薛夔》中的几只窝囊狗，它败于狐爪也虽死犹荣。骁卫将军薛夔曾居永宁龙兴观，此处多妖狐，夜晚在院子里乱窜，根本不把将军放在眼里。有人出主意，说妖狐最怕猎犬，邻居李太尉家多鹰犬，不妨借几只厉害的过来试试。薛夔于是借了三只猎犬，晚上放出去捉狐。当晚月光明亮，院子里的活动看得一清二楚，三只犬刚进院就被妖狐当成了坐骑，东西南北地使唤；脚步稍慢，妖狐就啪啪地挥鞭抽打。薛夔看了一夜马戏表演，第二天乖乖带着家人搬走了。

二 以术胜狐

古代驱鬼除邪之术统称为"厌胜"，原本是巫术的一类，后来被运用于各种民间宗教而成为对禁忌事物的克制方法。道教符水派即以此为能事，五斗米道、太平道以及后来的灵宝、上清、神霄、清微各派，均通过符箓祈禳以驱邪却祸、治病除瘟。在狐魅横行的唐代，降狐治狐的工作量肯定很大，厌胜术便分离出了专门的治狐术。

《广异记·韦参军》记开封县令之母遭狐祟，前后请了几个术士也没解决问题。后来一个能掐会算的道士告诉他，不日有异人过境，请得此人则太夫人疾病必愈。县令安排人查访，果然寻得途经此地的润州韦书佐。于是县令带了礼物恭恭敬敬前往拜访，请他上门治狐。韦书佐道："你身为堂堂县令，因太夫人而屈身求人，其心可悯。明天我前往府上，必手到病除。"次日，韦书佐到县令家，问询太夫人病情，然后用柳枝沾水洒在她身上。须臾，一只老狐从床下爬出，慢慢走远了。

《太平广记》中还有些故事记录了当时人们学习治狐术的情形。《稽神录》记道士张瑾，好符法而学无长进。某日见路边卖瓜老农面带饥色，他心有不忍便不断买瓜吃。谁知这瓜农是土地神微服私访，不料就发现了好心道士张瑾，于是送给他一本书，说是禁狐之术，要他拿回家认真学习。张瑾依照书里教的法子画符，果然能治狐患。但他的水平只是依法而行，并不能融会贯通。最后书被狐狸精偷走，他还被羞辱一番，这才觉得自己不是当术士的料，不再画符降妖了。《朝野佥载》则记魏州人王义方辞官回家，以教书为业。同乡郭无为精通方术，教他役狐。王义方学习能力和张瑾差不多，能把狐狸招来却不能使唤。狐狸们来了几次，发现其法术不过是黔驴之技，就开始捣乱，一会儿抢书一会儿扔砖瓦。王义方曾长期在朝做官，是很要脸面的人，忍受不了这种难堪局面，竟然一气而卒。

实施厌胜术一般有两个环节，即念咒和使用道具。因为符水道教在这个行业的统治性地位，符箓也被视为厌胜术中最重要的道具。此外，铜镜、铁剑、桃枝、柳枝乃至鹊头、鹊巢，都可以充当道具。在符水道教理论中，咒与符都具备独立的厌劾作用。在一些治狐降妖故事里，大师高人只念几句咒、出一道符，妖狐便乖乖就擒。

《纪闻》载某县令内眷被妖僧迷惑，合掌绕冢，六亲不认。县令请道士叶法善降妖。叶大师授符一道，要他放在居室门口。内眷们见符即悟，痛陈自己是如何受骗上当，还齐心协力抓住妖僧，反缚其双手去见大师。大师淡淡道："见了我还不速现原形？"妖僧说不要、不要啊，大师又轻吐两字："不可。"妖僧顿时袈裟委地，变成老狐。

道士们如此自我标榜，僧人也不甘落后，他们也声称佛家经典能降妖除魔。如《楞严经》说："当知如是诵持众生，火不能烧，水不能溺，大毒小毒所不能害。如是乃至龙天、鬼神、精祇、魔魅所有恶咒皆不能着，心得正受。"关于此经，历来有人以为是伪作，上面这段话真还有些援道入佛的意味。有了这样的理论表述，就不难衍生出佛经降妖的故事了。

《续子不语·心经诛狐》记钱塘秀才郑国相的妹妹被妖物附体，发作时不省人事。郑国相拽住她衣领朗诵《心经》，才使其苏醒。不久她又被女鬼附体，胡言乱语，这次国相不念《心经》了，拿出一本《周易》镇邪。谁知这个女鬼不怕《周易》只认《心经》，要国相为她诵三百卷《心经》超度。国相只好照办，也因此与女鬼建立了友好关系。女鬼招供，自己本是一萌妹，被老狐狸精胡三哥所害。胡因此被菩萨囚于千尺地洞，正准备越狱。国相到观音像前请愿，表示要刻《心经》三千卷，将胡三哥的罪状附录于后，广为布施。观音很满意，把胡三哥交由城隍及真人处置，胡三哥被斩。但其阴魂变成一颗毛头滚来滚去，还在郑国相梦里和他打架，搅得郑氏兄妹日夜不宁。无奈之际他又想到了《心经》，于是再往观音庙许愿，诵《心经》三百卷，方解仇怨。

《金刚经》也有驱狐之效。《湖海新闻夷坚续志·诵经却狐》写婺陵人李回应举不第，归家途中梦见一个和尚对他说："君来年必及第，只是要多念《金刚经》。"他便沿途念诵。一日他夜宿桥下，不期就遇见了三个狐狸精，迷迷糊糊被带到一处村落。李回心里还有些明白，知道继续被仁狐女忽悠下去没好结局，就脱口念起了《金刚经》。这一念不打紧，他顿时口吐异光。妖女见状大惊，化为狐狸逃走了。在《醒世姻缘传》中，《金刚经》不仅有防狐降妖之效，而且还是解决人狐恩怨的关键手段。

但下面的情形就有点莫名其妙：

《子不语》写萧山李选民少年偶傥，入庙烧香时结识了一个美女，三言两语勾搭上手，带回家中。但没过多久他的身体就出了状况，疲惫不堪。他觉得这女子很可疑，做爱的方式也与常人不一样，而且方圆数十里之内发生的事都能预测。他越想越觉得不对劲儿，确定是遇上狐狸精了。但他不敢轻举妄动，拉上朋友杨举人走到三十里开外才实情相告。杨举人还真有招，说《东医宝鉴》中有驱狐之法。李选民赶紧上琉璃厂买来这本医书，请人翻译相关文字，遵照实施，果真把狐狸精赶走了。《续子不语》写耿家庄一个叫刘化民的，家里患狐魅，百计无解，甚至城隍爷出面也解决不了问题。一次偶然听人说"右户右夜"四个字能驱狐，他就用黄纸写了贴在屋里，狐狸精果然被镇住了。之后绍兴桂林庵闹狐狸精，有人又写了这四个字，狐狸精也被吓跑。

《东医宝鉴》的哪段文字有驱狐之效，杨举人没说，袁枚颇以为憾。"右户右夜"四字为何能驱狐，袁枚也深感疑惑："余按四字平平，不解出于何典，乃能降狐如是，故志之。"

古代医术中有祝由一科，就是以厌胜术治病。上溯源头，远古时期本是巫医不分的，以《东医宝鉴》驱狐大约也是这个思路。蒲松龄也写过医术胜狐的故事，不过此医术不是祝由，而是房中术。《聊斋志异·伏狐》记载：某太史被狐狸精采补，即将精尽人亡。请了不少术士，用尽符箓禳禁也不管用。一天，有郎中摇着医铃从门口走过，声称能治病降狐。太史急忙请到家里，要他救命。郎中拿出几粒药丸让他服下，然后与狐狸精采战。吃了"伟哥"的太史变得锐不可当，直接"奸灭"了狐狸精。

厌胜术的降妖能力通过符咒而表现，其实是一种心理能量，与上节"以力胜狐"中的物理能量明显不同。但物理的强制性和符咒的禁劾作用也可以结合到一起，这种法术可谓之"容器收妖"，也是降狐时的常用手段。收妖的容器为皮囊布袋或瓶瓶罐罐之类，只要能形成一个密闭的空间即可。

容器收狐的最早记录出于《搜神记》卷三：韩友是个术士，擅长治狐。某家女遭狐祟之时，他用布袋蒙住窗户，在屋内禹步作法。布袋很快鼓胀爆裂，某女顿时更加癫狂。韩友换上两个皮囊蒙住窗口，施法如前，皮囊又被胀满。他急忙扎紧囊口，挂在树上，二十多天过去，皮囊慢慢变得空瘪，打开一看，里面只剩两斤狐毛。

《聊斋志异》提及此术甚多，但不是使用皮囊而是瓶子。如《胡四姐》的降狐高手是个陕西人，把两个瓶子放在地上，念咒良久，有黑雾四团进入瓶中，再封住瓶口，狐狸精就被控制住了。《荷花三娘子》的番僧降狐，不必自己到场，只书符两道，吩咐事主将一个净坛摆在床前，一符贴坛口；狐狸精入坛后，用一个盆子盖住坛口，盆上再贴一道符，把净坛放进开水煮或火中烧，狐狸精很快就会毙命。

这种降狐术简单易行，成本也低，凡夫俗子只要学几道符咒、带几个瓶子就能成为专家。狐狸精被收进瓶子里，也能带在身边以备他用。落到心术不正者手里，被收降的狐狸精还能成为诈骗的工具。

《聊斋志异·胡大姑》记益都人岳于九家有狐祟，高价请来治狐专家李成文处理。这哥们又是画符又是用镜子做探雷器，在院子里审了猪狗审鸡鸭，最后拿出一个小酒瓶，三咒三叱，收了狐狸精。狐狸精在瓶子里发狠话："岳四你好狠，过几年我还会再来。"岳于九心想这还了得，便强烈要求把狐狸精煮了或烧了。李成文不同意，带上瓶子走了。后来，有人发现李家墙上挂着几十个瓶子，每个瓶中都塞着一只狐狸。大家这才知道，岳家狐狸精捣乱就是李成文放出来的。

此人的手段可谓高矣，但心术不正，乃纵狐为患，以此敛财。

三　以狐制狐

狐狸精也有很不争气的时候，因为私利而窝里斗。常言道：堡垒最易从内部攻破，人们若能利用狐狸精的内部矛盾，便能以狐制狐。狐狸精对于自己的内讧并不讳言，有人问："同类何不相惜？"狐狸精回答得振振有词："人与人同类，尚且强凌弱、智欺愚，你们何不同类相惜呢？"（《阅微草堂笔记·槐西杂志二》）

早在狐魅横行的唐代，狐狸精的内斗就经常发生，《太平广记》收录了多起以狐治狐的案例。

《广异记·李氏》记唐开元中，一对狐兄弟发生矛盾，狐哥偷了狐弟的红绸，狐弟怀恨在心，伺机报复。得知哥哥喜欢一个李姓女孩，狐弟便去拆台，告诉女家种种对付狐狸精的法子，致使狐兄功败垂成。狐弟所教无非三招：第一招，要李氏掐无名指，狐兄的媚术立马失效；第二招，给李家一把药草，放置车后，李氏坐于车内，狐兄带了帮手也不敢靠近；第三招，用桃枝蘸朱红在木板上画符，钉于门外，狐兄从此再不敢登门。这些看似稀松平常的招数，却有降狐之效，可见狐狸精也有人类不易知晓的软肋。

狐狸精的弱点他们自己最清楚，因此，狐狸精怕这怕那，其实最怕的还是内部出叛徒，即所谓"狐畏狐"。这话可是狐狸精自己说的，《阅微草堂笔记·姑妄听之一》写某狐居书楼中几十年，整理卷轴，驱除虫鼠，成为主家好友。一日参与宴饮，有人问他害怕什么，答曰"吾畏狐"，还讲了一番道理："天下惟同类可畏也……凡争产者，必同父之子；凡争宠者，必为同夫之妻；凡争权者，必为同官之士；凡争利者，必同市之贾。势近则相碍，相碍则相轧耳……由是以思，狐安得不畏狐乎！"

但出卖同志从来都有很大风险，弄不好就会祸及己身。《广异记·韦明府》记自称崔参军的狐男上门求亲，韦家自己不能对付，请来的道士也被打败，无可奈何之下，只好把女儿嫁给了他。过了一年，韦家儿子变得迷迷瞪瞪，看这样子又像遭了狐媚，韦夫人便问狐婿是咋回事呀。崔参军如实回答，八叔女儿已长大，也想找个大户人家做儿媳。韦太听罢大骂："死狐狸精，你们公然害我女儿还不够，现在又来打我儿子的主意！我只有这一个儿子，给你们狐狸精做女婿，是想让我韦家绝后啊！"崔参军笑而不语——自己混进高门做了女婿，又怎么好意思挡妹妹的路呢？韦氏夫妇有了前面的经验，知道来硬的不行，就对狐婿展开感情攻势，说："你已经是我家女婿了，家里出了这么大的事儿，你总不能袖手旁观吧？"狐婿态度软化，表示："办法是有的，但你们对付了狐妹，又用这法子对付我那咋办呢？"韦太指天发誓："绝不会，绝不会。"狐婿于是拿出一张纸，要岳母把上面的字抄一遍；又在门外焚烧鹊巢，取鹊头防身。韦家依法而行，儿子的狐患果然解除。但韦家没有遵守誓言，对付了狐妹，立马又用这法子对付狐婿。崔参军仰天长叹，连夜逃走，后被天神擒获，鞭杖几死，流放荒漠。狐狸精这次可是搬起石头砸了自己的脚。

至于鹊能避祸，古有此说。古人认为："鹊知太岁之所在。"太岁乃道教中的值年神，《渊海子平》曰："太岁乃年中之天子，故不可犯，犯之则凶。"民谚有"太岁头上动土"和"太岁当头坐，无喜恐有祸"等，说明太岁脾气大。知道太岁所在，就可以不冒犯，也就能避祸。在《酉阳杂俎》中，鹊巢的避祸作用进一步明确为驱狐："贞元三年，中书省梧桐树上有鹊，以泥为巢，焚其巢可禳狐魅。"鹊头、鹊巢为何有这种神奇作用，则不得而知。在上述故事中，都是狐狸精自己揭露的小秘密，这或许也暗示了作者对其事理的不解。

狐狸精最失颜面最惨烈的窝里斗事件载于《宣室志·裴少尹》。江陵县裴公子聪敏秀慧，深得父母喜爱，不料忽然病倒，医药无效。父母心急如焚，决定找道士驱邪。不久有道士上门，自称姓高，擅长符术。道士诊看了公子的病，说："没什么大事，贵公子是被狐狸精缠上了。我略施小术，便可治愈。"施了几道符，念了几句咒，公子果然能起床，说自己病好了。裴老爷千恩万谢，送了很多东西。高道士临走时嘱咐："公子的病还未痊愈，我以后日日会来。"说也奇怪，自他走后，公子虽不卧床了，但精神萎靡，喜怒无常，裴老爷只好经常请高道士上门诊治。

不日，又有王道士来访，自称能禁除妖魅，见了裴公子大惊道："你儿子是被狐狸精缠上了，不速治，将有生命之忧啊！"裴老爷说已请高道士诊治。王道士冷笑道："怎知他就不是狐狸精呢？"于是摆开架势，准备给公子驱邪。这时，高道士来了，一见王道士在场，冲着裴老爷发飙："公子的病就快好了，怎么让一个狐狸精到家里来？想要公子早死啊？"王道士毫不示弱："啊呀，果然是个狐狸精！来来来，我正要擒你！"两人在裴家对骂起来，裴家一屋老小吓得不知所措。仆人进来报告，说又来了一个道士，能视妖鬼，听说裴家患狐，特来捉妖。裴老爷急忙跑出去，说家里正闹得不可开交。来人道："这个容易，我进去搞定！"裴老爷觉得来了救星，急忙将他请入。不料吵架的高、王二人一见来人，齐声大骂："你这个狐狸精，不在洞里待着，怎么变成道士出来招摇撞骗！"来人立即加入了骂战。裴老爷目瞪口呆，带着家人躲到院子里，听着三个道士在屋里吵骂斗殴，束手无策。天色将晚，屋里才安静下来。大伙儿蹑手蹑脚过去，开门一看——仨狐狸躺在地上气喘吁吁，不能动弹！裴老爷想此时不动手何时动手，唤家丁一通鞭打将几只狐狸打死。过了几天，公子终于痊愈了。

狐狸精的内部矛盾有时会发展成为狐族之间的大规模械斗，难分胜负时，也会请人当外援打击对手。这事儿又和纪晓岚的亲戚有关，事见《阅微草堂笔记·滦阳消夏录五》：

纪氏的三叔父家有个叫毕四的仆人，一身蛮力，能挽十石弓，闲暇时常干些捕鸟猎兽的勾当。一夜，有老翁前来作揖，直截了当地说："我是狐狸精，儿孙与北村的狐狸精结仇，举族械斗。他们捉了我一个女儿，每战必反绑于阵前侮辱；我方也抓住了他们主子的一个小妾，也绑于阵前戏弄。因此仇恨越来越深，现已约好今晚决战。早听说英雄侠义，武功又高，故特请毕兄出手，助我一臂之力，定将没齿不忘！"毕四是好事之徒，听说有这新奇事儿干，欣然同意助阵。老翁又特别吩咐："打斗时拿铁尺的是敌方，拿刀的是我方。"入夜，毕四隐蔽在树丛里，果然有两伙狐狸精对阵，打得非常激烈。两狐狸奋力血拼，扭打在一起。毕四看得真切，引满弓朝手拿铁尺的北村老狐射去。谁知箭力太猛，贯腹而过，将两只老狐身子一并射穿。两伙狐狸精顿时大乱，夺尸弃俘而逃。

狐与狐斗，能请人帮忙；人与狐斗，也可以请狐帮忙。《聊斋志异·周三》就是这样的故事：泰安富吏张太华家中患狐，百法无解。他便将此事告到了州府。州尹听过案情，心想：你小子脑袋进水了吧，这事儿也拿来告状，我管得着吗？正巧有个帮闲公子来串门，便给州尹支招儿，说州东边有个狐翁，唤作胡二爷，和世人相处甚洽；何不使张太华去找他，说不定老爷子有法子呢。州尹一听，觉得这主意好，既打发了这个二杆子，又没有不作为，于是照办。

张太华备了酒席，请胡二爷赴宴，把家中的情况做了详细汇报。胡二爷客客气气地说："你的情况我都知道了，但我自己不能办这事儿。我的朋友周三能办。他住在岳庙之东，我替你去找他。"

次日，胡二爷带了一个满脸胡子的人过来，说这就是周三。张太华又设宴接待，周三几杯酒下肚，开始发话："你家的事，胡二弟都对我说了。这帮家伙我能治，但非得动武不行。你得先清扫房屋，让我住下。"张太华一听，脑袋有些大，心想：你也是个狐狸精，那个狐狸精还没赶走，这里又来一个狐狸精，会是什么结果呢？周三马上知道了张太华的心事，告诉他："别担心，我和那些闹事儿的狐狸精不一样；而且，和你有缘，请勿有疑。"张太华这才答应下来。周三又吩咐，第二天家人都不得出门户，也不要说话。

第二天，果然听见院子里有格斗声，过了一个时辰，张家人开门探视，见地上血迹斑斑，散落着数个碗盏大小的狐首。张太华再赶到周三的房间，见他拱手微笑："这伙狐妖已被消灭了。"从此，两人成为好友。

四　狐精现形

狐狸精有这样的特点：变成人形时具备各种超能，一旦恢复原形就成了小动物，法术尽失，很容易被擒拿。因此，若能使其原形毕露，对付它们就是很简单的事。问题是，如何才能让狐狸精现出原形呢？

第一个法子是找到它们的老巢。

按照纪晓岚等人的说法，狐狸精成仙有两种方式，即由妖直接成仙和先成人再成仙。但不管哪种成仙法，这个过程都要经过如下形态变化：狐（狐形）→狐狸精（狐形+人形）→人或者仙（人形）。这就是说，在狐狸精阶段，它们的物理形态还不稳定，时而为狐，时而为人。那么，狐狸精什么时候为狐形，什么时候变成人形呢？狐狸精通常居于墓穴野洞，往来人间是俊男靓女，回到洞穴则应该变回狐狸。人们若能找到其巢穴，狐狸精就只有束手就擒的份。

《纪闻》载，唐代的袁嘉祚五十岁时得授县丞之职，到任时见官署房宇残破，荆棘充塞。一问才知是狐狸精作祟，已经弄死了几任县丞。当晚果有妖魅为怪，但袁不动声色，他暗中观察，看准了妖魅出入的洞窟。第二天，带人掘地，果然挖出了一窝狐狸，袁嘉祚将它们一个个烹了，县衙里从此平安无事。

《广异记》讲述唐开元年间的刘甲携妻往河北赴任，夜宿山店时妻子被狐狸精摄取。因事先对此处妖怪所为有所知晓，他在妻子身上涂了很多面粉。第二天，刘甲雇人循着地上的面粉痕迹跟过去，果然找到了大桑树下的狐狸洞，发掘丈余，捉住了里面的老狐狸。

到了清代，人们依然用这种手段对付狐狸精。《阅微草堂笔记·槐西杂志二》载，一伙恶少听说野外荒冢的狐狸精能化形媚人，便在夜里带了猎具去捕狐，结果捉住两只雌狐。《聊斋志异·小翠》写长山某村民家旁搬来了一位新邻居，是一矮个男子，经常过来串门。

问他住什么地方，他便以手指北，语焉不详。此男子三天两头向人借东西，有时主家吝啬不借，此物便会无故失踪，由是村民怀疑此人是狐狸精。大家想到村北有个古冢，深不可测，估计是狐狸精的老巢。一伙村民带上刀斧，晚上摸到古冢边埋伏。一更过后，果然有狐狸结伴而出。村民一阵砍杀，剿灭了狐狸精。

第二个法子是让狐狸精醉酒。

妖精醉酒现原形的事，我们在《白蛇传》中见过，可见酒精作用对妖精普遍有效。妖精们大多知道酒不是好玩意儿，但为什么还要喝呢？

其实，妖精们也挺不容易。狐狸精变成人在人世间厮混，是比当双面间谍难得多的活儿。光有个人样儿根本不行，还得有人的脾气，具备人的好恶，举手投足都跟人一样。否则，只有人样而行为方式却是狐狸，动不动就钻进笼子里抓鸡，立马就会被认出来。狐狸精饮酒，其实就是做了件人事儿。但黄汤入肠，有时就可能失去自控能力，现出原形。

《纪闻》记录唐代有个叫沈东美的，家里死去多年的婢女一日忽然回来了，说自己已经成神，想念主母回来看看，肚子饿了，希望主人搞顿饭吃。酒醉饭饱后，婢女踉跄而去。傍晚，仆人在草堆里发现一只大醉的狐狸。《宣室志·尹瑗》也有狐狸精醉酒现原形而被杀的情节，类似的醉酒现原形的情节后来又出现于《聊斋志异·酒友》中。《益智录·顾清高》的醉酒情节则颇似《白蛇传》：顾清高与妻尤氏对饮，尤氏过量而醉；深夜，顾自书房回屋，见一白狐卧于榻上。

狐狸精醉后变不变形，和它们的道力深浅有关。道力浅的，喝点酒便不能自控；道力深的，即便喝醉也能保持人样儿。《阅微草堂笔记·槐西杂志二》记一个叫朱静园的人与狐友对饮，狐友大醉，呼呼睡去。静园也听说过狐狸精酒后变形之事，便想看个究竟。他用被子盖住狐友，自己坐在旁边静静等待。但直到醒来，狐友都还是没有变形。朱静园很是失望，问："听说贵族类醉后往往变形，我今天守了你一宿，怎么没见你变呀？"狐友答："这得看道力的深浅啊！道力浅的固然能化形幻形，但醉则变，睡则变，惊慌失措也会变；道力深的就是脱形了，就像仙家的所谓尸解，已归人道，何变之有？"可见灌酒的招数也只适合对付那些道力不太深的狐狸精。

第三个法子是使用照妖镜。

葛洪曾在《抱朴子内篇·登涉》中说："古之入山道士，皆以明镜径九寸以上，悬于背后，则老魅不敢近人。或有来试人者，则当顾视镜中。其是仙人及山中好神者，顾镜中故如人形；若是鸟兽邪魅，则其形貌皆见镜中矣。"按照葛爷的描述，这种照妖镜除了尺寸稍大，并没有其他特殊之处。唐传奇《古镜记》里也有一面照妖镜，但制式比葛洪的镜子复杂得多：背部中心刻一麒麟，四周是龟龙凤虎，外侧是八卦，之外再设十二生肖，最外面还有二十四个谁也不识的铭文。镜主王度偶宿于朋友程雄家，婢女鹦鹉恰巧是狐狸精，一见古镜吓得魂飞魄散。王度引而不发，拿着古镜逼鹦鹉讲出自己的身世。最后，鹦鹉为两个男人醉舞一场，化为老狐而死。

冯梦龙版《三遂平妖传》的天狐圣姑姑也是被照妖镜降伏的，其中一段细节揭示了照妖镜的工作原理：

处女便把天庭照妖宝镜扯出锦囊，一道金光射去。那纸剪的白象，从空中堕下。圣姑姑倒跌下来，把衣袖蒙头，紧闭双眼，只是磕头求饶。原来万物精灵，都聚在两个瞳神里面，随你千变万化，瞳神不改。这天镜照住瞳神，原形便现。圣姑姑多年修炼，已到了天狐地位，素闻得天镜厉害，见处女取出天孙机杼上织就的无缝锦囊，情知是那件法物。只恐现了本相，所以双眸紧闭，束手就擒。

据纪晓岚言，他外公家还发生过照妖镜显狐形之事，当事人就是他舅舅！此事见于《阅微草堂笔记·滦阳消夏录二》，其舅十一二岁时，看见空屋内坐着一女子对镜梳妆，镜里的形象却是一只狐狸。女子感觉到有人偷窥，急忙绕镜呵气，镜面被一层雾气模糊；雾气散尽，镜中之影又变成了一个美人儿。舅家这镜和古镜不同，是大方镜，高达五尺，和现在的穿衣镜差不多。从文意推断，这面镜子应该就是纪晓岚外公家的家具。普通的镜子如何有了照妖功能呢？纪晓岚说："明镜空空，故物无遁形。然一为妖气所翳，尚失真形。"关于这个道理，葛洪也早有交代，《抱朴子内篇·登涉》中说："万物之老者，其精悉能假托人形，以眩惑人目而常试人，唯不能于镜中易其真形耳。"因此，在道教观念中，明镜是有煞气的。

照妖镜的功能有大有小，有些只能显原形，有些则具备攻击力，可直接击杀狐狸精。这玩意儿真好，拿在手里，狐狸精敢来，就是自寻死路。但它在古代肯定极少、极神秘，否则，每家每户配备一面，狐狸精个个原形毕露，也就什么故事都不会发生了。

使狐狸精现原形，除了能降低治狐难度，还有一层重要意义就是验明正身——如果不现原形，人们如何判断对方就是狐狸精呢？万一错杀个真人，岂不成了杀人犯！《搜神记》的黄审操刀砍杀那一瞬间，心里就冒出了这个念头，以至于没敢直接砍杀微笑的妇人，只是先砍婢女试试运气！所以，杀狐也得讲究程序的正确：首先，须判断对方是不是狐狸精；其次，得让狐狸精原形毕露以验证自己的判断；接下来才是杀不杀和如何杀的问题。

像黄审那样仅凭自己的怀疑就杀人的莽撞行为是风险极大的，名士张华杀狐就严格遵守了程序。首先，判断对手的身份，这很容易：张华自认为老子天下第一，从来就没见过比自己更聪明的人，眼下忽然冒出个素不相识的少年，辩得自己张口结舌，因此，张华就断定他不是人，只能是鬼魅或狐狸精！接下来张华并没有马上动手，他得验明正身才行。但在这个环节他遇到了技术难题，虽然拘押了少年，却没什么办法使对方原形毕露。后来他采纳朋友的建议拉只猎犬来试，少年还是少年，并对他反唇相讥。张华恼羞成怒，取来燕昭王墓前的千年古木点燃了照他，少年终于变成了一只斑狐，被张华杀掉。

程序出了问题，杀狐就很可能变成罗生门式的迷案，《广异记·李参军》的故事就一波三折。唐代兖州的李参军娶肖公女儿为妻，带了一群女婢赴任。两年后，他去洛阳，将内眷们留在家里。不料，李家妇女被外出打猎的王颙放狗咬死，现了原形。李妻稍有不同，死后还是人形，只是身后拖着狐狸尾巴。虽然这是一伙狐狸精，但王颙毕竟杀了同僚家属，因此上报都督陶贞益。陶对李参军一屋娇妻美妾早有耳闻，于是随王某前去验尸。见这伙千娇百媚的女人成一窝死狐，嗟叹不已，叫人挖坑掩埋。不料十几天后，李参军的丈人肖公找来，号啕大哭，到都督处告状，讲得头头是道。都督接待来访，表示要将王颙绳之以法。王颙早已得知，一不做二不休，放猎犬冲进去扑肖公，心想：让你老小子也成只死狐狸，都督就不会怪罪我了。但是意外情况出现了，猎犬冲进去后，不仅没咬肖公，还被肖公招降，抱在膝上抚摸。都督只好将王颙收押。过了几天，李参军回来，得知家眷被狗咬死，哭得昏天黑地，冲到监狱狂殴王颙。肖公在旁煽风点火："人被无端虐杀，还说她们是狐狸精，情何以堪啊！"于是李参军强烈要求开坟验尸，陶都督只好让人把狐狸坟挖开。眼前情形使他大吃一惊——埋着的都是人，没一只狐狸！李参军这下更加悲愤。都督也觉得事态严重，表示要治王颙重罪，但心里直犯嘀咕：先前看见的明明是狐狸，怎么肖公来了又变成了人？王颙要自证清白，更是想尽办法，私下请人带很多钱到洛阳搞来一只专门对付狐狸精的咋狐犬。这犬一到，肖公脸色沮丧，举动张皇，变成老狐狸下阶逃跑，被咋狐犬追杀。都督再派人验尸，说来也怪，一窝死尸又成了狐狸！王颙因此得以免罪。

上述案例中，为了让狐狸精现出本相，借助了酒、照妖镜或者猎犬等手段，而《续子不语·治妖易治人难》记录的案例，则全凭聪明人的逻辑分析而确认狐狸精的身份。

金家嫁女，出阁时忽然出现两个一模一样的新娘子，夫家无法验收，将两女一并退回。金女父母也难辨真伪。于是，两家以人妖莫辨诉诸公堂，但从州府告到省府，一直没能解决问题。这案子后来转到汉阳令刘某手上，他借了抚军的大印，升堂审案。两女首先被分开盘问，但无论父母年岁、家庭住址，还是家境产业、房间陈设，回答都一模一样，毫无破绽。刘爷不动声色，对二女说："我看你二人原是一母所生的双胞胎，若都断给夫家，你们父母肯定不同意。现在铺一道鹊桥，能走过去的就嫁，走不过去的就回家。"言罢吩咐人凭空拉一匹白布，从大门口直拉到堂前。一女见状顿时盈盈泪下，表示走不了鹊桥。另一个则喜形于色，说没问题。刘爷将不能走的那个赶了出去，要能走的上桥。此女欣然上布，如履平地，不一会儿就走到刘爷跟前。刘爷偷偷取出官印，劈头盖脸地打下去，两边的衙役再用网罩住，活生生就是只狐狸。刘爷命人将其投入江中，久而未决的伪新娘事件终于结案。

刘爷巧设骗局，让狐狸精自现妖形，真假立判。此案的审理方式，颇似《旧约》中所罗门王断婴儿案，靠的是智慧。

五　僧、道、狐的战斗力比较

在中国传统文化特别是民俗文化层面，僧人和道士经常充当降妖驱邪的角色。人们不堪狐扰请他们出面降妖，这是没有问题的。但俗话说得好，"道高一尺，魔高一丈"，道术遇见妖术，孰胜孰负还真不好说。同为降狐阵营的战友，僧道之间也长期死掐，谁也不服谁，僧、道、狐于是形成了比较复杂的角力关系。

漫长的人狐斗争史上，道士无疑是降狐主力军，我们在《太平广记》中很容易见到叶法善、罗公远、叶静能等著名道士的英雄事迹。《广异记·王苞》写吴郡王苞，年少时曾从叶静能学法术，后来转而学儒，成了太学生。一天夜读，有美人翩翩而来，愿与结欢，于是两人便厮混到一块。一天，王苞去拜访叶老师，叶静能一见王苞便说他身上有野狐气，王苞只好交代了艳遇始末。叶老师说："这就对了！美女是个老狐狸精。我书一道符，你含在口里带回去，进家门后吐出，狐狸精自己就会来。我打发它走，免得害你。"王苞含着师父这道符回家，妇人果然变成老狐衔着符直接去叶静能处领罪。叶大师说："放你一条生路，但不可再到王家捣乱了！"狐狸精遵命，从此再也未去过王家。

同为著名道士，罗公远遇到的对手不同，降狐的经历就相当曲折。《广异记·汧阳令》写唐汧阳县令被狐狸精迷惑，官当得好好的忽然要出家，整日闭门不食，诵经念佛。家人担心他这样下去会没命，于是到处找高手除妖。罗公远正好途经此地，县令之子上门求教。罗道士听后说："这是天狐捣乱，好办！"画了几道符，要他回家投入井中，汧阳令就神志清醒了。然而，过了几年狐狸精又来了，变本加厉地作祟。这家人又找到了罗公远，要他搞售后服务。公远掐算道："此狐精过去法力一般，我对付他没问题。现在精通符箓，法术比我还高，我奈何他不得啊！"老客户赖着不走，非要他出马，说："你不负责，那我找谁去！"公远只好硬着头皮再去降狐。这次他当然是如临大敌，在宅外起坛作法。坛刚成，狐狸精拄着手杖过来了，一副很厉害的样子，根本不把罗放在眼里。两人交手，你来我往斗了数十回合不分胜负。罗公远觉得这样下去不是个事儿，便悄悄吩咐徒弟："他若再击中我，我就装死。你上来哭，我想办法治他。"徒弟照办，哭得如丧考妣。狐狸精果然上当，以为对手已死，放松了警惕。谁知罗公远暗中念咒，请来了天神。狐狸精猝不及防，变成老狐。公远一跃而起，举起凳子劈头乱打，然后用一大袋子装了狐狸精，反败为胜。

善于学习的狐狸精，妖术会不断进步，一次处理不到位，复出时就非吴下阿蒙。道、狐再斗，胜负难料。此番斗法，罗道完全是险胜。他收了狐狸精，还不敢处以极刑，只是将其流放到朝鲜半岛。据说，那里后来有一个叫刘成的神仙，受人供奉，就是他发配过去的狐狸精。

纪晓岚在《阅微草堂笔记·滦阳消夏录一》中记录了一起道士降狐事件，结局虽然也是道胜狐败，但道士的状态十分堪忧。叶旅亭御史家有狐狸精闹事儿，要他搬家让地儿。叶当然不同意，家里遂怪事连连，杯盘自舞，桌椅自行。他无奈之下只好求助于张真人，真人委派部下前去劾治。先书一道符，刚粘上就裂了，又向都城隍发牒文，也没效果。这个法师认为狐狸精妖术高超，一般手段不足以制服，便建坛拜章，大作法事。前三日，狐狸精还不以为然，和法师对骂；第四天，口气软了下来，申请和解。到了第七天，狐狸精准备逃跑，被法师擒获，装进罐子埋到土里。后来，有人问张真人何以能驱役鬼神，没想到大名鼎鼎的张真人却说："我也不知道所以然，只是照本宣科，依法施行而已。"

知其然而不知其所以然，大名鼎鼎的张真人尚且如此，道士中的南郭先生还会少吗？事实上，有记录的第一次道、狐交锋，是以道士的完败告终。《搜神记·倪彦思》载：三国时期吴国嘉兴人倪彦思家里闹狐，狐狸精与人说话，饮食如人，但是别人看不见他。后来，狐狸精想勾引倪彦思的小妾，他忍无可忍，找来道士降妖。道士摆好祭坛，还未施法，狐狸精就泼了一摊粪在桌子上。道士大怒，击鼓招神。狐狸精也不示弱，拿着一只壁虎在神座上吹喇叭。道士等了一阵，擒妖的神鬼没到，他却觉得背上发冷，惊起解衣，原来是狐狸精手里的那只壁虎。道士知道遇见了难对付的主儿，落荒而逃。

在纪晓岚等人看来，狐与道是对立统一的共同体，二者之间的力量此消彼长，没有绝对的优势。道能降狐，除了法术的等级须高于对手，还得有合理的动机和良好的心态。如果只是手段高明，没有正确的价值观，降狐就成了黑吃黑，到最后还不知谁会死得更惨。

《阅微草堂笔记·滦阳续录二》记某人精通茅山道法，劾治鬼魅多有奇效。某家患狐祟，请他前往降治。将行之日有老人来访，告诉他："此狐是我朋友，托我带几句话给先生：'我们从无过节，你答应出手无非是报酬可观；只要你借口推托，我可以出十倍的价钱。'"说完取出银锭放在桌上。此人见钱眼开，第二天就告诉主家，自己只能捉拿普通狐狸精，现已查明闹事的是天狐，自己没有办法。得了狐狸精的贿礼，他又想，既然狐狸精多金，直接抓来拷问，要他们交钱，岂不发财更快？于是他大施术法，不断招来周围的狐狸精严刑逼供，弄得狐不聊生。狐狸精开会商量，认为这样下去会被搞死，得主动出击救亡图存，于是群策群力偷了他的符印，附了他的身。此人最后被群狐整疯，投河自尽。

在唐代的降狐故事中，道士经常扮演该出手时就出手的英雄，狐狸精则会变成菩萨、僧人出来捣乱，栽在道士手里，还得谢不杀之恩，这事儿怎么看都像是"道粉"们借狐狸精故事贬损佛教。有唐一代，皇室与老子攀亲戚，崇道抑佛的时候多，狐狸精也被编排出来当卧底败坏和尚名声。大约是迫于政治形势，崇佛的人似乎不太敢"以其人之道还治其人之身"，很少编造狐狸精变成道士而被僧人降服的故事来反击，但对这种夹枪带棒的挑衅也不能不回应。因此，这个模式的降狐故事有时就出现了偷梁换柱的改变。

《广异记·长孙甲》前半部分是老套路：狐狸精变成菩萨到坊州中部县令长孙甲家里捣乱，其子不信佛信道，进京请来道士设坛作法。道士出手，狐狸精毙命。长孙家送道士马一匹、钱五千为报酬。过了一阵子，又有菩萨乘云而来，其子又请道士处理。禁咒十余日，没什么动静。菩萨问道士："还有什么法子吗？"道士沮丧地说没有了。菩萨又问："汝读道经，可知有狐刚子否？"道士说知道。菩萨告诉他自己就是大名鼎鼎的狐刚子，接着又教育他："汝为道士，当修清静，为何杀生？我子孙被你所杀，岂能饶你！"言罢，击道士百杖，要他把收的马和钱还给长孙家。狐刚子修理了道士，还向长孙甲道歉："家教无方，孩子们冒犯贵处，实在惭愧！但我会保佑你家从此无灾无祸，以为报答。"

接着，佛门中人就得亲自出手了——慢说狐狸精是不是喜欢变成菩萨出来招摇撞骗，即便假冒伪劣菩萨是狐狸精变的，那也得由真和尚们清理门户，犯不着道士越俎代庖！佛门高僧也能降狐驱妖，而且手段与道士大有不同，不用符箓这些形而下的劳什子，只凭经义妙理直指狐心，驳得狐妖精神崩溃，无地自容，只能服软投降。

《广异记·僧服礼》说唐代永徽年间，太原府出了个弥勒佛，身子能大能小，大时头顶青天，小时只有五六尺，如红莲花在叶中。他对信众说："你们知道佛有三身吗？其大者为正身，你们都得参拜。"当时有个叫服礼的和尚，精通佛理，觉得这事儿不太靠谱，便对此弥勒佛说："正法之后才入像法，像法之外还有末法，末法之法，至于无法。现在是像法时代，尚有数千年。经上说，佛教之后大劫才坏。大劫坏后，弥勒才现人世。今佛教远未衰败，不知弥勒为何这般急急忙忙现世？"这尊人间弥勒被服礼的连环三段论彻底绕晕，滚地变成老狐狸逃走了。

《广异记》大安和尚斗狐也有异曲同工之妙。有女子自称圣菩萨,能知人心所在。武则天招其入宫测试,每次都能猜中,因此在宫中大受膜拜,奉为真菩萨。不久,高僧大安和尚入宫。武则天告诉他女菩萨之事,大安提出想会会,武则天于是安排他俩见面。和尚默坐良久,问道:"试观我心安在?"女子随口便答:"师傅之心在塔头相轮边铃中。"和尚一番运神,要她再猜。女子说:"现在兜率天弥勒宫中听法。"大安再变,女子仍然准确地指出他心在非非想天。太后见女菩萨都说对了,很是高兴。大安神情淡然,要女子猜最后一次。女子沉吟很久,猜不出大安和尚心之所在。大安喝道:"我心在阿罗汉之地,你就猜不着了。如放置菩萨诸佛之地,你更加不能猜着——这样的水平配当菩萨吗?"女子理屈词穷,变成雌狐逃走。

高僧与狐狸精比拼心力,并不一定都像服礼、大安那样喋喋不休,三言两语直指狐心,也能让其退去。

《阅微草堂笔记·如是我闻三》记载吴江一户人家儿子被狐媚,虽然没什么病症,但一天到晚怅然若失。听说一云游和尚能治狐,这家人便将他请进家门。和尚说:"这个狐狸精和你家公子有夙缘,并无相害之意。公子自己纵欲过度,才致精神劳损。此狐狸精虽不害人,公子却会自害,我还是替你们将她打发走吧!"晚上,和尚独坐厅中诵经,烛光里见一绣衫女子冉冉而拜。和尚举起拂子道:"留未尽缘,作来世欢,不亦可乎!"女子听了这句禅语,倏然而灭。

还有一个十分独特的故事表现狐狸精与佛门的关系,出自《五灯会元》。怀海禅师一次讲法毕,众人皆退,唯有一个老人不走。怀海问:"你是何人?"老人说自己不是人,是狐狸精,但五百年前也是禅师,驻此山讲法,有学人问大修行人也落因果吗,便随口答了句不落因果,谁知就变成了野狐。如今五百年劫满,想请教怀海禅师一个问题，以求解脱。怀海道："你问。"狐翁就问："大修行人也落因果吗?"这一招可谓一箭三雕：怀海若能解答，自己便可脱野狐之身；若解答不对，则怀海难免也成野狐；若不答，怀海则枉有大禅师之名。怀海禅师答曰："不昧因果。"狐狸精当下大悟。"不昧因果"之意，大约可理解为"不违背因果"。一字之差，天壤之别。其中的禅意，耐人寻味。而野狐的禅机也给人留下深刻印象，这就是"野狐禅"的出处。

图书在版编目(CIP)数据

狐说/呼延苏著. —长沙:岳麓书社,2020.9
ISBN 978-7-5538-1297-7

Ⅰ.①狐… Ⅱ.①呼… Ⅲ.①狐—文化研究—中国 Ⅳ.①Q959.838

中国版本图书馆 CIP 数据核字(2020)第 052735 号

HU SHUO

狐说

作　　者:呼延苏
责任编辑:李郑龙
营销编辑:谢一帆　吴咪咪
责任校对:舒　舍
装帧设计:格局创界
封面绘图:鹿溟山

岳麓书社出版发行

地址:湖南省长沙市爱民路47 号
直销电话:0731-88804152　0731-88885616

版次:2020 年 9 月第 1 版
印次:2020 年 9 月第 1 次印刷
开本:710mm×1000mm　1/16
印张:21.75
字数:251 千字
书号:ISBN 978-7-5538-1297-7
定价:78.00 元

承印:长沙超峰印刷有限公司

如有印装质量问题,请与本社印务部联系
电话:0731-88884129